普通高等教育"十三五"规划教材——化工安全系列

危险化学品安全

蔡凤英　　王志荣　李丽霞　主编

中国石化出版社

内 容 提 要

    本书系统地介绍了危险化学品安全技术和安全管理的有关知识。主要包括危险化学品的基本知识和预防危险化学品事故发生的基本原则;危险化学品的分类及危险特性;危险化学品生产、使用、储存、运输、经营,危险废物处置全过程的安全技术和安全管理要求;以及危险化学品事故应急救援等。

    本书内容翔实、针对性强,注重实际应用,适合作为高等院校安全工程、消防工程和化工类专业学生教材和教师参考书,也可作为从事危险化学品工程技术和安全管理人员的培训教材,同时对从事科研、设计、环保、安全监察等工作的人员也有重要的参考价值。

图书在版编目(CIP)数据

危险化学品安全/蔡凤英,王志荣,李丽霞主编.
—北京:中国石化出版社,2017.5 (2021.1 重印)
普通高等教育"十三五"规划教材.化工安全系列
ISBN 978-7-5114-4419-6

Ⅰ.①危… Ⅱ.①蔡… ②王… ③李… Ⅲ.①化工产品-危险物品管理-安全管理-高等学校-教材 Ⅳ.①TQ086.5

中国版本图书馆 CIP 数据核字(2017)第 123215 号

中国石化出版社出版发行

地址:北京市东城区安定门外大街 58 号
邮编:100011 电话:(010)57512500
发行部电话:(010)57512575
http://www.sinopec-press.com
E-mail:press@sinopec.com
北京柏力行彩印有限公司印刷
全国各地新华书店经销
*
787×1092 毫米 16 开本 14 印张 331 千字
2017 年 6 月第 1 版 2021 年 1 月第 3 次印刷
定价:38.00 元

前　言

随着化学工业的发展，危险化学品的种类和数量都在迅速增加，应用的范围极其广泛，不仅涉及工业各个领域，在农业、医疗以及人们的日常生活中也都存在着危险化学品。这些危险化学品的产生极大地促进了相关工业的发展，也对改变环境和改善人类的生活起着极为重要的作用。但是危险化学品都具有一定的危险有害性，如燃烧、爆炸、腐蚀、毒害、助燃等。许多危险化学品还同时具有几种危险性。因此，若在生产、使用、储存、运输、经营及废弃物处置等环节中没有采取相应的安全技术措施或疏于安全管理，就会发生事故，给人们的生命、财产和生态环境造成破坏，甚至给社会带来灾难性后果。为此，世界各国和国际组织都十分重视危险化学品危害性的控制，并制定了较为完善的法律法规、规范标准，以防止和减少危险化学品引发的事故，使其更好地为人类服务。

我国政府历来十分重视危险化学品的安全工作，先后制定了一系列关于危险化学品安全管理的法律法规、国家和行业的技术标准。2014 年新修订的《中华人民共和国安全生产法》提出"以人为本，坚持安全发展"的安全工作新理念，坚守安全生产"人命关天，发展决不能以牺牲人的生命为代价。这必须作为一条不可逾越的红线。"体现了我国安全生产工作把保护人的生命安全放在最重要的位置。随着《中华人民共和国安全生产法》的修订和实施，许多法律法规部门规章也作出相应修改。为保证危险化学品企业安全、稳定运行，保障人民群众的生命安全和健康，本书根据目前最新安全生产法律法规、规范标准，结合编者在安全工程领域的专业知识和经验，从安全技术和安全管理两个方面阐述了危险化学品生产、使用、储存、运输、经营及废弃物处置各个环节的安全要求以及事故应急救援的相关知识，以期读者通过学习掌握并应用到工作中，加强安全生产工作，促进经济社会可持续健康发展。

本书适合作为高等院校学生教材和教师参考书，也可作为从事危险化学品工程技术和安全管理工作人员的培训教材，同时对从事科研、设计、环保、安全监察等工作的人员也有重要的参考价值。全书共分 8 章，其中第 1 章、第 2

章、第 3 章、第 4 章和第 7 章由华东理工大学蔡凤英执笔，第 5 章、第 6 章由南京工业大学王志荣执笔，第 8 章由江苏大学李丽霞执笔。由于危险化学品种类繁多，涉及面广，加之编者水平所限，书中难免存在缺点和不足，敬请广大读者批评指正。

　　本书的编撰引用了大量国家法律法规和规范标准以及有关人员的研究成果，在编写过程中得到了中国石化出版社的有关领导和编辑的大力支持和指导，在此向所有对本书提供帮助的专家、作者以及其他人员表示衷心感谢！

目　录

第1章 绪 论

随着科学技术的发展，尤其是化学工业的迅速发展，化学品的品种和数量迅猛增加，1942 年人们所知道的化学物质仅有 60 万种，到 1977 年则增至 400 万种，目前世界上大约拥有近 800 万种化学物质，常用的约为 7 万种，且每年大约有上千种新的化学物质问世。化学品的快速生产和发展，极大地丰富了人们的物质生活，给相关产业也带来了巨大变化，如今人们的衣、食、住、行样样都离不开化学品。但是由于不少化学品具有易燃易爆、有毒有害、腐蚀或放射等危险有害特性，在生产、使用、储存、运输、包装、经营和废弃物处置等过程中如果方法措施不当或管理疏忽，则会导致事故。事故的发生不仅会使生命财产遭到损失，给伤亡者及其家庭带来巨大痛苦和灾难，还会污染生态环境，亦会给国家造成重大损失和不良影响。因此，对具有危险性的化学品从生产到废弃物处置的各个环节做到安全控制极其重要，世界各国都十分重视，相继制定并不断完善化学品安全方面的法律法规、技术标准，加强化学品的安全管理，从技术和管理两方面采取措施减少和避免事故发生，降低其危害性。

1.1 危险化学品基本概念

化学品是指各种化学元素、由元素组成的化合物及其混合物。它包括天然的和人造的。化学品的种类繁多，归纳起来有纯净物质和混合物两大类。纯净物是指由同一种分子构成的物质，混合物是由两种或两种以上纯净物混合在一起组成的物质，混合物中各种物质仍保持各自原有的理化特性。但是有些化学品混合后会发生化学反应，能使危险性大大增加，例如强氧化剂和可燃物混合能发生激烈氧化还原反应，大量放热，从而引起燃烧和爆炸。

化学品中有一些属于危险化学品，所谓危险化学品一般是指具有易燃易爆、有毒有害及腐蚀性、放射性等特性，在一定条件下会对人身造成伤亡、财产损毁或环境污染的化学品。国务院 2011 年发布(2013 年修订)的第 591 号令《危险化学品安全管理条例》所称的危险化学品是指具有毒害、腐蚀、爆炸、燃烧、助燃等性质，对人体、设施、环境具有危害的剧毒化学品和其他化学品。具体哪些物质属于危险化学品，由国务院安全生产监督管理部门会同国务院工业和信息化、公安、环境保护、卫生、质量监督检验检疫、交通运输、铁路、民用航空、农业主管部门，根据化学品危险特性的鉴别和分类标准确定、公布危险化学品目录，并适时调整。2015 年国家安全监管总局、公安部等十部门发布了第 5 号公告《危险化学品目录(2015 版)》，该目录包含剧毒化学品，于 2015 年 5 月 1 日起实施。《危险化学品名录(2002 版)》和《剧毒化学品目录(2002 年版)》同时予以废止。凡列入《危险化学品目录》的为危险化学品，未列入的应经实验鉴别才能认定。

1.2 危险化学品的危害

危险化学品由于具有各种危险危害特性，容易引发事故，一旦发生事故其后果都比较严重。据统计2011～2013年我国共发生危险化学品事故569起，累计造成638人死亡，2283人受伤。危险化学品的危害主要有以下几个方面。

1.2.1 火灾爆炸危害

绝大多数危险化学品都具有易燃易爆危险特性，在我国现行的危险化学品分类中，爆炸品、气体、易燃液体及易燃固体、自燃物质、自热物质、遇水放出易燃气体的物质基本上都具有燃烧爆炸性。氧化性物质虽然本身不燃，但接触可燃物质很易燃烧；有机氧化剂自身就可发生燃烧爆炸。有些腐蚀品和毒害品也有易燃易爆危险，加之生产或使用过程中，往往是高温、高压或低温、低压，因此在生产、使用、储存、运输及经营等过程中若控制不当或管理不善，很容易引起火灾、爆炸事故，从而造成严重的破坏后果。例如，1974年6月1日英国Nypro公司由于生产中管理不良、人员操作失误及设备安置错误而发生环己烷蒸气泄漏爆炸，导致厂内28人死亡，36人受伤，厂外53人受伤。2001年9月21日法国图卢兹(Toulouse)一化工厂发生硝酸铵爆炸事故，爆炸能量相当于20～40t TNT当量，两座厂房大楼夷为平地，现场炸出直径50m、深15m的大坑，造成31人死亡，2500人受伤，爆炸气浪炸毁了周围6km半径近30000套住房及几百家企业，7km远处房层玻璃破碎。

类似的事故在我国也多次发生，如2008年8月四川某集团公司下属的有机分公司，由于乙炔储罐内进入空气，在罐内形成爆炸性混合物，被电火花引燃而发生爆炸。储罐爆炸乙炔外泄扩散引发厂内其他设备、储罐发生连锁爆炸，造成21人死亡，59人受伤，11000人疏散。1982年3月福建某制药厂在用无静电接地装置的聚氯乙烯管抽油过程中因静电积聚，引起火灾。因该工段现场易燃液体遍布，火势迅速蔓延扩大，加之领导指挥失误，灭火方法不当，引出火种，连续爆炸，封死退路，大火烧了2个多小时。火灾中包括正副厂长、书记等65人死亡，35人烧伤，烧毁厂房647m²和该工段的整套生产设备，还有大量的原材料。2012年2月河北省石家庄市某生物产业园内的一个化工有限责任公司生产硝酸胍的一车间发生重大爆炸事故，爆炸将车间夷为平地，造成25人死亡、4人失踪、46人受伤，周边设备、管道严重损坏，厂区遭到严重破坏，周边2km范围内部分居民房屋玻璃被震碎。

1.2.2 健康危害

危险化学品中有很多物质具有毒害性，这些毒性物质可通过呼吸道、消化道和皮肤进入人体。有毒物质一般以气体、蒸气、粉尘、烟尘、雾的形式存在于空气中，人在呼吸过程中同时将毒物吸入体内，故毒物进入人体的主要途径是呼吸道；毒物通过消化道进入体内主要是由不良的卫生习惯引起，例如接触到毒物后未经洗手、漱口即饮食、吸烟，或穿工作服就餐等；通过皮肤进入体内的毒物必须能溶于水或脂肪才可以，若皮肤破裂很多毒物可从破裂处侵入，并随着血液循环迅速扩散。

毒物进入人体后会与细胞成分产生生物化学作用或生物物理变化，扰乱或破坏肌体的正常生理功能，引起功能性或器质性改变，导致暂时性或永久性的病理损害甚至危及生命。大量毒物进入人体能发生急性中毒，严重者导致死亡；长期接触少量毒物会引起慢性中毒，甚至患上职业病。

毒物对人体的危害是多方面的，包括对神经系统、呼吸系统、血液和心血管系统、消化系统、泌尿系统、生殖系统、皮肤、眼睛的危害及致癌性等。例如一氧化碳、硫化氢等窒息性气体可致缺氧性脑炎；汽油、苯等有机溶剂可致类神经症；四乙基铅、二硫化碳等可引起类似精神分裂症状。氯气、氨气、光气、氮氧化物、硫酸二甲酯、二氧化硫等刺激性毒物可引起上呼吸道炎症、肺炎及肺水肿；有些毒物高浓度接触能直接抑制呼吸中枢或引起机械性阻塞而窒息。苯、三硝基甲苯可致再生障碍性贫血；砷化氢、苯肼、苯酚等能引起溶血性贫血；有机农药、砷等可引起心肌损伤；各种刺激性和窒息性气体中毒也可使心肌受损。铅、汞、镉、磷等可致口腔炎；氟化氢、氯化氢、酸雾等可致牙齿酸蚀症；有机磷农药、汞、砷、二甲基甲酰胺等可引起急、慢性肠胃炎或消化性溃疡；急性铅中毒可致腹绞痛；卤代烃、芳香族及硝基氨基化合物可致中毒性肝病。卤代烃、酚类、有机氯等可引起中毒性肾病；二硫化碳长期作用可致慢性肾功能衰竭；芳香胺、氟烯烃等可致出血性膀胱炎。铅、二硫化碳、甲苯二胺、二硝基甲苯等对男性生殖系统有损害；铅、汞、镉、铍、氯乙烯、苯乙烯等可对女性生殖系统产生危害。强酸、强碱、酚类、黄磷等腐蚀性物质接触皮肤能使之灼伤和溃烂；二硝基氯苯、对硝基氯苯等可引起接触性皮肤炎及过敏性皮炎；液氯、氯乙烯等可引起皮炎、红斑、湿疹等；苯、汽油等有机溶剂可使皮肤脱脂、干燥、皲裂。三硝基甲苯可致白内障；汞、砷、甲醇等可致中毒性眼病，如视力减退、视网膜病变等；腐蚀性物质，如强酸、强碱、石灰和氨水等可使结膜坏死糜烂或角膜混浊等。

毒害性物质中有许多种具有致癌性，如苯、砷化氢、环氧乙烷、亚硝胺、苯并芘等已被国际癌症研究中心（IARC）确认为人类致癌物。苯可引起白血病，石棉可致肺癌、间皮瘤，氯乙烯可致肝血管肉瘤、皮肤癌，氯甲醚也能引起肺癌，亚硝胺能引起食道癌、皮肤癌等，苯并芘可致肺癌、肝癌、食道癌等。有些毒物还具有致畸、致突变的危害，致畸是指接触某些化学物质能对未出生的胎儿造成危害，干扰胎儿正常发育，例如二噁英可导致胎儿畸形；致突变是指某些化学品对人的遗传基因产生影响导致后代发生异常。人们常见的甲醛已被世界卫生组织确定为致癌物质，也是潜在的强致突变物质之一。

由危险化学品中毒而引起的伤亡事故经常发生，而且发生急慢性中毒时常常引起多人伤亡，如 2011 年 3 月，山西省某公司电厂 9 号锅炉检修中发生一氧化碳中毒事故，现场共有 17 人，有 10 人中毒死亡。1991 年 9 月 3 日江西省上饶地区一辆装有 2.4t 一甲胺的槽罐车，由于司机违规驾驶被路边的树枝将槽罐液相管阀门挂断，致使罐内一甲胺全部泄漏，造成 37 人死亡，500 多人中毒。有毒气体波及约 340 亩（1 亩 = 666.67m^2）的范围，还造成家禽、牲畜、池塘鱼类大量死亡，禾苗蔬菜枯萎。

1.2.3 环境危害

绝大多数危险化学品是由于在生产、使用、储存和运输等过程中发生突发性事故泄漏或是以废水、废气、废渣等生产废物的形式排放进入环境的；也有的人为使用直接进入环境，如使用农药、化肥等以及人类日常活动中产生的废弃物排放进入环境；汽油、柴油、煤等燃料燃烧中产生的废气，家庭装饰等日常生活使用的物品直接进入或者使用后作为废弃物进入环境。这些危险化学品进入环境后会造成严重污染，进而影响人们的身体健康、破坏生态环境，影响国民经济持续发展。

危险化学品对环境的危害主要有以下几个方面：

（1）对大气的危害

危险化学品对大气的危害表现在这样几个方面：①导致温室效应，如 CO_2、CH_4、NO_x 及氯氟烷烃等进入大气中会使地面温度升高后令大气的温度上升，导致温室效应。②破坏臭氧层，如 CH_4、NO，特别是含氯化合物使大气层臭氧减少，导致地面接收的紫外线辐射量增加，从而引起皮肤癌和白内障的发病率大量增加。③引起酸雨，硫氧化物（主要为 SO_2）和氮氧化物大量排放在空气中遇水蒸气会形成酸雨，对动物、植物、人类等均会造成严重影响。④形成光化学烟雾。光化学烟雾主要有两类：一是伦敦型烟雾，是由大气中未燃烧的煤尘、SO_2 与空气中的水蒸气混合并发生化学反应所形成的烟雾，也称为硫酸烟雾。1952 年 12 月 5 日~8 日，英国伦敦上空因受冷高压的影响，出现了无风状态和低空逆温层，致使燃煤产生的烟雾不断积累，造成严重空气污染事件，在一周之内导致 4000 人死亡。由此得名伦敦型烟雾。二是洛杉矶型烟雾，是指汽车、工厂等排入大气中的氮氧化物或碳氢化合物，经光化学作用生成臭氧、过氧乙酰硝酸酯等烟雾。美国洛杉矶市 20 世纪 40 年代初有汽车超 $250×10^4$ 辆，每天耗油约 $1600×10^4$ L，向大气排放大量的碳氢化合物、氮氧化物、一氧化碳，汽车排出的尾气在日光作用下，形成臭氧、过氧乙酰硝酸酯为主的光化学烟雾，故称洛杉矶型烟雾。大气中形成光化学烟雾后会刺激人的眼睛和黏膜，引起头痛、呼吸障碍，使慢性呼吸道疾病恶化、儿童肺功能异常等，严重时可致人死亡。

（2）对土壤的危害

大量危险化学废物进入土壤，会被土壤吸收从而造成污染。其中有些有毒物质会杀死土壤中的微生物和原生动物，破坏土壤中的微生态，反过来又会降低土壤对污染物的降解能力。酸、碱、盐类等物质会改变土壤的性质和结构，使土壤酸化、碱化和板结，严重影响农作物生长。许多有毒的有机物和重金属能在植物体内积蓄，在被污染的土壤中生长的植物被人或牲畜食用后最终会在人体内积聚，致使健康受损，甚至诱发癌症或使胎儿畸形。

（3）对水体的污染

危险化学品对水体的污染物有无机的也有有机的。无机的主要有各类重金属（汞、镉、铅、铬）和氧化物、氟化物等；有机的主要为苯酚、多环芳烃和多种人工合成的具有积累性的稳定有机化合物，如多氯醛苯和有机农药等。含氮、磷及其他有机物的生活污水、工业废水进入水体，使水中养分过多，藻类大量繁殖，海水变红形成"赤潮"，在这种情况下水中的溶解氧急剧减少，严重影响鱼类生存。重金属、农药、挥发酚类、氧化物、砷化合物等污染物进入水体可在水中生物体内富集，使其损害、死亡、破坏生态环境。石油类污染物在水中可导致鱼类、水生生物死亡，还可以在水上引起火灾。

危险化学品污染环境后，污染物会通过各种途径侵入人体，最终对人的身体健康造成危害。环境污染物对人体危害有急性危害、慢性危害和远期危害几种情况。当大量有害物进入体内会引起急性中毒，严重时能导致死亡，伦敦烟雾造成4000多人死亡即是一个典型例子；少量有害物质长期侵入人体对人的危害要经过很长一段时间才能显露出来，这种称为慢性危害；有害物质通过遗传影响到子孙后代，导致胎儿畸形、致突变等称为远期危害。

1.3 危险化学品事故特点

危险化学品发生事故一般具有以下几个特点：

（1）突发性

危险化学品事故发生原因多且复杂，如操作不当、设备故障、车祸及气候条件、环境因素等都可能引发。发生事故往往先兆不明显，一旦发生，作用迅速，具有突发的和难以预料的后果。例如盛放易燃、易爆、有毒气体的设备、容器、管道发生泄漏事故一般会瞬间突然发生，常在意想不到的时间、地点。由于突然发生，往往使人猝不及防，短时间内泄漏出来的大量易燃易爆或有毒有害危险物料，可在瞬间发生火灾爆炸或导致人员中毒伤亡，如硫化氢、氯气等在较高浓度下数秒钟内可致人死亡。2005年3月29日发生在京沪高速公路上液氯泄漏事故就是一个例证。当晚一辆由山东开往上海的载有35t液氯的槽罐车，行驶到了京沪高速公路淮安段，左前轮突然发生爆裂，车辆发生倾斜，进而撞上前方的一辆正常行驶的货车，引发车上罐装的液氯大量泄漏。由于肇事的槽罐车驾驶员逃逸，延误了疏散抢险时机，导致大量人员中毒，其中28人死亡，公路旁3个乡镇大量村民中毒住院治疗，组织疏散村民近10000人，京沪高速公路宿迁至宝应段关闭20多个小时。

（2）严重性

危险化学品发生事故危害后果远远大于其他一般事故，发生火灾，其辐射热能导致周围人员、设备设施受损；发生爆炸，其冲击波会造成大范围破坏；发生有毒物质泄漏，气体会扩散到很远地方，致使大量人员中毒甚至死亡。仓储区一个单体（一个储罐或仓库）发生火灾或爆炸，火焰会迅速蔓延到其他储罐或仓库，甚至引发连环爆炸，其后果往往很严重。化工厂由于生产工艺的连续性，一个设备爆炸常会导致整个工厂爆炸，短时间内即会造成厂毁人亡的恶果。1984年12月3日发生在印度博帕尔市农药厂的有毒物质异氰酸甲酯发生泄漏事故，据当时媒体报道，一周内死亡2500人，20万人不同程度中毒，5万人双目失明，10万人终身残疾，以后相继不断有人死亡，造成世界工业史上绝无仅有的大惨案。2015年8月12日天津港某公司危险品仓库发生特别重大火灾爆炸事故，其后果非常严重。该事故共发生2次爆炸，第1次爆炸产生的破坏能量相当于3t TNT，第2次爆炸产生的破坏能量相当于21t TNT。两次爆炸分别形成一个直径15m、深1.1m的月牙形小爆坑和一个直径97m、深2.7m的圆形大爆坑。以大爆坑为爆炸中心，150m范围内的建筑被摧毁；爆炸共造成165人遇难，8人失踪，798人受伤；巨大冲击波导致周围304幢建筑物、12428辆商品汽车、7533个集装箱受损；据核定直接经济损失达68.66亿元。

因此，危险化学品事故不像机械等行业的事故那样，一旦发生往往导致多人伤亡，造成群死群伤和重大经济损失。

（3）持久性

危险化学品发生事故往往在长时间内得不到恢复，事故危害具有持久性。如有毒物质引起中毒短时间很难治愈，有的终生难以消除后果；特别是有的危险化学品人体接触后，在当时并没有明显地表现出来，而是在几个小时甚至几天以后才发觉，当症状出来再治疗，往往过了最佳治疗期，更加难以恢复。有毒有害的物质进入环境，污染空气和物体表面，甚至有毒液体可渗透到地表造成深度污染，一旦形成污染，需要很长时间才能消除，有的甚至无法恢复。

（4）社会性

由于危险化学品发生事故影响范围大，不仅对本单位人员和财产带来巨大损失，而且还会影响到周围社区的人身安全和社会和谐稳定。例如2004年12月23日重庆开县高桥镇的某石油公司天然气矿一个矿井发生井喷事故，由于硫化氢中毒造成243人死亡，4000多人受伤，死伤的人大多是周围村庄的村民。事发地方圆5km内的数万名群众被迫疏散转移，高桥镇一度成了"无人区"，受灾群众无法正常生活。许多家庭因亲人的失去而残缺破碎，给幸存者带来严重的心理创伤。若该事故中有毒化学物质渗漏到饮用水中，可能造成中毒的人会更多。1984年发生在印度博帕尔市农药厂的有毒物质异氰酸甲酯泄漏事故，之所以造成如此恶果，主要是该厂的一墙之隔就是贫民区，由于事故发生在凌晨，人们在睡梦中被毒气侵入，咳嗽、呼吸困难、眼睛灼痛，以至死亡。

（5）复杂性

火灾爆炸事故的发生往往连在一起，发生的原因较为复杂。一是引发火灾的着火源难以确定，能引起化学品火灾爆炸的火源有很多，包括烟火等明火、焊接切割火花、电气火花、静电火花、雷电火花、化学反应热、高温表面、摩擦撞击火花、日光照射等，这些火源都可引燃易燃易爆物质。二是易燃易爆物质品种多，在化工、石化企业存在广泛，着火物质有时不易确定。三是发生事故后事故过程难以描述。因火灾爆炸发生后，现场的建筑物、设备设施会遭到不同程度破坏，事故现场的人员会发生死亡，加之事故过程化学反应都非常迅速，目击者难以详细描述事故过程的现象。这对查清事故原因，制定防范措施，预防事故重复发生带来难度。

1.4 危险化学品安全的重要性

由于危险化学品本身具有的危险危害特性，加之生产、使用等过程多为高温、高压、深冷、高真空度等工艺条件，致使发生事故的频次高，事故造成的后果比较严重。因此提高危险化学品在生产、使用、储存、运输及处置等各个环节的安全性十分重要，主要表现在以下几个方面：

（1）保护人身安全和健康

大量事故案例充分证明，危险化学品发生事故会给人们的生命和健康带来极大危害。人的生命是无价的，人民的利益高于一切，人们在从事各项活动时必须以对人民群众高度负责的精神和强烈的责任感，重视人的价值，关注安全，关爱生命。"以人为本，安全发展"的理念就是要求企业在发展生产时要以人的生命为本，从各方面采取措施，预防和减少事故的发生，从而保护人身安全和健康。

（2）保护环境

环境污染的重要因素是有毒有害物质进入环境（包括水、空气、土壤）。环境被污染后将影响人的生命和健康，还会使生态系统失调，气候发生变化，从而严重威胁着人类的生存、生产及经济的发展。因此，保证危险化学品在各个环节中的安全，可减少污染，保护环境，也保护了人类的生存和国民经济持续稳定发展。

（3）维护社会和谐稳定

由于危险化学品发生事故影响范围大，不仅影响本单位员工的人身安全和健康，还会给周围群众的生命财产带来影响。若有毒化学品发生泄漏后在空气中扩散或流入水中，将会造成人心不稳，破坏人们正常生活秩序。所以防范危险化学品事故发生，对维护社会和谐稳定，人民安居乐业非常重要。

（4）提高企业经济效益

危险化学品发生事故会导致人员伤亡、设备设施破坏、生产停顿，甚至造成厂毁人亡。人员伤亡须向其本人或家属作出经济赔偿；设备设施破坏，需花费资金更换、重修；工厂停产则会减少产值，尤其是大型石化企业由于生产规模大，装置连续性强，一旦停产损失非常大。而且，如果一个企业经常发生事故对其声誉将产生不良影响，进而影响产品的销路。因此企业发生事故将蒙受巨大经济损失，事故的损失实际上就是企业的利润，若不发生事故，也就相当于提高了企业的经济效益。

1.5　预防危险化学品事故发生的基本原则

危险化学品由于本身具有危险有害特性，因此在生产、使用等过程中易发生事故，而一旦事故发生了往往会造成很大的危害，所以对危险化学品的生产、储存、使用等环节应采取措施预防事故的发生，控制其危害性。危险化学品事故的预防必须从安全技术和安全管理两个方面采取措施。

1.5.1　安全技术措施

安全技术措施就是为消除生产过程中各种不安全不卫生因素，改善劳动条件和保证安全生产而在工艺、设备、控制等方面采取的一些工程技术方面的措施。安全技术措施包括预防事故发生和减少事故损失两个方面。危险化学品在不同的环节发生事故的途径不完全相同，需要采取的技术措施也不尽一致，要根据具体情况考虑。危险化学品在各个环节需要采取的具体技术要求详见以后各章，本章只介绍采取安全技术措施的一般原则。

（1）控制危险化学物质用量

任何场所若没有易燃易爆、有毒有害危险化学物质，火灾、爆炸、中毒事故就失去基础而不会发生。因此，在生产过程中不断进行工艺改革，尽量避免使用有危险的物品，尽可能用不燃和难燃化学品代替易燃易爆化学品，用无毒或低毒的化学品代替有毒有害化学品，这是预防事故最根本的措施。例如，涂料生产中用二甲苯代替易燃易爆有毒物质苯，其火灾、爆炸、中毒的危险性都得到大幅度降低。

（2）封闭

封闭就是将危险物质和危险能量局限在一定范围内，防止能量逆流，从而有效地预防和减少事故发生。例如将易燃易爆、有毒有害物质封闭在设备、容器、管道里，不与空气、火源、人体接触，就不会发生火灾、爆炸和中毒事故。因此，危险化学品的生产、使用、储存、运输、经营及废弃物处置过程中应尽可能做到密闭。对有压力的设备要防止可燃物质漏出，在空气中形成爆炸性混合物；负压设备要防止空气漏入内部使可燃物达到爆炸浓度。开口的容器、破损的铁桶、容积较大且无保护措施的玻璃瓶不允许贮存易燃液体，不耐压的容器不能贮存压缩气体和加压的液体。

对含有易燃易爆、有毒有害物质的设备、管道、阀门等设施应经常检查，发现泄漏要及时采取措施，防止造成破坏后果。

（3）通风除尘

危险化学品一般在环境中达到一定浓度才能造成危害，但是生产过程中由于设备、密封件等的磨损、老化、腐蚀等原因，往往很难做到一点不泄漏。因此，在有危险气体和粉尘存在的场所可采取通风措施降低其在空气中的浓度，当浓度低于该物质的爆炸下限就不会引起火灾爆炸，浓度低于其职业接触限值也不会对作业人员健康造成危害。

通风的方式有自然通风和机械通风两种。当采用自然通风达不到要求时，应安装机械通风装置。其通风的要求应按两种情况考虑：当物质仅具有易燃易爆危险性，其作业场所空气中浓度应控制在低于爆炸下限的 25%；对同时具有毒害性的易燃易爆物质，其作业场所空气中浓度应按工作场所有害因素职业接触限值控制，因为通常毒物的职业接触限值比爆炸下限要低得多。

除尘的方式有多种，主要可分为 5 大类：密闭式除尘（隔离法）、过滤式除尘（袋式除尘）、高压静电除尘、喷水或喷雾除尘（湿法凝尘）、生物纳米抑尘，可根据具体情况选用。

（4）惰性化

惰性化就是在空气与可燃气体混合物中充入惰性气体，使之降低系统内可燃混合物中氧气浓度，当氧气浓度降到最小氧气浓度以下，系统就不至于发生燃烧和爆炸。最小氧气浓度是指在可燃气与空气的混合物中，燃烧能够发生所需氧气的最低体积百分浓度。常用的惰性气体有氮气、二氧化碳、水蒸气以及卤代烃等。

在生产中很多过程可用惰性气体保护。例如，易燃固体物质的粉碎、研磨、筛分、混合，粉状物料的输送，可燃气体混合物的处理，储存易燃液体储罐的气相空间，以及有燃爆危险的工艺装置、设备停车检修时的吹扫、置换等情况均可用惰性气体保护。

（5）工艺参数的安全控制

对危险化学品来说，各个过程工艺参数严格控制在安全限度内是非常重要的，是实现安全生产的基本保证。例如化工生产过程的温度、压力、流量、料比、加料速度等若控制不当超出设定范围，可能发生异常反应，导致系统失控而造成严重后果。

实现工艺参数的自动控制和程序控制是使其达到安全限度的重要手段，它可有效防止人的操作差错，提高控制的可靠性。对重要工艺参数安装超限报警装置，可在工艺参数出现险情时发出信号，警告操作者及时采取措施，消除隐患。若超限报警装置能与相关设施联锁、紧急停车，则工艺安全控制更为可靠。

目前化工、石化生产装置广泛采用的集散型控制系统（DCS），是以微处理器为基础的分散型计算机控制系统。它综合了计算机、通讯、显示和控制等技术来对生产过程分散控制，集中监视、操作、管理。该技术的应用有效提高了复杂工艺过程工艺参数控制的可靠性。

（6）监测空气中易燃易爆物质的含量

在可燃、有毒有害气体、蒸气可能泄漏的场所安装可燃/有毒气体检测报警仪，一旦危险/有害气体泄漏出来，在空气中达到设定浓度即发出声、光报警，提醒操作人员查找泄漏源，及早发现隐患，及时采取相应措施，从而预防事故发生。所以《石油化工企业设计防火规范》（GB 50160）、《建筑设计防火规范》（GB 50016）都规定在可燃/有毒气体可能泄漏的地方安装检测报警仪。《石油化工可燃气体和有毒气体检测报警设计规范》（GB 50493）对可燃/有毒气体检测报警仪的选择、设置及安装都有具体规定。

（7）故障安全保护

故障安全保护是指对危险性较大的装置或设备安装联锁或紧急停车系统（ESD，Emergency Shutdown Device）。ESD 安全保护系统独立于 DCS 集散控制系统，其安全级别高于 DCS。该系统实时在线监测装置的安全性，当生产装置出现紧急情况时，不需要经过DCS 系统，而直接由 ESD 发出保护联锁信号，对现场设备进行安全保护，避免危险扩散造成事故。近些年在石油、化工等工业过程被广泛应用了一种安全性更高的的安全保护系统，即安全仪表系统（SIS，Safety Instrument System）。安全仪表系统（SIS）是一种可编程控制系统，能实现一个或多个安全功能，是一个更加完整的、功能安全等级更高的安全控制系统。它对生产装置或设备可能发生的危险采取紧急措施，并对继续恶化的状态进行及时响应，使其进入一个预定义的安全停车工况，从而使危险和损失降到最低程度，保证生产设备、环境和人员安全。该系统是实现安全生产，预防和减少事故发生的有效手段。《危险化学品重大危险源监督管理暂行规定》（国家安监总局〔2011〕第 40 号令、〔2015〕第 79 号令修订）对重大危险源安全监测监控系统明确规定，对一级或者二级重大危险源，应具备紧急停车系统；对涉及毒性气体、液化气体、剧毒液体的一级或者二级重大危险源，应配备独立的安全仪表系统（SIS）。

（8）隔离操作或远距离操作

隔离就是将危险物质或能量与人或重要设备设施隔开或保持一定距离，防止危险能量与人或物接触，从而减少人身伤亡或设备设施损失。例如，对有危险的过程，通过设置隔离屏障，使人与生产设备隔开；人在接触有毒物质的场所穿防护服，不直接接触毒物；生产过程采用自动控制或 DCS 控制，人在操作室操作与生产场所分开，这些措施都可避免作业人员直接暴露于危险环境中。

（9）坚固或加强

有时为了提高设备的安全可靠程度，设计时可增加安全系数，加大安全裕度，提高结构强度，防止因结构破坏而导致事故发生。如输送天然气的埋地高压管道，为防止因腐蚀、振动等原因破裂泄漏，可采用增加壁厚的措施。对有爆炸危险的设备用防爆墙包围起来，与其他部分隔开，即使发生爆炸也不会影响周围其他设备设施。

（10）提示

提示设施包括警告牌示和信号装置。警告牌示是指在危险部位和场所张贴或悬挂一些标牌（亦称安全标志），利用人的视觉提醒人们注意。例如，在储存易燃、可燃物质仓库门口张贴"禁止火种"标志，在配电室内显著的位置张贴"当心触电"标志。《安全标志及其使用导则》（GB 2894）将安全标志分为禁止标志、警告标志、指令标志、提示标志四种，可根据不同危险场所设置相应标志。

警告信号装置则是利用人的听觉引起注意，如在可燃、有毒气体可能泄漏的地方安装可燃、有毒气体检测报警仪，当气体浓度达到设定值时报警仪发出声音，告知操作人员到现场检查处理；储罐安装高液位报警仪，当液位达到一定限值即会报警，告知停止加液，防止储罐满溢等都属于这方面措施。

（11）个体防护

在危险场所作业时佩戴相应个体防护用品，把人体与危险能量或物质隔离开来，可保护人体免受伤害。例如，当作业场所中有毒化学品的浓度超标时，人员进入时戴防毒面具；粉尘超标的地方，操作人员戴防尘口罩等。值得注意的是，个体防护措施既不能消除作业场所的有害因素，也不能降低作业场所中有害因素的强度，它只是一种防止人身事故的辅助性措施。

（12）易燃易爆场所控制点火源

点火源是引起燃烧爆炸的三要素之一。若在易燃易爆场所没有火源存在，燃烧和爆炸因缺少一个条件便不能发生。因此，在有燃爆危险场所要严格控制点火源。能引起火灾、爆炸事故的火源主要有明火、高温表面、摩擦和撞击火花、电气火花、静电火花、化学反应热、绝热压缩、雷电和日光照射等。点火源的控制措施应视生产经营场所具体情况考虑，详见以后有关章节。

1.5.2　安全管理措施

危险化学品安全管理是预防危险化学品事故发生和减少事故损失的重要措施。我国政府历来十分重视危险化学品的安全管理。在"安全第一，预防为主，综合治理"安全工作方针指引下，先后制定了一系列有关危险化学品安全管理的法律、行政法规、地方性法规、部门规章、技术规定和标准，形成了一套较为完善的危险化学品安全生产管理法律法规体系。

早在1994年10月22日我国第八届人大常委会就通过了由国际劳工组织1990年6月制定的《作业场所安全使用化学品公约》（简称170号公约）和《作业场所安全使用化学品建议书》（简称177号建议书），这表明我国政府完全承认并履行170号公约的条款，并于1996年制定了《工作场所安全使用化学品规定》。因此，我国危险化学品安全管理已与国际管理体系接轨。

我国有关危险化学品安全生产法律法规体系包括法律、行政法规、部门规章、地方法规、国家及行业标准、地方标准。

国家制定的有关危险化学品安全生产的法律主要有《中华人民共和国安全生产法》《中华人民共和国劳动法》《中华人民共和国消防法》《中华人民共和国职业病防治法》《中华人民共和国环境保护法》《中华人民共和国海上交通安全法》《中华人民共和国道路交通安全法》《中华人民共和国特种设备安全法》《中华人民共和国突发事件应对法》等。《中华人民共和国安全生产法》是综合规范安全生产法律制度的法律，适用于所有生产经营单位，是我国安全生产法律体系的核心。

行政法规主要有《危险化学品安全管理条例》《中华人民共和国交通道路管理条例》《安全生产许可证条例》《特种设备安全监察条例》《使用有毒物品作业场所劳动保护条例》《易制毒化学品管理条例》《烟花爆竹安全管理条例》《中华人民共和国监控化学品管理条例》《民用爆炸物品安全管理条例》等。由国务院组织制定并批准公布的行政法规，是实施安全生产监督管理和监察工作的重要依据。

依据国家安全生产法律法规的规定，有关安全生产管理部门制订了产业、行业具体规章，如国家安全生产监督管理总局制定的《危险化学品登记管理办法》《危险化学品重大危险源监督管理暂行规定》《建设项目安全设施"三同时"监督管理办法》《危险化学品建设项目安全监督管理办法》《生产安全事故应急预案管理办法》《安全生产事故隐患排查治理暂行规定》等。部门安全生产规章作为安全生产法律法规的重要补充，在安全生产监督管理工作中起着十分重要的作用。

国家及行业安全技术标准包括电气安全、机械安全、压力容器安全、防火防爆、职业卫生、个体防护、教育培训等各个方面。如《建筑设计防火规范》《石油化工企业设计防火规范》《危险化学品重大危险源辨识》《常用化学危险品储存通则》《爆炸危险环境电力装置设计规范》《固定式压力容器安全技术监察规程》《液氯使用安全技术要求》《危险化学品重大危险源安全监控通用技术规范》《剧毒化学品、放射源存放场所治安防范要求》《个体防护装备选用规范》《职业性接触毒物危害程度分级》等。安全生产标准是安全生产法规体系中的一个重要组成部分，也是安全生产管理的基础和监督执法工作的重要技术依据。

地方性安全生产法规、标准是由地方人民代表大会及其常务委员会和地方政府依据国家及行业的法律法规、标准，结合本地区实际情况相应制订的地方性规章、标准。地方性安全生产法规、标准具有较强的针对性和可操作性。

国家和地方、行业制定的各种法律法规、规章标准，对我国境内生产、使用、储存、经营、运输和废弃处置危险化学品各个环节的安全管理都做出了明确规定。使我国对危险化学品的安全管理工作逐渐走上规范化、科学化、法制化。主要表现在以下几个方面：

（1）对危险化学品实行全过程安全管理

《危险化学品安全管理条例》（以下简称《条例》）第二条明确规定，危险化学品生产、储存、使用、经营和运输的安全管理，适用本条例。《条例》详细规定了上述各个环节安全管理的具体要求。

《条例》第二条还规定废弃危险化学品的处置，依照有关环境保护的法律、行政法规和国家有关规定执行。危险化学品的单位转产、停产、停业或者解散的，应当采取有效措施，及时、妥善处置其危险化学品生产装置、储存设施以及库存的危险化学品，不得丢弃危险化学品。

《中华人民共和国固体废物污染环境防治法》则规定，产生危险废物的单位，必须按照国家有关规定处置危险废物，不得擅自倾倒、堆放；不处置的，由所在地县级以上地方人民政府环境保护行政主管部门责令限期改正；逾期不处置或者处置不符合国家有关规定的，由所在地县级以上地方人民政府环境保护行政主管部门指定单位按照国家有关规定代为处置，处置费用由产生危险废物的单位承担。

由此可见，目前我国对危险化学品从生产、储存、使用、经营、运输以及废弃处置的各个环节的安全管理要求都作了具体规定，实行严格的安全管理。

（2）建立危险化学品登记注册制度

《危险化学品安全管理条例》第六十六条规定，国家实行危险化学品登记制度，为危险化学品安全管理以及危险化学品事故预防和应急救援提供技术、信息支持。第六十七条规定危险化学品生产企业、进口企业，应当向国务院安全生产监督管理部门负责危险化学品登记的机构办理危险化学品登记。根据《条例》规定，2012年国家安全监管总局发布了第53号令《危险化学品登记管理办法》，对危险化学品登记的时间、内容和程序、需提供的材料等都予以明确。

（3）实行许可证制度

我国先后制定和修定的《危险化学品安全管理条例》《易制毒化学品管理条例》《民用爆炸物品安全管理条例》《中华人民共和国监控化学品管理条例》等法律法规对危险化学品的生产、使用、运输、购买、进口、出口及危险废物的处置都规定实行许可证制度。

例如《危险化学品安全管理条例》规定，危险化学品生产企业进行生产前，应当取得危险化学品安全生产许可证；使用危险化学品从事生产并且使用量达到规定数量的化工企业（属于危险化学品生产企业的除外），应当取得危险化学品安全使用许可证；对危险化学品经营（包括仓储经营）实行许可制度，未经许可，任何单位和个人不得经营危险化学品。从事危险化学品道路运输、水路运输的，应当分别依照有关道路运输、水路运输的法律、行政法规的规定，取得危险货物道路运输许可、危险货物水路运输许可，并向工商行政管理部门办理登记手续。

依法取得危险化学品安全生产许可证、危险化学品安全使用许可证、危险化学品经营许可证的企业，凭相应的许可证件购买剧毒化学品、易制爆危险化学品。民用爆炸物品生产企业凭民用爆炸物品生产许可证购买易制爆危险化学品。

取得危险化学品安全生产许可证、危险化学品安全使用许可证、危险化学品经营许可证以外的单位购买剧毒化学品，应当向所在地县级人民政府公安机关申请取得剧毒化学品购买许可证；购买易制爆危险化学品的，应当持本单位出具的合法用途说明。

《民用爆炸物品安全管理条例》规定，国家对民用爆炸物品的生产、销售、购买、运输和爆破作业实行许可证制度。未经许可，任何单位或者个人不得生产、销售、购买、运输民用爆炸物品，不得从事爆破作业。

《易制毒化学品管理条例》规定，国家对易制毒化学品的生产、经营、购买、运输和进口、出口实行分类管理和许可制度。《易制毒化学品进出口管理规定》也明确指出，国家对易制毒化学品进出口实行许可证管理制度，以任何方式进出口易制毒化学品均需申领许可证。

《监控化学品管理条例》规定，国家严格控制第一类监控化学品的生产。为科研、医疗、制造药物或者防护目的需要生产第一类监控化学品的，应当报国务院化学工业主管部门批准，并在国务院化学工业主管部门指定的小型设施中生产。严禁在未经国务院化学工业主管部门指定的设施中生产第一类监控化学品。

国家对第二类、第三类监控化学品和第四类监控化学品中含磷、硫、氟的特定有机化学品的生产，实行特别许可制度；未经特别许可的，任何单位和个人均不得生产。《监控化学品管理条例》对监控化学品的进出口实行进、出口许可证制度，进口货物经登记评审许可后才可以进入我国。

《中华人民共和国固体废物污染环境防治法》规定，从事收集、贮存、处置危险废物经营活动的单位，必须向县级以上人民政府环境保护行政主管部门申请领取经营许可证。禁止无经营许可证或者不按照经营许可证规定从事危险废物收集、贮存、处置的经营活动。

依据有关法律法规，我国相应制定了《危险化学品经营许可证管理办法》《危险化学品生产企业安全生产许可证实施办法》《危险化学品安全使用许可证管理办法》以及《危险废物经营许可证管理办法》等各种许可证管理办法，对危险化学品的生产、使用、运输、经营及废弃处置等取得许可证的条件都有详细要求。

（4）明确危险化学品各环节的安全设施要求

《安全生产法》明确规定，生产经营单位应当具备本法和有关法律、行政法规和国家标准或者行业标准规定的安全生产条件；不具备安全生产条件的，不得从事生产经营活动。生产、经营、储存、使用危险物品的车间、商店、仓库不得与员工宿舍在同一座建筑物内，并应当与员工宿舍保持安全距离。生产经营场所和员工宿舍应当设有符合紧急疏散要求、标志明显、保持畅通的出口。禁止锁闭、封堵生产经营场所或者员工宿舍的出口。

《危险化学品安全管理条例》和其他法律法规对从事危险化学品生产、使用、储存、装卸、运输、经营等工作的单位应具有的安全设施均有规定。例如《条例》明确指出，生产、储存危险化学品的单位，应当根据其生产、储存的危险化学品的种类和危险特性，在作业场所设置相应的监测、监控、通风、防晒、调温、防火、灭火、防爆、泄压、防毒、中和、防潮、防雷、防静电、防腐、防泄漏以及防护围堤或者隔离操作等安全设施、设备，并按照国家标准、行业标准或者国家有关规定对安全设施、设备进行经常性维护、保养，保证安全设施、设备的正常使用。生产、储存危险化学品的单位，应当在其作业场所和安全设施、设备上设置明显的安全警示标志。还规定，生产、储存危险化学品的单位，应当对其敷设的危险化学品管道设置明显标志，并对危险化学品管道定期检查、检测。生产、储存、使用危险化学品的单位，应当在其作业场所设置通信、报警装置，并保证处于适用状态。

《危险化学品生产企业安全生产许可证实施办法》则规定，涉及危险化工工艺、重点监管危险化学品的装置装设自动化控制系统；涉及危险化工工艺的大型化工装置装设紧急停车系统；涉及易燃易爆、有毒有害气体化学品的场所装设易燃易爆、有毒有害介质泄漏报警等安全设施。

此外，国家、行业还制订了一系列规范、标准，规定了危险化学品生产、储存和经营等场所应当具有的安全技术条件。

（5）建立健全安全生产责任制和各项管理规章制度

《安全生产法》明确指出，企业应建立、健全安全生产责任制，制定安全生产规章制度和操作规程。安全生产责任制、安全生产管理制度和安全操作规程是企业规章制度的重要组成部分，是保证生产经营活动安全、顺利进行的重要手段，企业应根据生产经营活动中危险性特点制定和完善各项安全生产管理制度和各岗位安全操作规程。

安全生产责任制是生产经营单位安全生产管理制度的核心部分，危险化学品企业必须按照新《安全生产法》的要求，建立健全各级各岗位的责任人、责任范围和考核标准，并建立相应的监督考核机制，保证安全生产责任制的落实。

关于安全生产管理制度的制定，国家安监管总局〔2011〕第41号令，〔2015〕79号令修订)《危险化学品生产企业安全生产许可证实施办法》和〔2012〕第57号令(〔2015〕79号令修订)《危险化学品安全使用许可证实施办法》都规定危险化学品生产企业应至少制定19种主要安全管理规章制度，即：①安全生产例会等安全生产会议制度；②安全投入保障制度；③安全生产奖惩制度；④安全培训教育制度；⑤领导干部轮流现场带班制度；⑥特种作业人员管理制度；⑦安全检查和隐患排查治理制度；⑧重大危险源评估和安全管理制度；⑨变更管理制度；⑩应急管理制度；⑪生产安全事故或者重大事件管理制度；⑫防火、防爆、防中毒、防泄漏管理制度；⑬工艺、设备、电气仪表、公用工程安全管理制度；⑭动火、进入受限空间、吊装、高处、盲板抽堵、动土、断路、设备检维修等作业安全管理制度；⑮危险化学品安全管理制度；⑯职业健康相关管理制度；⑰劳动防护用品使用维护管理制度；⑱承包商管理制度；⑲安全管理制度及操作规程定期修订制度。

危险化学品生产企业应在此基础上，根据生产的实际情况建立一套完整的、行之有效的安全生产管理制度，并按照生产工艺、设备特点和物料危险性编制相应的岗位安全操作规程。

（6）加强安全教育培训

《安全生产法》及其他法规、规章对企业各类人员的安全培训，应当掌握的安全生产知识都有具体规定。如《安全生产法》规定，生产经营单位的主要负责人和安全生产管理人员必须具备与本单位所从事的生产经营活动相应的安全生产知识和管理能力。并指出危险物品的生产、经营、储存单位以及道路运输单位的主要负责人和安全生产管理人员，应当由主管的负有安全生产监督管理职责的部门对其安全生产知识和管理能力考核合格。《危险化学品安全管理条例》则规定企业应对从业人员进行安全教育、法制教育和岗位技术培训。从业人员应当接受教育和培训，考核合格后上岗作业；对有资格要求的岗位，应当配备依法取得相应资格的人员。

《危险化学品生产企业安全生产许可证实施办法》则进一步明确，企业主要负责人、分管安全负责人和安全生产管理人员必须具备与其从事的生产经营活动相适应的安全生产知识和管理能力，依法参加安全生产培训，并经考核合格，取得安全资格证书。

企业应对从业人员进行安全生产教育和培训，保证从业人员具备必要的安全生产知识，熟悉有关的安全生产规章制度和安全操作规程，掌握本岗位的安全操作技能，了解事故应急处理措施，知悉自身在安全生产方面的权利和义务。未经安全生产教育以及培训后不合格的从业人员，不得上岗作业。生产经营单位采用新工艺、新技术、新材料或者使用新设备，必须对从业人员进行专门的安全生产教育和培训。

特种作业人员必须按照国家有关规定经专门的安全作业培训，取得相应资格，方可上岗作业。使用被派遣劳动者的，应对被派遣劳动者进行岗位安全操作规程和安全操作技能的教育和培训。接收中等职业学校、高等学校学生实习的，应当对实习学生进行相应的安全生产教育和培训。

通过安全教育和培训，使各类人员提高安全意识，掌握安全生产管理知识和安全操作技能，可以减少违章指挥或防止指挥不当，减少违章操作、操作错误或应急处理能力差等人的不安全行为，从而预防和减少事故发生。

（7）强化事故预防、隐患排查治理制度

早在 2002 版《安全生产法》对企业安全检查就做出了规定。2007 年国家安全生产监督管理总局公布的第 16 号令《安全生产事故隐患排查治理暂行规定》，则进一步强调生产经营单位应当建立健全事故隐患排查治理制度，采取技术、管理措施，及时发现并消除事故隐患。事故隐患排查治理情况应当如实记录，并向从业人员通报。该规定对生产经营单位事故隐患排查治理的责任制、事故隐患的报告、排查出隐患监控治理、治理所需的资金等方面都作出详细规定。

2014 年修订的《安全生产法》则规定，生产经营单位必须建立生产安全事故隐患排查治理制度，采取技术、管理措施，及时发现并消除事故隐患，对事故隐患排查治理情况要如实记录，并向从业人员通报隐患排查治理情况。

县级以上地方各级人民政府负有安全生产监督管理职责的部门应当建立健全重大事故隐患治理督办制度，督促生产经营单位消除重大事故隐患。

法律法规对未建立隐患排查治理制度、存在重大事故隐患的生产经营单位设定了严格的行政处罚规定，并赋予负有安全监管职责的部门对拒不执行执法决定、有发生生产安全事故现实危险的生产经营单位依法采取停电、停供民用爆炸物品等措施，强制生产经营单位履行决定的权力。

这些规定，对企业及时发现隐患并尽早排除，对预防事故发生有着重要作用。

（8）加强危险化学品重大危险源的监控

重大危险源是危险化学品大量聚集的地方，有较大危险性，一旦发生事故对从业人员和其他人员的人身安全和财产造成较大的损害。所以《安全生产法》规定，生产经营单位对重大危险源应当登记建档，进行定期检测、评估、监控，并制定应急预案，告知从业人员和相关人员在紧急情况下应当采取的应急措施。

生产经营单位应当按照国家有关规定将本单位重大危险源及有关安全措施、应急措施报有关地方人民政府安全生产监督管理部门和有关部门备案。

2011 年国家安全生产监督管理总局发布的第 40 号令（〔2015〕79 号令修订）《危险化学品重大危险源监督管理暂行规定》，对重大危险源的监控提出了更为具体的要求。

这些安全生产法律、法规、规章、标准的制定，对企业加强重大危险源监控、管理，采取有效的防护措施，防止重大危险源事故发生具有极为重要的意义。

（9）建立和完善事故应急救援体系

近年来国家先后出台了一系列有关应急救援的法律、法规和规章，早在 2004 年《国务院关于进一步加强安全生产工作的决定》中就提出，加快全国生产安全应急救援体系建设，尽快建立国家生产安全应急救援指挥中心，充分利用现有的应急救援资源，建设具有快速反应能力的专业化救援队伍，提高救援装备水平，增强生产安全事故的抢险救援能力。2007 年国家颁布的《中华人民共和国突发事件应对法》对国家和地方各级政府建立突发事件的预防与应急准备、监测与预警、应急处置与救援、事后恢复与重建等方面都作了规定。2010 年《国务院关于进一步加强企业安全生产工作的通知》又进一步强调建设更加高效的应急救援体系。随后《国务院安委会办公室关于贯彻落实国务院〈通知〉精神进一步加强安全生产应急救援体系建设的实施意见》安委办〔2010〕25 号，对应急救援的队伍体系、应急管理（救援指挥）体系、应急救援的工作机制、应急救援预案体系（包括应急预案的编写、应急演练与培训）、应急救援装备和保障能力（应急平台体系、应急装备和物资储备体系）等进行了详细部署。为增强应急预案的针对性、实用性和可操作性，2013 年《国务院办公厅关于印发〈突发事件应急预案管理办法〉的通知》国办发〔2013〕101 号，对应急预案的规划、编制、审批、发布、备案、演练、修订、培训、宣传教育等工作都提出具体要求。《安全生产法》则规定，危险物品的生产、经营、储存单位应当建立应急救援组织；配备必要的应急救援器材、设备和物资，并进行经常性维护、保养，保证正常运转。

根据《安全生产法》《中华人民共和国突发事件应对法》及《突发事件应急预案管理办法》等的规定，国家安全生产监督管理总局于 2009 年制定了《生产安全事故应急预案管理办法》（以下简称《办法》）。该《办法》对加强应急预案管理工作发挥了重要作用，但随着安全生产应急管理工作的不断深化以及党中央、国务院对应急管理工作要求的不断提高及近年来各单位在执行生产安全事故应急预案方面存在的问题，国家安全生产监督管理总局于 2016 年对《办法》进行了修订。修订后的《办法》增加了预案宣传、教育、评估、监督管理及动态管理等内容，并要求编制单位在编制应急预案前成立编制小组、进行事故风险评估和应急资源调查，确保制定的应急预案具有真实性和实用性。

各单位严格遵照有关法律法规、规章及有关文件规定制定和管理应急预案，能在发生事故时迅速有效处置生产安全事故，最大限度减少事故损失。

（10）明确各部门的职责

危险化学品的安全管理涉及多个部门，为保证各部门之间充分协调，更好的实施危险化学品的安全监管工作，《危险化学品安全管理条例》明确了各级政府的安全生产监督管理部门和其他负有危险化学品安全监督管理职责的部门对危险化学品的生产、储存、使用、经营、运输以及危险废物处置实施安全监督管理的职责，具体如下：

① 安全生产监督管理部门负责危险化学品安全监督管理综合工作，组织确定、公布、调整危险化学品目录，对新建、改建、扩建生产、储存危险化学品（包括使用长输管道输送危险化学品）的建设项目进行安全条件审查，核发危险化学品安全生产许可证、危险化学品安全使用许可证和危险化学品经营许可证，并负责危险化学品登记工作。

② 公安机关负责危险化学品的公共安全管理，核发剧毒化学品购买许可证、剧毒化学品道路运输通行证，并负责危险化学品运输车辆的道路交通安全管理。

③ 质量监督检验检疫部门负责核发危险化学品及其包装物、容器（不包括储存危险化学品的固定式大型储罐）生产企业的工业产品生产许可证，并依法对其产品质量实施监督，负责对进出口危险化学品及其包装实施检验。

④ 环境保护主管部门负责废弃危险化学品处置的监督管理，组织危险化学品的环境危害性鉴定和环境风险程度评估，确定实施重点环境管理的危险化学品，负责危险化学品环境管理登记和新化学物质环境管理登记；依照职责分工调查相关危险化学品环境污染事故和生态破坏事件，负责危险化学品事故现场的应急环境监测。

⑤ 交通运输主管部门负责危险化学品道路运输、水路运输的许可以及运输工具的安全管理，对危险化学品水路运输安全实施监督，负责危险化学品道路运输企业、水路运输企业驾驶人员、船员、装卸管理人员、押运人员、申报人员、集装箱装箱现场检查员的资格认定。铁路主管部门负责危险化学品铁路运输的安全管理，负责危险化学品铁路运输承运人、托运人的资质审批及其运输工具的安全管理。民用航空主管部门负责危险化学品航空运输以及运输企业及其运输工具的安全管理。

⑥ 卫生主管部门负责危险化学品毒性鉴定的管理，负责组织、协调危险化学品事故受伤人员的医疗卫生救援工作。

⑦ 工商行政管理部门依据有关部门的许可证件，核发危险化学品生产、储存、经营、运输企业营业执照，查处危险化学品经营企业违法采购危险化学品的行为。

⑧ 邮政管理部门负责依法查处寄递危险化学品的行为。

2015 年《国务院安全生产委员会关于印发〈国务院安全生产委员会成员单位安全生产工作职责分工〉的通知》安委〔2015〕5 号又进一步明确了安委会成员中各部、委、办、局等单位的职责。

各部门危险化学品安全管理职责明确，可使危险化学品的安全管理健康、有序进行。

2014 年 12 月 1 日起施行的《中华人民共和国安全生产法》从保护人的安全出发，制订了多项新的规定，将危险化学品的安全生产管理工作提出了新的更高要求。下面介绍其中主要几点：

（1）提出了新的安全生产工作理念

所谓新的安全生产工作理念，即"以人为本，安全发展"的理念。以人为本，就是生产经营单位尤其是危险化学品等高危企业在从事生产经营活动中要牢固树立以人为本、生命至上的理念。"人命关天，发展决不能以牺牲人的生命为代价"，这是企业安全生产的"红线"，绝不能逾越。安全发展，就是正确处理生产与速度、效益的关系，坚持把安全生产放在首要位置，把安全作为企业发展的前提和基础。生产经营单位只有坚持"以人为本，安全发展"，从保护人的安全和健康出发做好安全生产工作，才能保证生产持续稳定发展，生产经营活动规范、有序、高效进行。

（2）完善安全生产工作方针

新《安全生产法》在总结长期安全生产工作实践经验基础上，提出"安全第一、预防为主、综合治理"的安全生产工作方针。这一方针要求生产经营单位从事生产经营活动时必须始终把安全工作放在一切工作的首位考虑，而不能为了追求企业效益而忽视安全，更不能为了产值、效益而不顾安全；同时要求安全工作重心是在事故的预防上，首先对建设项目必须做好安全设施和主体工程"三同时"，生产经营过程中加强危险识别、隐患排查，从源头上采取措施控制危险；综合运用法律、经济、行政等多种手段，充分发挥社会、职工、舆论监督各个方面的作用，从发展规划、行业管理、安全投入、科技进步、经济政策、教育培训、安全文化、责任追究等方面着手，多种手段综合治理，建立安全生产长效机制。只有全面贯彻落实"安全第一、预防为主、综合治理"的安全工作方针，才能真正有效预防和减少生产安全事故的发生。

（3）健全落实安全生产责任制

十八大以来，党中央、国务院多次提出要建立健全安全生产责任体系，党政一把手必须亲力亲为、亲自动手抓，要把安全责任落实到岗位、落实到人头。坚持党政同责、一岗双责、齐抓共管、失职追责。强调党政主要负责人是本地区安全生产第一责任人，班子的其他成员对分管范围内的安全生产工作负领导责任，地方各级安委会主任由政府主要负责人担任。要完善考核制度，建立科学、严格考核指标，做到尽职免责、失职追责，推动各级、各有关部门认真履行安全生产责任制，齐心协力抓好安全生产工作。建立安全生产绩效与履职评定、职务晋升、奖励惩处挂钩制度，严格落实安全生产"一票否决"制度。

同样每个单位也应按照规定建立安全生产责任制体系，做到日常工作依责尽职、发生事故依责追究。从上到下建立起严格的安全生产责任制，做到责任分明、各司其职、各负其责，使安全工作形成一个整体，这对有效控制和减少事故数量，预防和遏制各类事故发生有着非常重要作用。

（4）进一步强化和落实生产经营单位的安全生产主体责任

强化和落实生产经营单位的主体责任，这是新《安全生产法》修订的一个重要内容，也是贯彻"管生产必须管安全"的原则。生产经营单位是社会经济活动中的建设者又是受益者，在生产经营活动中应当承担安全生产的主体责任，对员工和社会负有不可推卸的安全责任。新法对企业安全生产主体责任的规定主要体现在如下几个方面：生产经营单位的主要负责人对本单位的安全生产工作全面负责；生产经营单位即使委托专为安全生产提供技术、管理服务的机构为其安全生产工作提供技术、管理服务的，但保证安全生产的责任仍然由本单位负责；用于生产、储存危险物品的建设项目竣工投入生产或者使用前，由建设单位负责组织对安全设施进行验收，验收合格后，方可投入生产和使用。

生产经营单位安全生产主体责任的落实主要从安全生产责任制、安全管理规章制度和操作规程、安全组织机构、安全投入、安全教育培训、隐患排查治理、编制应急预案并演练、报告生产安全事故等方面加强工作。《安全生产法》对企业各项主体责任都有详细规定，对未按规定落实的要给予相应的处罚。

（5）确定了安全生产工作机制

新《安全生产法》首次确定了安全生产工作机制，即：生产经营单位负责、职工参与、政府监管、行业自律和社会监督。

生产经营单位负责，就是落实生产经营单位安全生产主体责任，确保安全生产条件符合安全生产法律法规、规章标准的要求。职工参与，就是生产经营单位从业人员积极参与本单位的各项安全生产工作，充分发挥从业人员在安全生产工作中的积极作用，正确履行相应的权利和义务。政府监管，就是要切实履行监管部门安全生产管理和监督职责，健全安全生产综合监管与行业监管相结合的机制，强化安全生产监管部门对安全生产的综合监管作用。行业自律，是指行业协会等行业组织要自我约束，一方面要遵守国家法律法规和政策，另一方面要通过行规行约来制约本行业生产经营单位的行为。社会监督，就是充分发挥社会监督的作用，任何单位和个人都有权对违反安全生产的行为进行检举和控告，尤其要发挥新媒体的舆论监督作用。这一机制可充分发挥各方力量，齐抓共管，形成合力，促进生产安全稳定发展。

（6）明确了事故应急救援机制

新《安全生产法》将生产安全事故应急救援工作的基本保障和实践中的有效做法上升为法律规定，从国家和企业两个层面加强生产安全事故应急能力建设。国家在重点行业、领域建立应急救援基地和应急救援队伍，国家建立全国统一的生产安全事故应急救援信息系统，各行业、领域建立健全相关行业、领域的生产安全事故应急救援信息系统。强调危险化学品的生产、经营、储存单位应制定应急预案并定期演练；建立应急救援组织，生产经营规模较小的，可以不建立应急救援组织，但应当指定兼职的应急救援人员；配备必要的应急救援器材、设备和物资，并经常性维护、保养，保证运转正常。

参与事故抢救的部门和单位要服从统一指挥，加强协同联动，采取有效的应急救援措施，并根据事故救援的需要组织采取警戒、疏散等措施，防止事故扩大和次生灾害的发生。

（7）建立安全生产管理专业技术队伍

新《安全生产法》规定，危险物品的生产、经营、储存单位，应当设置安全生产管理机构或者配备专职安全生产管理人员，并赋予安全生产管理机构和安全生产管理人员在安全生产中一定的职责；生产经营单位作出涉及安全生产的经营决策，应当听取安全生产管理机构以及安全生产管理人员的意见，充分发挥安全生产管理机构及管理人员在安全生产经营活动中的作用；高危企业还应聘请注册安全工程师从事安全生产管理工作。安全生产不仅要有专门人员管理，主要负责人和管理人员还应当具备一定条件，即必须具备与本单位所从事的生产经营活动相适应的安全生产知识和管理能力；应当由主管的负有安全生产监督管理职责的部门对其安全生产知识和管理能力考核合格，才能胜任安全生产管理工作。

（8）明确高危建设项目的安全准入条件

新《安全生产法》规定，用于生产、储存、装卸危险物品的建设项目，应当按照国家有关规定进行安全评价；用于生产、储存、装卸危险物品的建设项目的安全设施设计应当按照国家有关规定报经有关部门审查。同时还明确指出，未按照规定进行安全评价的、没有进行安全设施设计或者安全设施设计未按照规定报经有关部门审查同意的、施工单位未按照批准的安全设施设计施工的以及建设项目竣工投入生产或者使用前，安全设施未经验收合格的，责令停止建设或者停产停业整顿，限期改正；逾期未改正的，对其单位和直接负责的主管人员和其他直接责任人员进行罚款；构成犯罪的，依照刑法有关规定追究刑事责任。

对未经依法批准，擅自生产、经营、运输、储存、使用危险物品或者处置废弃危险物品的，依照有关危险物品安全管理的法律、行政法规的规定予以处罚；构成犯罪的，依照刑法有关规定追究刑事责任。

由此可见，我国把符合安全生产标准作为高危企业准入的前置条件，实行严格的安全标准核准制度。

（9）推进安全生产责任保险

近几年我国安全生产形势有所好转，但重特大事故仍时有发生，尤其是高危企业。目前我国虽已普遍实行了工伤社会保险，但存在覆盖面窄、赔付额低、预防事故功能不强等问题，难以有效满足企业需求，特别是较大以上安全生产事故发生时，企业更是难以兑现巨大的赔偿责任。新法规定：生产经营单位必须依法参加工伤保险，为从业人员缴纳保险费；国家鼓励生产经营单位投保安全生产责任保险。推进安全生产责任保险，可充分发挥保险在安全生产中的经济补偿和社会管理功能，有效分散转移安全生产事故责任风险，提高企业风险保障能力，减轻各级政府在事故发生后的救助负担。有利于维护人民群众根本利益，促进经济健康运行，保持社会稳定。

（10）加大对安全生产违法行为的责任追究力度

新《安全生产法》明确规定国家实行生产安全事故责任追究制度，并依法追究生产安全事故责任人员的法律责任。对事故责任人规定了事故行政处罚和行业禁入，如规定生产经营单位的主要负责人因违法受刑事处罚或者撤职处分的，自刑罚执行完毕或者受处分之日起，5年内不得担任任何生产经营单位的主要负责人；对重大、特别重大生产安全事故负有责任的，终身不得担任本行业生产经营单位的主要负责人。按照两个责任主体、四个事故等级，设立了对生产经营单位及其主要负责人的八项罚款处罚规定；对事故责任单位的罚款金额：一般事故罚款20万元至50万元，较大事故50万元至100万元，重大事故100万元至500万元，特别重大事故500万元至1000万元；特别重大事故的情节特别严重的，罚款1000万元至2000万元；对生产经营单位主要负责人及其他直接责任人员依照违法的情节分别给予不同罚款。新法将罚款上限提高了2~5倍。

（11）建立严重违法行为公告和通报制度

为促进生产经营单位落实安全生产主体责任，新法规定负有安全生产监督管理的部门建立安全生产违法行为信息库，如实记录生产经营单位的违法行为信息；对违法行为情节严重的生产经营单位，向社会公告，并通报行业主管部门、投资主管部门、国土资源主管部门、证券监督管理部门和有关金融机构。根据国务院有关规定，被通报企业的用地、贷款、上市以及取得相关资质的资格会予以必要的限制。

（12）落实"三个必须"，明确安全监管部门执法地位

"三个必须"是指"管行业必须管安全、管业务必须管安全、管生产经营必须管安全"。管行业必须管安全，就是要求国务院安全生产监督管理部门及县级以上地方各级人民政府安全生产监督管理部门对其管辖的行政区域内依法实施安全生产工作综合监督管理；国务院负有安全生产监督管理职责的有关部门及地方人民政府其他有关部门在各自职责范围内，对有关行业领域的安全生产工作实施监督管理；负有行业领域管理职责的国务院有关部门及地方有关部门，把安全生产工作作为行业领域管理工作的重要内容。因为安全生产涉及各行各业的生产经营单位，领域十分广泛，各行业的生产情况和危险性特点又有很大的差异，其安全生产监督管理也具有很强的专业性。因此，安全生产监督管理还必须充分发挥专门的行业安全生产管理部门的优势和作用。否则，很难体现专门行业安全生产管理的特点，同时安全生产监督管理的目标也很难实现。所以，要求各级安全生产监督管理部门和其他负有安全生产监督管理职责的部门，要依法开展安全生产行政执法工作，并对生产经

营单位执行法律、法规、国家标准或者行业标准的情况进行监督检查。

管业务必须管安全，就是要在抓业务的同时管好安全。安全是顺利开展各项业务的首要条件，因此主管业务的管理者的首要责任就是要抓好安全工作，摒弃"安全就是安全监督管理部门的事"的错误思想。一项业务的开展会涉及多个业务部门，每个部门的工作都可能对安全带来风险，因此各部门的负责人要培养管业务必须管安全的意识，把安全责任落实到岗位、落实到人头，落实到每一个业务环节。

管生产经营必须管安全，这是我国安全生产工作长期坚持的一项基本原则，是落实企业安全生产主体责任的具体体现。新《安全生产法》规定，各种生产经营活动应具备有关法律、行政法规和国家标准或者行业标准规定的安全生产条件，不具备安全生产条件或达不到安全生产要求的，不得从事生产经营活动。同时规定了生产经营单位的主要负责人对本单位安全生产负有的职责。生产和安全是统一整体，两者密不可分，生产经营单位的主要负责人，作为单位的主要领导者，在对单位的生产经营活动全面负责的同时必须对单位的安全生产工作负责。生产经营单位的主要负责人有责任、有义务在搞好单位生产经营活动的同时，搞好单位的安全生产工作，认真贯彻落实"安全第一、预防为主、综合治理"的方针，正确处理好安全与发展、安全与效益的关系，做到生产必须安全，不安全不生产。

（13）推进安全生产标准化的建设

国务院发布的国发〔2010〕23号、国发〔2011〕40号，均对生产经营单位推行安全生产标准化工作提出了明确的要求，新法又以法律形式给予确定下来。安全生产标准化是在传统的安全质量标准化基础上，借鉴国外现代先进安全管理思想，形成的一套系统的、规范的、科学的安全管理体系。近年来，危险化学品等高危企业已经建立了安全生产标准化体系，在生产运行过程中应严格按照已建立的标准化体系进行运作，这对提高企业安全管理水平和确保安全生产条件起着重要的作用。

第2章 危险化学品的分类及危险特性

目前人类已经发现的危险化学品有 6000 多种，其中最常用的有 3000 多种。由于这些危险化学品的种类繁多，危险特性各异，为加强在生产、使用、储存、运输、经营等过程中安全管理，防止由危险化学品引起意外事故发生，世界各国/国际组织对危险化学品都进行了分类。由于每种化学品不一定只有一种危险性，有的同时具有几种危险有害特性（例如，甲醇具有易燃易爆危险性，同时还有毒害性；氯气不仅有强烈的毒害性还有强氧化性，同时它是一种气体，在储存时被压缩在气瓶内，受热易体积膨胀，压力增加，导致容器破裂爆炸），但是每种化学品都有一种主要的危险特性，因此在危险化学品分类时一般是按照物质的主要危险性及其便于安全管理进行划分的。

2.1　危险化学品的分类

世界各国对危险化学品进行分类的同时，对其包装和标签也作出了明确规定。但由于各个国家对化学品危险性的定义存在差异，可能造成某种化学品在一个国家被认为是易燃品，而在另一国被认为是非易燃品，从而导致该化学品在一个国家作为危险化学品管理，而在另一个国家不认为是危险化学品。

随着全球化学品贸易的扩大，在国际贸易中因各国法规的不同对危险品分类和标签要求不同，从而在贸易时既增加成本，又耗费时间。为了健全危险化学品的安全管理，保护人类健康和生态环境，同时为尚未建立化学品分类制度的发展中国家提供安全管理化学品的框架，需要建立一个国际性的、协调一致的全球化学品统一分类和标签制度，消除各国分类标准在方法学和术语学上存在的差异。2001 年 7 月联合国危险货物运输专家委员会改组为联合国危险货物运输和全球化学品统一分类标记专家委员会，下设危险货物运输（TDG）和全球化学品统一分类标记系统（GHS）两个小组专家委员会，共同协调完成国际危险品运输和全球化学品统一分类的指导和规范工作。制定了《关于危险货物运输的建议书 规章范本》（以下简称《规章范本》）和《化学品分类及标记全球协调制度》（GHS）规范性文件，为世界各国和各国际组织涉及危险品的立法或管理提供依据。

由此可见，国际通用的危险化学品分类标准有两种，两种分类考虑的角度不相同，划分的类别也不一样。《关于危险货物运输的建议书 规章范本》主要是从运输安全角度对危险品进行分类，把危险品分为 9 大类 20 项；《化学品分类及标记全球协调制度》（GHS）是从保护人类健康和生态环境出发，按危险品危险类型即按物理危害性、健康危害性和环境危害性对化学品进行分类，共分为 28 类。其中物理危害分为 16 类，健康危害分为 10 类，环境危害分为 2 类。

我国是联合国安理会常任理事国及危险货物运输和全球化学品统一分类标记系统专家委员会的正式成员国，在化学品的管理方面积极与国际接轨，这也进一步促进了我国化学品进出口贸易发展和对外交往，防止和减少化学品对人类的危害和对环境的破坏。依据《关于危险货物运输的建议书　规章范本》和《化学品分类及标记全球协调制度》先后分别制定了《危险货物分类和品名编号》(GB 6944—2012)和《化学品分类和危险性公示　通则》(GB 13690—2009)两个危险品分类的国家标准。两个标准对危险化学品所采用的界定与分类基本上是源于联合国的，仅在个别地方有微小差别。2012 年修订的《危险货物分类和品名编号》(GB 6944—2012)是根据《规章范本》(第 16 修订版)修订的，其技术内容一致性更高；《化学品分类和危险性公示　通则》是按 GHS 第二修订版的要求对化学品按危险性进行分类并对化学品危险性公示进行了规定。GB 6944—2012 于 2012 年 12 月 1 日实施，代替 GB 6944—2005；GB 13690—2009 于 2010 年 5 月 1 日起实施，代替《常用危险化学品的分类及标志》(GB 13690—1992)。下面对我国制定的《危险货物分类和品名编号》(GB 6944—2012)和《化学品分类和危险性公示　通则》(GB 13690—2009)对危险品的分类作简单介绍。

2.1.1 《危险货物分类和品名编号》(GB 6944—2012)的分类

国家标准《危险货物分类和品名编号》(GB 6944—2012)所称的危险货物是指具有爆炸、易燃、毒害、感染、腐蚀、放射性等危险特性，在运输、储存、生产、经营、使用和处置中，容易造成人身伤亡、财产损毁或环境污染而需要特别防护的物质和物品。该标准按危险货物具有的危险性或最主要的危险性将危险货物分为 9 个类别，第 1 类、第 2 类、第 4 类、第 5 类和第 6 类再分成项别。类别和项别分列如下：

2.1.1.1　第 1 类　爆炸品

1) 一般规定

(1) 爆炸品包括：

① 爆炸性物质(物质本身不是爆炸品，但能形成气体、蒸气或粉尘爆炸环境者，不列入第 1 类)，不包括那些太危险以致不能运输或其主要危险性符合其他类别的物质；

② 爆炸性物品，不包括下述装置：其中所含爆炸性物质的数量或特性，不会使其在运输过程中偶然或意外被点燃或引发后因迸射、发火、冒烟、发热或巨响而在装置外部产生任何影响；

③ 为产生爆炸或烟火实际效果而制造的①和②中未提及的物质或物品。

(2) 爆炸性物质是指固体或液体物质(或物质混合物)，自身能够通过化学反应产生气体，其温度、压力和速度高到能对周围造成破坏。烟火物质即使不放出气体，也包括在内。

(3) 爆炸性物品是指含有一种或几种爆炸性物质的物品。

2) 项别

第 1 类划分为 6 项：

1.1 项　有整体爆炸危险的物质和物品：整体爆炸是指瞬间能影响到几乎全部载荷的爆炸。

1.2 项 有迸射危险，但无整体爆炸危险的物质和物品。

1.3 项 有燃烧危险并有局部爆炸危险或局部迸射危险或这两种危险都有，但无整体爆炸危险的物质和物品。

本项包括满足下列条件之一的物质和物品：

① 可产生大量辐射热的物质和物品；

② 相继燃烧产生局部爆炸或迸射效应或两种效应兼而有之的物质和物品。

1.4 项 不呈现重大危险的物质和物品。

本项包括运输中万一点燃或引发时仅造成较小危险的物质和物品；其影响主要限于包件本身，并预计射出的碎片不大、射程也不远，外部火烧不会引起包件内全部内装物的瞬间爆炸。

1.5 项 有整体爆炸危险的非常不敏感物质：

① 本项包括有整体爆炸危险性，但非常不敏感，以致在正常运输条件下引发或由燃烧转为爆炸的可能性极小的物质。

② 船舱内装有大量本项物质时，由燃烧转为爆炸的可能性较大。

1.6 项 无整体爆炸危险的极端不敏感物品：

① 本项包括仅含有极端不敏感爆炸物质，并且其意外引发爆炸或传播的概率可忽略不计的物品。

② 本项物品的危险仅限于单个物品的爆炸。

2.1.1.2 第 2 类 气体

1）一般规定

（1）本类气体指满足下列条件之一的物质：

① 在 50℃时，蒸气压力大于 300kPa 的物质；

② 20℃时在 101.3kPa 标准压力下完全是气态的物质。

（2）本类包括压缩气体、液化气体、溶解气体和冷冻液化气体、一种或多种气体与一种或多种其他类别物质的蒸气混合物、充有气体的物品和气雾剂。

① 压缩气体是指在−50℃下加压包装供运输时完全是气态的气体，包括临界温度小于或等于−50℃的所有气体。

② 液化气体是指在温度大于−50℃下加压包装供运输时部分是液态的气体，可分为：

a. 高压液化气体 临界温度在−50~65℃之间的气体；

b. 低压液化气体 临界温度大于65℃的气体。

③ 溶解气体是指加压包装供运输时溶解于液相溶剂中的气体。

④ 冷冻液化气体是指包装供运输时由于其温度低而部分呈液态的气体。

（3）具有两个项别以上危险性的气体和气体混合物，其危险性先后顺序如下：

2.3 项优先于所有其他项；

2.1 项优先于 2.2 项。

2）项别

第 2 类分为 3 项。

2.1 项　易燃气体。

本项包括在 20℃ 和 101.3kPa 条件下满足下列条件之一的气体：

① 爆炸下限小于或等于 13% 的气体；

② 不论其爆燃性下限如何，其爆炸极限(燃烧范围)大于或等于 12% 的气体。

2.2 项　非易燃无毒气体：

① 本项包括窒息性气体、氧化性气体以及不属于其他项别的气体；

② 本项不包括在温度 20℃ 时的压力低于 200kPa，并且未经液化或冷冻液化的气体。

2.3 项　毒性气体。

本项包括满足下列条件之一的气体：

① 其毒性或腐蚀性对人类健康造成危害的气体；

② 急性半数致死浓度 LC_{50} 值小于或等于 5000mL/m³ 的毒性或腐蚀性气体。

注：使雌雄青年大白鼠连续吸入 1h，最可能引起受试动物在 14d 内死亡一半的气体的浓度。

2.1.1.3　第 3 类　易燃液体

1）本类包括易燃液体和液态退敏爆炸品。

（1）易燃液体是指易燃的液体或液体混合物，或是在溶液或悬浮液中有固体的液体，其闭杯试验闪点不高于 60℃，或开杯试验闪点不高于 65.6℃。易燃液体还包括满足下列条件之一的液体：

① 在温度等于或高于其闪点的条件下提交运输的液体；

② 以液态在高温条件下运输或提交运输，并在温度等于或低于最高运输温度下放出易燃蒸气的物质。

（2）液态退敏爆炸品是指为抑制爆炸性物质的爆炸性能，将爆炸性物质溶解或悬浮在水中或其他液态物质后，而形成的均匀液态混合物。

2）符合上述(1)中易燃液体的定义，但闪点高于 35℃ 而且不持续燃烧的液体，在本标准中不视为易燃液体。符合下列条件之一的液体被视为不能持续燃烧：

（1）按照 GB/T 21622 规定进行持续燃烧试验，结果表明不能持续燃烧的液体；

（2）按照 GB/T 3536 确定的燃点大于 100℃ 的液体；

（3）按质量含水大于 90% 且混溶于水的溶液。

2.1.1.4　第 4 类　易燃固体、易于自燃的物质、遇水放出易燃气体的物质

1）一般规定

本类包括易燃固体、易于自燃的物质和遇水放出易燃气体的物质，分为 3 项。

2）项别

4.1 项　易燃固体、自反应物质和固态退敏爆炸品：

① 易燃固体　易于燃烧的固体和摩擦可能起火的固体；

② 自反应物质　即使没有氧气(空气)存在，也容易发生激烈放热分解的热不稳定物质；

③ 固态退敏爆炸品　为抑制爆炸性物质的爆炸性能，用水或酒精湿润爆炸性物质，或

用其他物质稀释爆炸性物质后，而形成的均匀固态混合物。

4.2项 易于自燃的物质。

本项包括发火物质和自热物质：

① 发火物质 即使只有少量与空气接触，不到5min时间便燃烧的物质，包括混合物和溶液（液体或固体）；

② 自热物质 发火物质以外的与空气接触便能自己发热的物质。

4.3项 遇水放出易燃气体的物质。

本项物质是指遇水放出易燃气体，且该气体与空气混合能够形成爆炸性混合物的物质。

2.1.1.5 第5类 氧化性物质和有机过氧化物

1）一般规定

本类包括氧化性物质和有机过氧化物，分为2项。

2）项别

5.1项 氧化性物质。

氧化性物质是指本身未必燃烧，但通常因放出氧可能引起或促使其他物质燃烧的物质。

5.2项 有机过氧化物：

① 有机过氧化物是指含有二价过氧基（—O—O—）结构的有机物质。

② 当有机过氧化物配制品满足下列条件之一时，视为非有机过氧化物：

a. 其有机过氧化物的有效氧质量分数（按下式计算）不超过1.0%，而且过氧化氢质量分数不超过1.0%；

$$X = 16 \times \sum \left(\frac{n_i \times c_i}{m_i} \right) \tag{2-1}$$

式中 X——有效氧含量，以质量分数表示，%；

n_i——有机过氧化物i每个分子的过氧基数目；

c_i——有机过氧化物i的浓度，以质量分数表示，%；

m_i——有机过氧化物i的相对分子质量。

b. 其有机过氧化物的有效氧质量分数不超过0.5%，而且过氧化氢质量分数超过1.0%但不超过7.0%。

③ 有机过氧化物按其危险性程度分为7种类型，从A型到G型：

A型有机过氧化物 装在供运输的容器中时能起爆或迅速爆燃的有机过氧化物配制品。

B型有机过氧化物 装在供运输的容器中时既不能起爆也不迅速爆燃，但在该容器中可能发生热爆炸的具有爆炸性质的有机过氧化物配制品。该有机过氧化物装在容器中的数量最高可达25kg，但为了排除在包件中起爆或迅速爆燃而需要把最高数量限制在较低数量者除外。

C型有机过氧化物 装在供运输的容器（最多50kg）内不可能起爆或迅速爆燃或发生热爆炸的具有爆炸性质的有机过氧化物配制品。

D型有机过氧化物 满足下列条件之一，可以接受装在净重不超过50kg的包件中运输的有机过氧化物配置品：

如果在实验室试验中，部分起爆，不迅速爆燃，在封闭条件下加热时不显示任何激烈效应；如果在实验室试验中，根本不起爆，缓慢爆燃，在封闭条件下加热时不显示激烈效应；如果在实验室试验中，根本不起爆或爆燃，在封闭条件下加热时显示中等效应。

E 型有机过氧化物　在实验室试验中，既不起爆也不爆燃，在封闭条件下加热时只显示微弱效应或无效应，可以接受装在不超过 400kg 或 450L 的包件中运输的有机过氧化物配制品。

F 型有机过氧化物　在实验室试验中，既不在空化状态下起爆也不爆燃，在封闭状态下加热时只显示微弱效应或无效应，并且爆炸力弱或无爆炸力的，可考虑用中型散货箱或罐体运输的有机过氧化物配制品。

G 型有机过氧化物

在实验室试验中，既不在空化状态下起爆也不爆燃，在封闭条件下加热时不显示任何效应，并且没有任何爆炸力的有机过氧化物配制品，应免于被划入 5.2 项，但配制品应是热稳定的（50kg 包件的自加速分解温度为 60℃ 或更高），液态配制品应使用 A 型稀释剂退敏。

如果配制品不是热稳定的，或者用 A 型稀释剂以外的稀释剂退敏，配制品应定为 F 型有机过氧化物。

2.1.1.6　第 6 类　毒性物质和感染性物质

1）一般规定

本类包括毒性物质和感染性物质，分为两项。

2）项别

6.1 项　毒性物质

① 毒性物质是指经吞食、吸入或与皮肤接触后可能造成死亡或严重受伤或损害人类健康的物质。

② 本项包括满足下列条件之一的毒性物质（固体或液体）：

a. 急性口服毒性　$LD_{50} \leq 300\text{mg/kg}$；

注：青年大白鼠口服后，最可能引起受试动物在 14d 内死亡一半的物质剂量，试验结果以 mg/kg 体重表示。

b. 急性皮肤接触毒性　$LD_{50} \leq 1000\text{mg/kg}$；

注：使白兔的裸露皮肤持续接触 24h，最可能引起受试动物在 14d 内死亡一半的物质剂量，试验结果以 mg/kg 体重表示。

c. 急性吸入粉尘和烟雾毒性　$LC_{50} \leq 4\text{mg/L}$；

d. 急性吸入蒸气毒性　$LC_{50} \leq 5000\text{mL/m}^3$，且在 20℃ 和标准大气压力下的饱和蒸气浓度大于或等于 $1/5LC_{50}$。

注：使雌雄青年大白鼠连续吸入 1h，最可能引起受试动物在 14d 内死亡一半的蒸气、烟雾或粉尘的浓度。固态物质如果其总质量的 10% 以上是在可吸入范围的粉尘（即粉尘粒子的空气动力学直径 ≤10μm）应进行试验。液态物质如果在运输密封装置泄漏时可能产生烟雾，应进行试验。不管是固态物质还是液态物质，准备用于吸入毒性试验的样品的 90% 以上（按质量计算）应在上述规定的可吸入范围。对粉尘和烟雾，

试验结果以 mg/L 表示；对蒸气，试验结果以 mL/m³ 表示。

第 6.2 项　感染性物质

① 感染性物质是指已知或有理由认为含有病原体的物质。

② 感染性物质分为 A 类和 B 类：

A 类　以某种形式运输的感染性物质，在与之发生接触(发生接触，是在感染性物质泄露到保护性包装之外，造成与人或动物的实际接触)时，可造成健康的人或动物永久性致残、生命危险或致命疾病。

B 类　A 类以外的感染性物质。

2.1.1.7　第 7 类　放射性物质

本类物质是指任何含有放射性核素并且其活度浓度和放射性总活度都超过 GB 11806 规定限值的物质。

2.1.1.8　第 8 类　腐蚀性物质

一般规定

腐蚀性物质是指通过化学作用使生物组织接触时造成严重损伤或在渗漏时会严重损害甚至毁坏其他货物或运载工具的物质。本类包括满足下列条件之一的物质：

1）使完好皮肤组织在暴露超过 60min、但不超过 4h 之后开始的最多 14d 观察期内全厚度毁损的物质；

2）被判定不引起完好皮肤组织全厚度毁损，但在 55℃ 试验温度下，对钢或铝的表面腐蚀率超过 6.25mm/a 的物质。

2.1.1.9　第 9 类　杂项危险物质和物品，包括危害环境物质

1）本类是指存在危险但不能满足其他类别定义的物质和物品，包括：

(1) 以细微粉尘吸入可危害健康的物质，如 UN2212、UN2590；

(2) 会放出易燃气体的物质，如 UN2211、UN3314；

(3) 锂电池组，如 UN3090、UN3091、UN3480、UN3481；

(4) 救生设备，如 UN2990、UN3072、UN3268；

(5) 一旦发生火灾可形成二噁英的物质和物品，如 UN2315、UN3432、UN3151、UN3152；

(6) 在高温下运输或提交运输的物质，是指在液态温度达到或超过 100℃，或固态温度达到或超过 240℃ 条件下运输的物质，如 UN3257、UN3258；

(7) 危害环境物质，包括污染水生环境的液体或固体物质，以及这类物质的混合物(如制剂和废物)，如 UN3077、UN3082；

(8) 不符合 6.1 项毒性物质或 6.2 项感染性物质定义的经基因修改的微生物和生物体，如 UN3245；

(9) 其他，如 UN1841、UN1845、UN1931、UN1941、UN1990、UN2071、UN2216、UN2807、UN2969、UN3166、UN3171、UN3316、UN3334、UN3335、UN3359、UN3363。

2)危害水生环境物质的分类

物质满足表 2-1 所列急性 1、慢性 1 或慢性 2 的标准，应列为"危害环境物质（水生环境）"。

表 2-1 危害水生环境物质的分类

急性（短期）水生危害[a]	慢性（长期）水生危害[b]		
	已掌握充分的慢毒性资料		没有掌握充分的慢毒性资料[a]
	非快速降解物质[c]	快速降解物质[c]	
类别：急性 1	类别：慢性 1	类别：慢性 1	类别：慢性 1
LC_{50}（或 EC_{50}）[d] ≤ 1.00	$NOEC$（或 EC_x）≤ 0.1	$NOEC$（或 EC_x）≤ 0.01	LC_{50}（或 EC_{50}）[d] ≤ 1.00，并且该物质满足下列条件之一：（1）非快速降解物质；（2）$BCF \geq 500$，如没有该数值，$\lg K_{ow} \geq 4$
—	类别：慢性 2	类别：慢性 2	类别：慢性 2
—	$0.1 < NOEC$（或 EC_x）≤ 1	$0.01 < NOEC$（或 EC_x）≤ 0.1	$1.00 < LC_{50}$（或 EC_{50}）[d] ≤ 10.0，并且该物质满足下列条件之一：（1）非快速降解物质；（2）$BCF \geq 500$，如没有该数值，$\lg K_{ow} \geq 4$

注：BCF 是指生物富集系数；

EC_x 是指产生 $x\%$ 反应的浓度，单位为 mg/L；

EC_{50} 是指造成 50%最大反应的物质有效浓度，单位为 mg/L；

$E_r C_{50}$ 是指在减缓增长上的 EC_{50}，单位为 mg/L；

K_{ow} 是指辛醇溶液分配系数；

LC_{50}（50%致命浓度）是指物质在水中造成一组试验动物 50%死亡的浓度，单位为 mg/L；

$NOEC$（无显见效果浓度）是指试验浓度刚好低于产生在统计上有效的有害影响的最低测得浓度。$NOEC$ 不产生在统计上有效的应受管制的有害影响。$NOEC$ 单位为 mg/L。

a. 以鱼类、甲壳纲动物，和/或藻类或其他水生植物的 LC_{50}（或 EC_{50}）数值为基础的急性毒性范围。

b. 物质按不同的慢毒性分类，除非掌握所有三个营养水平的充分的慢毒性数据，在水溶性以上或 1mg/L。

c. 慢性毒性范围以鱼类或甲壳纲动物的 $NOEC$ 或等效的 EC_x 数值，或其他公认的慢毒性标准为基础。

d. LC_{50}（或 EC_{50}）分别指 96h LC_{50}（对鱼类）、48h EC_{50}（对甲壳纲动物），以及 72h 或 96h $E_r C_{50}$（对藻类或其他水生植物）。

此外，该规范还规定了各类危险物品运输时包装的要求，在此不作介绍。

2.1.2 《化学品分类和危险性公示　通则》(GB 13690—2009)的分类

2009 年我国制定的《化学品分类和危险性公示　通则》(GB 13690—2009)标准对化学品按理化危险、健康危险、环境危险三个方面将危险化学品进行分类。按理化危险分为 16 类，按健康危险分为 10 类，环境危害分为 1 类。具体分类如下：

2.1.2.1 理化危险

1）爆炸物

爆炸物的术语和定义、分类标准、判定逻辑和指导及标签说明详见 GB 30000.2—2013。

爆炸物质（或混合物）是一种固态或液态物质（或物质的混合物），其本身能够通过化学反应产生气体，而产生气体的温度、压力和速度能对周围环境造成破坏。其中也包括发火物质，即使它们不放出气体。

发火物质（或发火混合物）是一种物质或物质的混合物，它旨在通过非爆炸自持放热化学反应产生的热、光、声、气体、烟或所有这些的组合来产生效应。

爆炸性物品是含有一种或多种爆炸性物质或混合物的物品。

烟火物品是包含一种或多种发火物质或混合物的物品。

爆炸物种类包括：

① 爆炸性物质和混合物；

② 爆炸性物品，但不包括下述装置：其中所含爆炸性物质或混合物由于其数量或特性，在意外或偶然点燃或引爆后，不会由于迸射、发火、冒烟、发热或巨响而在装置之外产生任何效应。

③ 在①和②中未提及的为产生实际爆炸或烟火效应而制造的物质、混合物和物品。

2）易燃气体

易燃气体的术语和定义、分类标准、判定逻辑和指导及标签说明详见 GB 30000.3—2013。

易燃气体是在 20℃和 101.3kPa 标准压力下，与空气有易燃范围的气体。

3）易燃气溶胶

易燃气溶胶的术语和定义、分类标准、判定逻辑和指导及标签说明详见 GB 30000.4—2013。

气溶胶是指气溶胶喷雾罐，系任何不可重新罐装的容器，该容器由金属、玻璃或塑料制成，内装强制压缩、液化或溶解的气体，包含或不包含液体、膏剂或粉末，配有释放装置，可使所装物质喷射出来，形成在气体中悬浮的固态或液态微粒或形成泡沫、膏剂或粉末或处于液态或气态。

4）氧化性气体

氧化性气体的术语和定义、分类标准、判定逻辑和指导及标签说明详见 GB 30000.5—2013。

氧化性气体是一般通过提供氧气，比空气更能导致或促使其他物质燃烧的任何气体。

5）压力下气体

压力下气体的术语和定义、分类标准、判定逻辑和指导及标签说明详见 GB 30000.6—2013。

压力下气体是指高压气体在压力等于或大于 200kPa（表压）下装入贮器的气体，或是液化气体或冷冻液化气体。

压力下气体包括压缩气体、液化气体、溶解液体、冷冻液化气体。

6）易燃液体

易燃液体的术语和定义、分类标准、判定逻辑和指导及标签说明详见 GB 30000.7—2013。

易燃液体是指闪点不高于 93℃的液体。

7）易燃固体

易燃固体的术语和定义、分类标准、判定逻辑和指导及标签说明详见 GB 30000.8—2013。

易燃固体是容易燃烧或通过摩擦可能引燃或助燃的固体。

易于燃烧的固体为粉状、颗粒状或糊状物质，它们在与燃烧着的火柴等火源短暂接触即可点燃和火焰迅速蔓延的情况下，都非常危险。

8）自反应物质或混合物

自反应物质的术语和定义、分类标准、判定逻辑和指导及标签说明详见 GB 30000.9—2013。

（1）自反应物质或混合物是即使没有氧（空气）也容易发生激烈放热分解的热不稳定液态或固态物质或者混合物。但不包括根据统一分类制度分类为爆炸物、有机过氧化物或氧化性物质或混合物。

（2）自反应物质或混合物如果在实验室试验中其组分容易起爆、迅速爆燃或在封闭条件下加热时显示剧烈效应，应视为具有爆炸性质。

9）自燃液体

自燃液体的术语和定义、分类标准、判定逻辑和指导及标签说明详见 GB 30000.10—2013。

自燃液体是即使数量小也能在与空气接触后 5min 之内引燃的液体。

10）自燃固体

自燃固体的术语和定义、分类标准、判定逻辑和指导及标签说明详见 GB 30000.11—2013。

自燃固体是即使数量小也能在与空气接触后 5min 之内引燃的固体。

11）自热物质和混合物

自热物质的术语和定义、分类标准、判定逻辑和指导及标签说明详见 GB 30000.12—2013。

自热物质是发火液体或固体以外，与空气反应不需要能源供应就能够自己发热的固体或液体物质或混合物；这类物质或混合物与发火液体或固体不同，因为这类物质只有数量很大（公斤级）并经过长时间（几小时或几天）才会燃烧。

注：物质或混合物的自热导致自发燃烧是由于物质或混合物与氧气（空气中的氧气）发生反应并且所产生的热没有足够迅速地传到外界而引起的，当热产生的速度超过热损耗的速度而达到自燃温度时，自燃便会发生。

12）遇水放出易燃气体的物质或混合物

遇水放出易燃气体的物质的术语和定义、分类标准、判定逻辑和指导及标签说明详见 GB 30000.13—2013。

遇水放出易燃气体的物质或混合物是通过与水作用，容易具有自燃性或放出危险数量的易燃气体的固态或液态物质或混合物。

13）氧化性液体

氧化性液体的术语和定义、分类标准、判定逻辑和指导及标签说明详见 GB 30000.14—2013。

氧化性液体是本身未必燃烧，但通常因放出氧气可能引起或促使其他物质燃烧的液体。

14）氧化性固体

氧化性固体的术语和定义、分类标准、判定逻辑和指导及标签说明详见 GB 30000.15—2013。

氧化性固体是本身未必燃烧，但通常因放出氧气可能引起或促使其他物质燃烧的固体。

15）有机过氧化物

有机过氧化物的术语和定义、分类标准、判定逻辑和指导及标签说明详见 GB 30000.16—2013。

（1）有机过氧化物是含有二价—O—O—结构的液态或固态有机物质，可以看作是一个或两个氢原子被有机基替代的过氧化氢衍生物。该术语也包括有机过氧化物配方（混合物）。有机过氧化物是热不稳定物质或混合物，容易放热自加速分解。另外，它们可能具有下列一种或几种性质：

① 易于爆炸分解；

② 迅速燃烧；

③ 对撞击或摩擦敏感；

④ 与其他物质发生危险反应。

（2）如果有机过氧化物在实验室试验中，在封闭条件下加热时组分容易爆炸、迅速爆燃或表现出剧烈效应，则可认为它具有爆炸性质。

16）金属腐蚀剂

金属腐蚀物的术语和定义、分类标准、判定逻辑和指导及标签说明详见 GB 30000.17—2013。腐蚀金属的物质或混合物是通过化学作用显著损坏或毁坏金属的物质或混合物。

2.1.2.2　健康危险

1）急性毒性

急性毒性的化学品的术语和定义、分类标准、判定逻辑及标签说明详见 GB 30000.18—2013。

急性毒性是指在单剂量或在 24h 内多剂量口服或皮肤接触一种物质，或吸入接触 4h 之后出现的有害效应。

2）皮肤腐蚀/刺激

皮肤腐蚀/刺激的化学品的术语和定义、分类标准、判定逻辑及标签说明详见 GB 30000.19—2013。

皮肤腐蚀是对皮肤造成不可逆损伤；即施用试验物质达到 4h 后，可观察到表皮和真皮坏死。

腐蚀反应的特征是溃疡、出血、有血的结痂，而且在观察期 14d 结束时，皮肤、完全脱发区域和结痂处由于漂白而褪色。应考虑通过组织病理学来评估可疑的病变。

皮肤刺激是施用试验物质达到 4h 后对皮肤造成可逆损伤。

3）严重眼损伤/眼刺激

严重眼睛损伤/眼睛刺激化学品的术语和定义、分类标准、判定逻辑及标签说明详见 GB 30000.20—2013。

严重眼损伤是在眼前部表面施加试验物质之后，对眼部造成在施用 21d 内并不完全可逆的组织损伤，或严重的视觉物理衰退。

眼刺激是在眼前部表面施加试验物质之后，在眼部产生在施用 21d 内完全可逆的变化。

4）呼吸或皮肤过敏

呼吸或皮肤过敏的化学品的术语和定义、分类标准、判定逻辑及标签说明详见 GB 30000.21—2013。

（1）呼吸过敏物是吸入后会导致气管超敏反应的物质。皮肤过敏物是皮肤接触后会导致过敏反应的物质。

（2）过敏包含两个阶段：第一个阶段是某人因接触某种变应原而引起特定免疫记忆；第二阶段是引发，即某一致敏个人因接触某种变应原而产生细胞介导或抗体介导的过敏反应。

（3）就呼吸过敏而言，随后为引发阶段的诱发，其形态与皮肤过敏相同。对于皮肤过敏，需有一个让免疫系统能学会作出反应的诱发阶段；此后，可出现临床症状，这时的接触就足以引发可见的皮肤反应（引发阶段）。因此，预测性的试验通常取这种形态，其中有一个诱发阶段，对该阶段的反应则通过标准的引发阶段加以计量，典型做法是使用斑贴试验。直接计量诱发反应的局部淋巴结试验则是例外做法。人体皮肤过敏的证据通常通过诊断性斑贴试验加以评估。

（4）就皮肤过敏和呼吸过敏而言，对于诱发所需的数值一般低于引发所需数值。

5）生殖细胞致突变性

生殖细胞突变性术语和定义、分类标准、判定逻辑和指导及标签说明详见 GB 30000.22—2013。

（1）本危险类别涉及的主要是可能导致人类生殖细胞发生可传播给后代的突变的化学品。但是，在本危险类别内对物质和混合物进行分类时，也要考虑活体外致突变性/生殖毒性试验和哺乳动物活体内体细胞中的致突变性/生殖毒性试验。

（2）本标准中使用的引起突变、致变物、突变和生殖毒性等词的定义为常见定义。突变定义为细胞中遗传物质的数量或结构发生永久性改变。

（3）"突变"一词用于可能表现于表型水平的可遗传的基因改变和已知的基本 DNA 改性（例如，包括特定的碱基对改变和染色体易位）。引起突变和致变物两词用于在细胞和/或有机体群落内产生不断增加的突变的试剂。

（4）生殖毒性的和生殖毒性这两个较具一般性的词汇用于改变 DNA 的结构、信息量、分离试剂或过程，包括那些通过干扰正常复制过程造成 DNA 损伤或以非生理方式（暂时）改变 DNA 复制的试剂或过程。生殖毒性试验结果通常作为致突变效应的指标。

6）致癌性

致癌性术语和定义、分类标准、判定逻辑和指导及标签说明详见 GB 30000.23—2013。

（1）致癌物一词是指可导致癌症或增加癌症发生率的化学物质或化学物质混合物。在实施良好的动物实验性研究中诱发良性和恶性肿瘤的物质也被认为是假定的或可疑的人类致癌物，除非有确凿证据显示该肿瘤形成机制与人类无关。

（2）产生致癌危险的化学品的分类基于该物质的固有性质，并不提供关于该化学品的使用可能产生的人类致癌风险水平的信息。

7）生殖毒性

生殖毒性术语和定义、分类标准、判定逻辑及标签说明详见 GB 30000.24—2013。

（1）生殖毒性包括对成年雄性和雌性性功能和生育能力的有害影响，以及在后代中的发育毒性。下面的定义是国际化学品安全方案/环境卫生标准第 225 号文件中给出的。

在本标准中，生殖毒性细分为两个主要标题：

① 对性功能和生育能力的有害影响；

② 对后代发育的有害影响。

有些生殖毒性效应不能明确地归因于性功能和生育能力受损害或者发育毒性。尽管如此，具有这些效应的化学品将划为生殖有毒物并附加一般危险说明。

（2）对性功能和生殖能力的有害影响

化学品干扰生殖能力的任何效应。这可能包括（但不限于）对雌性和雄性生殖系统的改变，对青春期的开始、配子产生和输送、生殖周期正常状态、性行为、生育能力、分娩怀孕结果的有害影响，过早生殖衰老，或者对依赖生殖系统完整性的其他功能的改变。

对哺乳期的有害影响或通过哺乳期产生的有害影响也属于生殖毒性的范围，但为了分类目的，对这样的效应进行了单独处理。这是因为对化学品对哺乳期的有害影响最好进行专门分类，这样就可以为处于哺乳期的母亲提供有关这种效应的具体危险警告。

（3）对后代发育的有害影响

从其最广泛的意义上来说，发育毒性包括在出生前或出生后干扰孕体正常发育的任何效应，这种效应的产生是由于受孕前父母一方的接触，或者正在发育之中的后代在出生前或出生后性成熟之前这一期间的接触。但是，发育毒性标题下的分类主要是为了为怀孕女性和有生殖能力的男性和女性提出危险警告。因此，为了务实的分类目的，发育毒性实质上是指怀孕期间引起的有害影响，或父母接触造成的有害影响。这些效应可在生物体生命周期的任何时间显现出来。

发育毒性的主要表现包括：

① 发育中的生物体死亡；

② 结构异常畸形；

③ 生长改变；

④ 功能缺陷。

8）特异性靶器官系统毒性———一次接触

特异性靶器官系统毒性一次接触术语和定义、分类标准、判定逻辑及标签说明详见 GB 30000.25—2013。

（1）本条款的目的是提供一种方法，用以划分由于单次接触而产生特异性、非致命性靶器官/毒性的物质。所有可能损害机能的，可逆和不可逆的，即时和/或延迟的并且在 GB 13690—2009 的 4.2.1～4.2.7 中未具体论述的显著健康影响都包括在内。

（2）分类可将化学物质划为特定靶器官有毒物，这些化学物质可能对接触者的健康产生潜在有害影响。

（3）分类取决于是否拥有可靠证据，表明在该物质中的单次接触对人类或试验动物产生了一致的、可识别的毒性效应，影响组织/器官的机能或形态的毒理学显著变化，或者使生物体的生物化学或血液学发生严重变化，而且这些变化与人类健康有关。人类数据是这种危险分类的主要证据来源。

（4）评估不仅要考虑单一器官或生物系统中的显著变化，而且还要考虑涉及多个器官的严重性较低的普遍变化。

（5）特定靶器官毒性可能以与人类有关的任何途径发生，即主要以口服、皮肤接触或吸入途径发生。

9）特异性靶器官系统毒性——反复接触

特异性靶器官系统毒性——反复接触术语和定义、分类标准、判定逻辑及标签说明详见 GB 30000.26—2013。

（1）本条款的目的是对由于反复接触而产生特定靶器官/毒性的物质进行分类。所有可能损害机能的，可逆和不可逆的，即时和/或延迟的显著健康影响都包括在内。

（2）分类可将化学物质划为特定靶器官/有毒物，这些化学物质可能对接触者的健康产生潜在有害影响。

（3）分类取决于是否拥有可靠证据，表明在该物质中的单次接触对人类或试验动物产生了一致的、可识别的毒性效应，影响组织/器官的机能或形态的毒理学显著变化，或者使生物体的生物化学或血液学发生严重变化，而且这些变化与人类健康有关。人类数据是这种危险分类的主要证据来源。

（4）评估不仅要考虑单一器官或生物系统中的显著变化，而且还要考虑涉及多个器官的严重性较低的普遍变化。

（5）特定靶器官/毒性可能以与人类有关的任何途径发生，即主要以口服、皮肤接触或吸入途径发生。

10）吸入危害

具有吸入危害的化学品的术语和定义、分类标准、判定逻辑及标签说明详见 GB 30000.27—2013。

注：本危险性我国还未转化成为国家标准。

2.1.2.3 环境危险

危害水生环境。

对水环境的危害术语和定义、分类标准、判定逻辑及标签说明详见 GB 30000.28—2013。

2.2 危险化学品的危险特性

危险化学品由于种类繁多，其危险性也是多种多样的，而且有些危险化学品不是只具有一种危险性，往往具有多种危险性。前已述及危化品是按照它们的主要危险性分类的，因此同一类危险化学品至少有一种共同的危险性。下面按大类对危险品的主要危险特性作一简单介绍。

2.2.1 爆炸性物品的危险特性

爆炸性物品因其化学不稳定性，当外界给予一定量的能量时将发生猛烈的化学反应而爆炸。爆炸物品都具有以下危险特性：

1）爆炸破坏力大

爆炸性物品爆炸的破坏力比气体混合物爆炸的破坏力要大得多，这主要因为前者在爆炸过程中具有以下几个特点：

（1）反应速度极快

爆炸性物品爆炸时反应速度极快，仅在万分之一秒或更短时间内即可完成。例如1kg硝铵炸药在十万分之三秒就完成爆炸。爆炸速度越快，爆炸破坏力越大。

（2）放出大量热量

爆炸性物品爆炸时都放出大量热量。由于在短时间内放出大量热量，使得爆炸中心的温度可达数千摄氏度。

（3）产生大量气体

爆炸性物品爆炸时都产生大量气体，导致爆炸点附近瞬间压力急剧升高，高压气体在向周围扩散时产生冲击波，从而造成很大的破坏作用。

2）敏感度高

爆炸性物品在激发能量(热能、撞击、摩擦或电火花等外界能量)作用下发生爆炸的难易程度称为敏感度。它是以引起爆炸品爆炸所需的最小外界能量来表示，这种能量称为起爆能。爆炸品的起爆能越小，敏感度越高。

敏感度可用温度敏感度和撞击敏感度两种方法表示。温度敏感度是用爆炸品起爆所需的温度来表示，所需温度越低温度敏感度越高。撞击敏感度常以10kg重的落锤，从25cm高处落下引起爆炸的百分数来表示。例如TNT为4%~12%，苦味酸为24%~32%，太安为100%，故太安撞击敏感度最高，苦味酸次之，TNT最小。

影响爆炸性物品敏感度的主要因素有内在因素也有外部因素。主要有以下几个方面：

（1）化学结构

含有容易发生迅速分解的不稳定基团的化合物，在外界能量作用下，其不稳定基团的化学键很容易破裂而发生爆炸。分子中含有这些基团数量越多，敏感度越高。例如硝基苯加热可分解，但不易发生爆炸；二硝基苯虽有爆炸危险性，但不敏感；三硝基苯很易爆炸。

（2）键能

炸药爆炸首先是分子中原子间的键被破坏，炸药的原子键能越小，就越容易破坏，其敏感度就越高。

（3）温度

外界温度升高，爆炸性物品具有的能量相应增加，起爆时需外界提供的能量就相应减少，故温度升高，爆炸品敏感度增加。

（4）结晶

炸药的结晶形状、颗粒大小不同其敏感度也不同，一般随结晶颗粒的增大其敏感度提高。当然还与结晶颗粒棱角多少、锋利程度、晶体表面上存在的缺陷和错位等因素有关系，若晶体表面的棱角较少，缺陷和错位不显著，对机械作用可能不敏感。一般情况下较大颗粒容易出现表面缺陷和错位或可能出现尖锐的棱角，故大颗粒多数表现较敏感。

（5）包装密度

炸药的包装密度大，其敏感度通常降低，粉状疏松的炸药敏感度较包装严密的高。因为炸药的密度不仅直接影响到冲力、热量等外界因素在炸药中的传播，还对炸药颗粒之间的摩擦有很大影响。

（6）杂质

不同的杂质对炸药敏感度的影响不同，如沙粒、石子等坚硬或有尖棱的杂质在冲击时能量集中在尖棱上，产生高能中心，促使爆炸的敏感度增加；而水等液体掺入炸药内会降低敏感度。

另外，炸药的爆热、热容与导热性等都对敏感性有一定影响。

3）殉爆

爆炸性物品爆炸后产生的冲击波和碎片能引起一定距离内其他爆炸品爆炸的现象称为殉爆。首先发生爆炸的爆炸品叫主爆炸品，后发生爆炸的爆炸品叫从爆炸品，主从爆炸品之间的最大距离叫殉爆距离。不能引起另一爆炸品爆炸的两爆炸品之间最小距离叫殉爆安全距离，可按下式计算：

$$R = K\sqrt{g} \tag{2-2}$$

式中　R——最小安全距离，m；

　　　K——安全系数（根据原燃化部规定，居住区、主要公路、重要航道或其他工厂附近取 5~8，若周围有土围可减至 2~4）；

　　　g——主爆炸品重量，kg。

4）毒害性

有些爆炸性物品具有一定毒害性，如 TNT、叠氮铅、苦味酸、雷汞、硝化甘油、叠氮化钡等爆炸品本身都有一定毒害性。还有些爆炸性物品在发生爆炸时，会产生一氧化碳、二氧化碳、一氧化氮、二氧化氮、氰化氢、氮气等有毒或窒息性气体，这些气体扩散出去能引起人员中毒、窒息和环境污染。

5）与酸碱、金属氧化物发生反应

有些爆炸物品能与酸、碱、金属氧化物等发生化学反应，其产物的危险性更高。比如：苦味酸本身有爆炸性、与金属氧化物作用生成苦味酸盐，对摩擦、冲击的敏感度比苦味酸高得多，特别是重金属盐，如苦味酸铜的敏感度与起爆药相仿，极危险。硝化甘油遇浓硫酸会发生剧烈反应，甚至爆炸。

6）易产生静电

大多数炸药的电阻率都在 $10^{12}\Omega \cdot cm$ 以上，因此在生产、包装、运输等过程中发生摩擦很易产生静电，在这些过程中若未采取有效的防静电措施，很易积聚静电使电位升高，在一定条件下即会发生火花放电从而导致炸药着火、爆炸。

7）自燃

有些炸药在较低温度下即会缓慢分解放出热量并产生 NO_2 气体，若这些热量不能及时散发出去就会在其内部集聚使温度升高，当温度达到炸药的自燃点便会自行着火或爆炸。

2.2.2　气体的危险特性

气体类物质一般都具有以下危险特性：

（1）受热容器易破裂爆炸

气体包括易燃气体、氧化性气体、压力下气体及易燃气溶胶，这些物质通常都是经加压后以压缩或液化状态储存在钢瓶或其他容器中。容器受热后其内容物体积膨胀，压力增加，从而导致阀门密封下降，气体泄漏；当压力超过容器的耐压强度，就会发生破裂爆炸。特别是液化气体钢瓶因其内压较低，而液化气体的膨胀系数远远超过其压缩系数，当受热后液化气体体积膨胀，先把很小的气相空间占满，继续膨胀液体气化就会产生极大压力把钢瓶胀破以至爆炸。若液化气钢瓶充装过量或将钢瓶充满，受热后器内压力会急剧增加，其破裂危险性更大。

（2）易燃易爆性

易燃气体从容器、设备、管道中泄漏出来与空气混合，其浓度处在爆炸范围时，遇到明火、高热等火源即会发生燃烧或爆炸。易燃气体一旦点燃，在极短时间内就能全部燃尽，造成后果往往很严重。可燃气体的爆炸极限一般都较低，如乙烷 3%、乙烯 2.7%、丙烯 1%，一旦泄漏出来很容易形成爆炸性混合物。

（3）引燃能量小

可燃气体的引燃能量都很小，一般在 1mJ 以下，如氢气是 0.019mJ、乙炔 0.02mJ、乙烷 0.31mJ、乙烯 0.096mJ、丙烯 0.282mJ。物质的引燃能量越小，越容易被点燃，燃烧爆炸危险性就越大。

（4）扩散流动性

气体都非常容易扩散，比空气轻的气体在空气中向上扩散，比空气重的向下扩散。大多数易燃气体比空气重，能沿地面扩散到相当远的地方，长时间聚集在地表低洼、沟渠、隧道、厂房死角等处，遇火源发生燃烧或爆炸。火焰还可以沿气流相反方向回燃，造成盛装气体的容器、储罐破裂爆炸，火势蔓延扩大。

（5）具有毒害性、腐蚀性

很多气体具有一定毒害性和腐蚀性，与人体接触会引起中毒，对人畜有强烈的毒害、窒息、灼伤、刺激作用，严重时能导致死亡。例如氯气、硫化氢等气体毒性都非常大，吸入高浓度可致人死亡。硫化氢浓度为 760mg/m³ 时，吸入 15~60min，可引起急性支气管炎和肺炎；浓度为 1000mg/m³ 以上时，数秒钟就会出现急性中毒，引起呼吸麻痹，迅速窒息死亡。值得注意的是硫化氢在低浓度时可闻到臭鸡蛋味道，而浓度在 70~150mg/m³，接触 1~2h，吸入 2~5min 后嗅觉产生疲劳，不再嗅到气味，容易引起中毒死亡事故。有些气体虽没有毒害性但具有窒息性，如氮、氦、氖、氩等惰性气体及二氧化碳等吸入后都会使人窒息，甚至死亡。

有些气体不仅具有毒害性，对设备还有严重的腐蚀破坏作用，例如，无水氯化氢、无水溴化氢、氯、硫化氢等，这些气体能腐蚀设备，削弱设备的耐压强度，严重时可导致设备裂缝、漏气，引起火灾等事故；氢在高压下渗透到碳素中去，能使金属容器发生"氢脆"。

（6）易产生或聚集静电

许多气体电阻率都比较高，例如丙烯、丙烷。物质的电阻率越高越易产生和积聚静电，当气体从管口或破损处高速喷出时，由于强烈的摩擦作用会产生静电。带电性也是评定压缩气体和液化气体火灾危险性的参数之一。

（7）氧化性

还有些气体还具有氧化性，虽然本身不会燃烧，但与可燃物质接触会发生剧烈氧化还原反应，遇火源能引起可燃物质的燃烧甚至爆炸。如氯气和氢气混合，在光照下即有爆炸危险；氧气与氢气接触，遇火源会发生爆炸；高压氧气泄漏出来冲击到油脂等可燃物上会引起燃烧。

2.2.3 易燃液体的危险特性

（1）易燃易爆性

易燃液体的燃烧是通过其挥发出的蒸气与空气混合达到一定浓度，遇点火源被点燃而实现的。易燃液体闪点都很低，例如丙酮为-20℃、苯是-11℃、乙醚是-45℃、二硫化碳是-30℃、甲醇是11℃。由于其闪点低，故蒸气压都较高，在常温甚至更低的温度下其表面上的可燃蒸气足以与空气形成可燃混合物，遇点火源即能发生燃爆。液体闪点越低越容易引起燃烧、爆炸，危险性也越大。

易燃液体沸点也都较低，在常温下极易挥发，蒸气逸出液面随风飘移扩散，与空气形成爆炸性混合物，而且绝大多数易燃液体蒸气都比空气重，一旦泄漏出来会沿地面扩散到很远地方，在低凹处积聚不散，容易达到爆炸浓度，从而埋下火灾、爆炸隐患。

（2）引燃能量小

易燃液体的蒸气同可燃气体差不多，其引燃能量都很小，大都在1mJ以下，如二硫化碳为0.015mJ、甲醇为0.215mJ、汽油为0.1~0.2mJ。因此易燃液体也很容易被点燃，引起火灾爆炸事故。

（3）受热易膨胀

易燃液体受热后体积都要膨胀，若盛装在密闭容器内，由于体积膨胀，会使气相空间变小，蒸气压力增加，容器内压力上升，造成"鼓桶"甚至爆裂。一旦容器发生爆裂，大量液体泄漏出来到处流淌、气化、扩散，会在很大范围内形成爆炸性混合物。

（4）黏度低，易流淌

大多数易燃液体黏度都很低，极易流动，如果从容器内泄漏出来，会到处流淌、蔓延，使其表面积扩大。表面积越大挥发就越多，一旦发生火灾爆炸波及的范围就会很大。易燃液体不仅本身极易流动，而且还有较强的渗透、浸润能力及毛细现象，即使容器只有极细微裂纹，也会渗出容器壁外。

（5）易产生和积聚静电

易燃液体大多数电阻率都比较高，例如苯为$1.6×10^{13}\Omega \cdot cm$、汽油为$2.5×10^{13}\Omega \cdot cm$、甲苯为$2.7×10^{13}\Omega \cdot cm$、煤油为$7.3×10^{14}\Omega \cdot cm$。由于这些物质电阻率高，在输送、灌装、混合、过滤、喷射、溅波等过程中很易产生和积聚静电，在一定条件下发生火花放电，从而引起火灾爆炸事故。

（6）毒害性

有些易燃液体还具有毒害性，如苯、甲醇、丙烯腈、二硫化碳等，人员吸入其蒸气或皮肤接触能引起急性或慢性中毒，苯还具有致癌性。部分易燃液体还具有麻醉性，若长期吸入其蒸气会引起麻醉，深度麻醉可致人死亡，例如乙醚。

还有易燃液体具有腐蚀性、窒息性，例如甲胺、丙胺、甲醛溶液、正丁胺、二甲胺、二乙胺等物质对人体和设备材质都具有一定腐蚀性。

2.2.4 易燃固体的危险特性

（1）易燃性

易燃固体的燃点都比较低，一般都在300℃以下，在常温下只要很小的点火能量即能引起燃烧。因此在受热、摩擦、撞击等情况下很容易使温度升高达到燃点而着火。物质的燃点越低，越容易被点燃，因此危险性越大。萘、硫磺等固体还容易升华，其蒸气遇火源很容易燃烧。易燃固体的燃烧速度都比较快且火焰猛烈。

许多金属及粉末，如镁（片状、带状或条状）、镁合金（片状、带状或条状，含镁>50%）、铝粉（有涂层的）、钛粉（含水≥25%）、钛粒等在外界火源作用下能直接与空气中的氧发生反应而燃烧，不产生火焰，只发出光，燃烧的温度可高达1000℃以上。金属粉末燃烧的危险性与粒度有关，粒度越小越容易燃烧。

（2）爆炸性

易燃固体粉末在空气中飞扬时，能与空气形成爆炸性混合物，遇火源即会发生粉尘爆炸。固体作为还原剂与酸类、氧化剂接触时，发生剧烈反应也能引起燃烧或爆炸，比如萘与发烟硫酸、浓硝酸或发烟硝酸接触反应非常剧烈，容易引起爆炸；红磷与氯酸钾、硫黄与过氧化钠或氯酸钾相遇都会立即引起着火或爆炸。

（3）受热易分解

某些易燃固体受热后会发生分解，如硝化棉在常温下就能分解并放出热量，热量积聚使温度升高到自燃点（180℃）即自行燃烧。赛璐珞及其制品也都具有这样危险性。物质受热分解温度越低，其火灾爆炸危险性就越大。

（4）毒害性

有些易燃固体本身具有毒害性，或者在燃烧的同时产生大量的有毒气体或腐蚀性的物质，其毒害性较大。如：硫黄、三硫化（四）磷等，不仅与皮肤接触能引起中毒，而且粉尘吸入后，亦能引起中毒；红磷燃烧时放出有毒的刺激性烟雾；硝基化合物、硝化棉及其制品、重氮氨基苯等易燃固体，燃烧时会产生大量的一氧化碳、氧化氮、氰化氢等有毒有害气体。这些物质由于本身含有硝基、亚硝基等不稳定基团，在快速燃烧条件下还有可能转变为爆炸。

2.2.5 自燃物质的危险特性

自燃物质发生燃烧时不需要外界提供火源，在空气中物质本身发生物理、化学、生化反应放出热量，使温度升高达到自燃点而燃烧。这些物质自燃点都很低，一般在200℃以下，所以放出的热量很容易达到自燃点而自行燃烧。如黄磷自燃点为34℃，在常温下遇空气极易发生氧化反应放热发生自燃。物质的自燃点越低，发生自燃起火的危险性就越大。自燃物质的危险特性主要有以下几个方面：

（1）遇空气自燃

自燃物质大部分都很活泼，具有很强的还原活性，与空气中的氧气接触时即被氧化，同时产生大量的热，当温度升高到自燃点而着火；接触氧化剂反应更加剧烈，甚至发生爆炸。如：黄磷、三乙基铝等物质一接触空气即会燃烧。

（2）遇湿易燃易爆性

有些自燃物品遇水或受潮后能发生分解而引起自燃或爆炸，如：保险粉遇水受潮会自燃；三乙基铝（烷基铝）遇水可引起爆炸。硼氢化铝等物质不但在空气中能自燃，遇水还会强烈分解，产生易燃的氢气，进而引起火灾爆炸。硼、锌、锑、铝的烷基化合物，烷基铝氢化物，烷基铝氯化物及其他烷基铝类物质化学性质都非常活泼，具有很强还原性，遇氧化剂和酸类反应剧烈，不仅能在空气中自燃，遇水或受潮还能分解而引起自燃或爆炸。

（3）毒害腐蚀性

有些自燃物品及其燃烧产物具有较强的毒害性和腐蚀性。如三乙基铝具有强烈刺激性和腐蚀作用，主要损害呼吸道和眼结膜，高浓度吸入可引起肺水肿；吸入其烟雾可致烟雾热；皮肤接触可致灼伤。黄磷属于高毒物质，吸入高浓度对呼吸道有刺激症状，重症出现肝坏死、中毒性肺水肿等；口服后很快产生严重的胃肠道刺激腐蚀症状，甚至发生食道、胃肠穿孔；大量摄入会发生肝、肾功能衰竭；皮肤被磷灼伤面积达7%以上时，可引起严重的急性溶血性贫血，以至死于急性肾功能衰竭。

2.2.6　遇湿放出易燃气体物质的危险特性

（1）遇水易燃易爆

这类物质遇水和潮湿空气都能发生剧烈反应，放出易燃气体和大量热量，这些热量成为点火源引燃易燃气体而发生火灾、爆炸。如金属钠、氢化钠、二硼氢、碳化钙等遇水发生如下反应：

$$2Na+2H_2O \longrightarrow 2NaOH+H_2\uparrow+Q$$
$$NaH+H_2O \longrightarrow NaOH+H_2\uparrow+Q$$
$$B_2H_6+6H_2O \longrightarrow 2H_3BO_3+6H_2\uparrow+Q$$
$$CaC_2+2H_2O \longrightarrow Ca(OH)_2+C_2H_2\uparrow+Q$$

（2）遇氧化剂、酸着火爆炸

遇湿易燃物质在遇到酸类或氧化剂时通常会发生比遇到水更为剧烈的化学反应，同时放出大量的易燃气体和热量，因而温度更易升到自燃点，燃烧或爆炸的危险性更大。有些遇水反应较为缓慢，甚至与水不发生反应的物品，当遇到酸或氧化剂时也能发生剧烈反应，如锌粒在常温下放入水中并不会发生反应，但放入酸中，即使是较稀的酸反应也非常剧烈，放出大量的氢气。这是因为遇湿易燃物品都是还原性很强的物品。氧化剂和酸类等物品都具有较强的氧化性，所以它们相遇后反应更加剧烈。

（3）具有毒性和腐蚀性

有些遇湿易燃物品本身有毒，如磷化锌是毒害性很强的物质，属剧毒品。硼和氢的金属化合物类的毒性也很大，如硼氢化锂对黏膜、上呼吸道、眼睛及皮肤有强烈刺激性。吸入后，可因喉及支气管的痉挛、炎症、水肿，化学性肺炎或肺水肿而致死。遇湿易燃物品有些与水反应生成的气体是易燃有毒的，如乙炔、磷化氢、四氢化硅、五氧化二磷等。尤其是金属的磷化物、硫化物与水反应，可放出有毒的可燃气体。

碱金属及其氢化物类、碳化物类与水作用生成的强碱，都具有很强的腐蚀性。

2.2.7 氧化性物质的危险特性

(1) 氧化性或助燃性

氧化性物质由于具有强烈氧化性，因此当与易燃物、有机物、还原剂等还原性物质接触时可发生剧烈的放热反应。有些反应很激烈，会引起燃烧和爆炸。所以氧化性物质虽然本身不能燃烧，但能引起其他可燃物燃烧，具有助燃性。

(2) 受热易分解

氧化性物质本身都不稳定，在受到热冲击(包括明火、撞击、震动、摩擦)时可能发生迅速分解，且分解温度都较低；分解出的氧气或氧原子，若接触可燃物则引起火灾或爆炸。如过氧化氢，当加热到100℃以上时，开始急剧分解；它与许多有机物如糖、淀粉、醇类、石油产品等形成爆炸性混合物，在撞击、受热或电火花作用下能发生爆炸。过氧化氢与许多无机化合物或杂质接触后会迅速分解，放出大量的热量、氧和水蒸气而导致爆炸；大多数重金属(如铁、铜、银、铅、汞、锌、钴、镍、铬、锰等)及其氧化物和盐类都是活性催化剂，尘土、香烟灰、碳粉、铁锈等也能加速过氧化氢分解。浓度超过74%的过氧化氢，在具有适当的点火源或温度的密闭容器中，能产生气相爆炸。常见的氧化性物质如过氧化钠、氯酸钾、硝酸钾等都易分解，分解反应如下：

$$2KNO_3 \longrightarrow 2KNO_2 + O_2 \uparrow$$

$$2KClO_3 \longrightarrow 2KCl + 3O_2 \uparrow$$

$$Na_2O_2 \longrightarrow Na_2O + [O]$$

(3) 与酸、水作用引起燃烧或爆炸

大多数氧化性物质在酸性条件下氧化性更强，有些氧化性物质尤其是碱性氧化性物质遇酸、硫磺等剧烈反应，能发生燃烧和爆炸。如：过氧化钠与硫酸、硫磺等接触、高锰酸钾与硫酸接触、氯酸钾与硝酸接触，极易引起着火或爆炸。还有的氧化性物质遇水分解，放出氧和热量，促使可燃物燃烧；如过氧化钠与水和二氧化碳反应生成原子氧；高锰酸锌吸水后形成的液体，接触纸张、棉布等有机物能立即引起燃烧。

(4) 具有毒性和腐蚀性

许多氧化性物质具有很强的腐蚀性，有的同时还具有毒性。例如次氯酸钙、次氯酸钠都具有很强腐蚀性；次氯酸钙与水接触产生氯气和氧气，氯气具有很强毒性；受热、遇酸日光照射会分解放出有毒的氯气。三氟化溴、五氟化溴对大多数金属有强腐蚀性，遇水和水蒸气猛烈反应生成极强腐蚀性和刺激性的氟化氢烟雾，吸入易中毒。过氧化氢蒸气和雾有强烈刺激性，一次大量可引起肺炎或肺水肿。皮肤接触可致皮炎。

(5) 强氧化性物质与弱氧化性物质相互作用

氧化能力不同的氧化性物质，互相接触会发生反应，产生热量引起危险。因为弱氧化性物质遇到比其氧化性强的氧化性物质时，又呈还原性，如亚硝酸盐遇强氧化性物质硝酸盐时有还原性，发生氧化还原反应发热造成危险。

2.2.8 有机过氧化物的危险特性

（1）强氧化性

有机过氧化物由于都含有过氧基(—O—O—)，因此具有强烈的氧化性能，与还原性物质接触会发生强烈氧化还原反应，放出大量热量，从而引起火灾、爆炸。

（2）分解爆炸

由于有机过氧化物含有—O—O—过氧基对热很不稳定，易分解成活泼的自由基，自由基会使反应迅速进行，加上许多有机过氧化物分解产物是可燃气体和氧气，分解时易发生爆炸。有机过氧化物中的过氧基含量越多，其分解温度越低，危险性就越大。例如过氧化二乙酰纯品制成后存放 24h 就可能发生强烈的爆炸；纯过氧乙酸极不稳定，在−20℃时就会发生猛烈爆炸，40%的过氧乙酸溶液性质也很不稳定，在室温下可以分解放出氧气，遇明火或高温发生燃烧或爆炸。过氧化氢异丙苯在 80℃ 以上开始分解，在 130℃ 以上会剧烈分解爆炸，遇酸、碱也可分解；其分解中放出的大量热量会使相关容器内物料温度急剧上升，设备内压增大，有造成容器爆破的危险。

（3）易燃易爆

由于有机过氧化物中含有碳氢键等具有还原性质的结构，自身能发生氧化还原反应而燃爆，因此有机过氧化物比其他氧化性物质具有更大的危险性。如：过氧化苯甲酰、过醋酸、过氧化甲乙酮等都极易发生爆炸性自氧化分解反应，引起燃烧、爆炸。

有机过氧化物闪点一般都较低，如过氧乙酸的闪点为 41.5℃，过氧化叔丁醇的闪点为 26.7℃，过氧化二叔丁酯的闪点 18℃，过氧化乙酸叔丁酯闪点 39.8℃。由于有机过氧化物闪点较低，容易挥发，其蒸气与空气能形成爆炸性混合物，遇火源即可引起燃烧、爆炸。过氧乙酸等有机过氧化物本身易燃烧，所需的点火能量又很小，在储存和使用过程中遇到明火、静电火花等极易引起燃烧或爆炸。

（4）对碰撞或摩擦等敏感

有机过氧化物中的过氧基(—O—O—)极不稳定，对热、震动、碰撞、冲击或摩擦都极为敏感，当受到轻微的外力作用时就有可能发生分解爆炸。例如过氧化苯甲酰遇热、摩擦、震动或杂质污染均能引起爆炸性分解，急剧加热时可发生爆炸。过氧化乙酸叔丁酯受摩擦、震动、撞击可发生爆炸。

（5）与其他物质混合危险

有机过氧化物大多与还原剂、铵、酸、易燃物等剧烈反应，放出大量的热量，加之它分解后放出的氧气能强烈助燃，可导致燃烧和发生爆炸。如过氧化二苯甲酰遇浓硫酸即会发生爆炸。有的有机过氧化物与重金属化合物、金属氧化物或胺等接触就会发生剧烈的分解放热反应，其燃烧迅速而猛烈，极易爆炸，还可能产生有害或易燃气体或蒸气。

（6）腐蚀、毒害性

有机过氧化物大多有腐蚀性，能灼伤皮肤，有的还具有毒害性。如过氧乙酸具有一定的毒性和很强的腐蚀性，对皮肤和眼睛有强烈的刺激性，对皮肤可发生严重灼伤，眼直接接触液体可导致不可逆损伤甚至失明，吞咽可致命，吸入其蒸气能导致对呼吸道的刺激和损害。

过氧乙酸等还对金属有腐蚀性。

2.2.9 毒性物质的危险特性

毒物不仅具有毒害性，有些还同时具有其他一些危险特性。毒物的危险危害性主要表现在以下几个方面：

（1）毒害性

毒性物质的毒害性主要表现为对人体和动物的伤害。毒物进入人体会引起急性和慢性中毒，急性中毒是短时间内大量有毒物质迅速作用于人体后所发生的病变，表现为发病急剧、病情变化快、症状较重，严重时可短时间内致人死亡；剧毒品即使小量进入人体也可致人死亡，例如氰化钾口服 50～100mg 即可引起人猝死。慢性中毒指由毒物作用于人体的速度缓慢，在较长时间内才发生病变，或长期接触少量毒物，在人体内积累到一定程度所引起的病变。慢性中毒一般潜伏期长，发病缓慢，病理变化缓慢且不易在短时期内治好。

毒物毒性的大小受化学组成和结构影响，如硝基化合物的毒性随着硝基的增加或卤原子的引入而增强；毒物溶于水和脂肪对人体更易产生毒害，在水中溶解度越大，毒性越大，因为易于在水中溶解的物品更易被人吸收而引起中毒。例如氯化钡易溶于水，对人危害大，而硫酸钡不溶于水和脂肪，故无毒。但有的毒物不溶于水而溶于脂肪，能通过溶解于皮肤表面的脂肪层进入毛孔或渗入皮肤而引起中毒。这类毒性物质也易对人体产生危害。

（2）遇湿易燃性

无机有毒品中金属的氰化物和硒化物大都本身不燃，但都有遇湿易燃性。如钾、钠、钙、锌、银、汞、镉、铈、铅、镍等金属的氰化物遇水或受潮都能放出极毒且易燃的氰化氢气体；镉、铁、锌、铅等金属的硒化物及硒粉遇酸、高热、酸雾或水解能放出易燃且有毒的硒化氢气体。

（3）氧化性

在无机有毒物品中，许多金属的氧化物本身不燃，但具有氧化性，一旦与还原性强的物质接触，容易引起燃烧爆炸，并产生毒性极强的气体。如硝酸铊、氧化汞都具有很强氧化性，可作氧化剂。硝酸铊与还原剂、有机物、易燃物如硫、磷或金属粉末等混合可形成爆炸性混合物。

（4）易燃性

很多毒性物质具有易燃性，闪点很低，很容易被点燃，如氢氰酸的闪点为-17.8℃、溴乙烷的闪点-23℃、二氯乙烷闪点 17℃。这些毒性物质不仅毒性大，燃烧危险性也很大。

（5）易爆性

有些毒性物质具有爆炸的危险性，例如2,4-二硝基苯胺具有爆炸性，在强起爆药引爆下可起爆。2,4-二硝基甲苯、2,6-二硝基甲苯与氧化剂混合能形成爆炸性混合物；经摩擦、震动或撞击可引起燃烧或爆炸。

（6）腐蚀性

许多有毒物质具有较强的腐蚀性，如苯酚对皮肤、黏膜有强烈的腐蚀作用。甲胺磷对铜、钢等金属有腐蚀性。氰化钾、氰化钠水溶液等都有腐蚀性。

2.2.10 腐蚀性物质的危险危害

（1）腐蚀性

腐蚀性物质化学性质都比较活泼，能和很多金属、非金属、有机化合物、动植物机体等发生化学反应。腐蚀品与人体接触能引起人体组织灼伤或使组织坏死。吸入腐蚀品的蒸气或粉尘，呼吸道黏膜及内部器官会受到腐蚀损伤，引起咳嗽、呕吐、头痛等症状，严重的会引起肺炎等炎症，甚至造成死亡。有些腐蚀品对人体器官有强烈的刺激性，比如氨水对眼睛刺激性大，严重时可以引起失明。

有些腐蚀品对有机物质有很强的破坏能力。如浓硫酸能够迅速破坏木材、衣物、皮革、纸张的组织成分使之炭化；浓度较大的氢氧化钠溶液能够使棉质物和毛纤维的纤维组织破坏溶解。

腐蚀性物质能对大多数金属材料产生腐蚀作用，从而使这些材料制作的设备、管道、容器因腐蚀强度下降发生破裂或产生孔洞，致使内部物料发生泄漏引发火灾爆炸或中毒事故，渗漏时还会严重损害甚至毁坏其他货物或运载工具。

（2）毒害性

腐蚀物品中许多具有不同程度的毒性，有的还是剧毒品。例如盐酸，接触其蒸气或烟雾可引起急性中毒，对眼、鼻及口腔都有毒害性。硫酸对皮肤、黏膜等组织有强烈的刺激和腐蚀作用，蒸气或雾引起呼吸道刺激，重者发生呼吸困难和肺水肿而窒息死亡。有些腐蚀品能产生有毒气体和蒸气，造成人体中毒，如氢氟酸能挥发出既有强烈腐蚀性又有毒害性的气体，发烟硝酸能挥发出有毒的二氧化氮气体，发烟硫酸能挥发出有毒的三氧化硫气体，这些气体都对人体有相当大的毒害作用。

（3）可燃性

有机腐蚀品都具有易燃性，如甲酸、醋酐、苯甲酰氯等遇火易燃，其蒸气可与空气形成爆炸性混合物，遇火源而发生燃烧或爆炸。

（4）氧化性

有些腐蚀物品还具有较强的氧化性，当它与某些可燃物接触有着火或爆炸的危险，例如硝酸、浓硫酸、发烟硫酸、溴等与木屑、棉纱、纸张、稻草、乙醇等接触都能氧化起火。

（5）遇水剧烈分解

有些腐蚀物品遇水会发生剧烈的分解反应，放出热量，有时还会释放出有害的腐蚀性气体，有可能引燃周围的可燃物，甚至引发爆炸事故。例如，五氯化锑、五氯化磷、五溴化磷、四氯化硅等卤化合物遇水分解、放热，放出具有腐蚀性的气体，这些气体遇空气中的水蒸气还可形成酸雾；氯磺酸遇水猛烈分解，可产生大量的热和浓烟，甚至爆炸。

2.2.11 环境危害物质的危险危害特性

危险化学品进入水体主要破坏水生环境，一是含氮、磷及其他有机物的生活污水、工业废水排入水体，使水中养分过多，藻类大量繁殖，由此造成水中溶解氧急剧减少，影响鱼类生存；二是重金属、农药等物质可在水中生物体内富集，从而影响这些生物生长甚至死亡；三是石油类物质进入水体可直接导致鱼类、水生生物死亡。

另外，危险化学品若进入空气和土壤，同样会对空气和土壤造成严重污染。

各种危险化学品的具体危险性类别详见《国家安全监管总局办公厅关于印发危险化学品目录(2015版)实施指南(试行)的通知》安监总厅管三〔2015〕80号附件"危险化学品分类信息表"。

2.3 危险化学品安全标签

安全标签是用于标示化学品所具有的危险性和安全注意事项的一组文字、象形图和编码组合，它可粘贴、挂拴或喷印在化学品的外包装或容器上。

在化学品的外包装或容器上粘贴或挂拴安全标签是国际公约170号《作业场所安全使用化学品公约》和我国《工作场所安全使用化学品规定》要求的预防和控制化学品危害性的基本措施之一，主要是对市场上流通的化学品通过加贴标签的形式进行危险性标识，提出安全使用注意事项，向作业人员传递安全信息，以预防和减少化学危害，达到保证安全和健康的目的。

化学品安全标签已在欧美等工业国家实行多年，目前已国际化。中国1994年批准了170号公约，同时颁布了《危险化学品标签编写导则》(GB/T 15258—1994)，该导则于1999年修订为《化学品安全标签编写规定》(GB 15258—1999)。根据GHS(第二修订版)规定的危险性公示要求，我国于2009年又进行了修订，用GB 15258—2009代替GB 15258—1999，并于2010年5月1日起实施。

该标准规定了化学品安全标签的术语和定义、标签内容、制作和使用要求。下面主要介绍标签的内容和使用要求。

2.3.1 安全标签的内容

完整的安全标签内容应包括化学品标识、象形图、信号词、危险性说明、防范说明、供应商标识、应急咨询电话、资料参阅提示语等。

(1) 化学品标识

用中文和英文分别标明化学品的化学名称或通用名称。名称要求醒目清晰，位于标签的上方。名称应与化学品安全技术说明书中的名称一致。

对混合物应标出对其危险性分类有贡献的主要组分的化学名称或通用名、浓度或浓度范围。当需要标出的组分较多时，组分个数以不超过5个为宜。对于属于商业机密的成分可以不标明，但应列出其危险性。

(2) 象形图

象形图指一种图形结构，它包括一个图形符号加上其他图形要素，如边界、背景图样或颜色，用于表述特定危险信息的图形组合。

各种化学品采用 GB 30000.2~GB 30000.29 规定的象形图。

（3）信号词

标签上用于表明化学品危险性相对严重程度和提醒接触者注意潜在危险的词语。

根据化学品的危险程度和类别，用"危险"、"警告"两个词分别进行危害程度的警示，信号词位于化学品名称的下方，要求醒目、清晰。根据 GB 30000.2~GB 30000.29，选择不同类别危险化学品的信号词。

（4）危险性说明

指对危险种类和类别的说明，描述某种化学品的固有危险，必要时包括危险程度。

简要概述化学品的危险特性。居信号词下方。根据 GB 30000.2~GB 30000.29 选择不同类别危险化学品的危险性说明。

（5）防范说明

用文字或象形图描述的降低或防止与危险化学品接触，确保正确储存和搬运的有关措施。

表述化学品在处置、搬运、储存和使用作业中所必须注意的事项和发生意外时简单有效的救护措施等，要求内容简明扼要、重点突出。该部分应包括安全预防措施、意外情况（如泄漏、人员接触或火灾等）的处理、安全储存措施及废弃处置等内容。防范说明详见《化学品安全标签编写规定》（GB 15258—2009）的附录 C。

（6）供应商标识

供应商标识包括供应商名称、地址、邮编和电话等。

（7）应急咨询电话

填写化学品生产商或生产商委托的 24h 化学事故应急咨询电话。国外进口的化学品安全标签上应至少有一家中国境内的 24h 化学事故应急咨询电话。

（8）资料参阅提示语

提示化学品用户应参阅化学品安全技术说明书。

（9）危险信息先后排序

当某种化学品具有两种及两种以上的危险性时，安全标签的象形图、信号词、危险性说明的先后顺序规定如下：

① 象形图先后顺序

物理危险象形图的先后顺序，根据《危险货物品名表》（GB 12268—2012）中的主次危险性确定，未列入 GB 12268 的化学品，以下危险性类别的危险性总是主危险：爆炸物、易燃气体、易燃气溶胶、氧化性气体、高压气体、自反应物质和混合物、发火物质、有机过氧化物。其他主危险性的确定按照联合国《关于危险货物运输的建议书　规章范本》危险性先后顺序确定方法确定。

对于健康危害，按照以下先后顺序：如果使用了骷髅和交叉骨图形符号，则不应出现感叹号图形符号；如果使用了腐蚀图形符号，则不应出现感叹号来表示皮肤或眼睛刺激；如果使用了呼吸致敏物的健康危害图形符号，则不应出现感叹号来表示皮肤致敏物或者皮肤/眼睛刺激。

② 信号词先后顺序

存在多种危险性时，如果在安全标签上选用了信号词"危险"，则不应出现信号词"警告"。

③ 危险性说明先后顺序

所有危险性说明都应当出现在安全标签上，按物理危险、健康危害、环境危害顺序排列。

2.3.2　简化标签的内容

对于小于或等于 100mL 的化学品小包装，为方便标签使用，安全标签要素可以简化，包括化学品标识、象形图、信号词、危险性说明、应急咨询电话、供应商名称及联系电话、资料参阅提示语即可。

2.3.3　安全标签的使用

（1）使用方法

① 安全标签应粘贴、挂拴或喷印在化学品包装或容器的明显位置。

② 当与运输标志组合使用时，运输标志可以放在安全标签的另一面版，将之与其他信息分开，也可放在包装上靠近安全标签的位置，后一种情况下，若安全标签中的象形图与运输标志重复，安全标签中的象形图应删掉。

③ 对组合容器，要求内包装加贴（挂）安全标签，外包装上加贴运输象形图，如果不需要运输标志可以加贴安全标签。标签的粘贴见《化学品安全标签编写规定》（GB 15258—2009）附录 B。

（2）位置

安全标签的粘贴、喷印位置规定如下：

① 桶、瓶形包装　位于桶、瓶侧身；

② 箱状包装　位于包装端面或侧面明显处；

③ 袋、捆包装　位于包装明显处。

（3）使用注意事项

① 安全标签的粘贴、挂拴或喷印应牢固，保证在运输、储存期间不脱落，不损坏。

② 安全标签应由生产企业在货物出厂前粘贴、挂拴或喷印。若要改换包装，则由改换包装单位重新粘贴、挂拴或喷印标签。

③ 盛装危险化学品的容器或包装，在经过处理并确认其危险性完全消除之后，方可撕下安全标签，否则不能撕下相应的标签。

2.3.4　安全标签样例

（1）化学品安全标签的样例

化学品安全标签的样例见图 2-1。

（2）简化标签样例

简化标签样例见图 2-2。

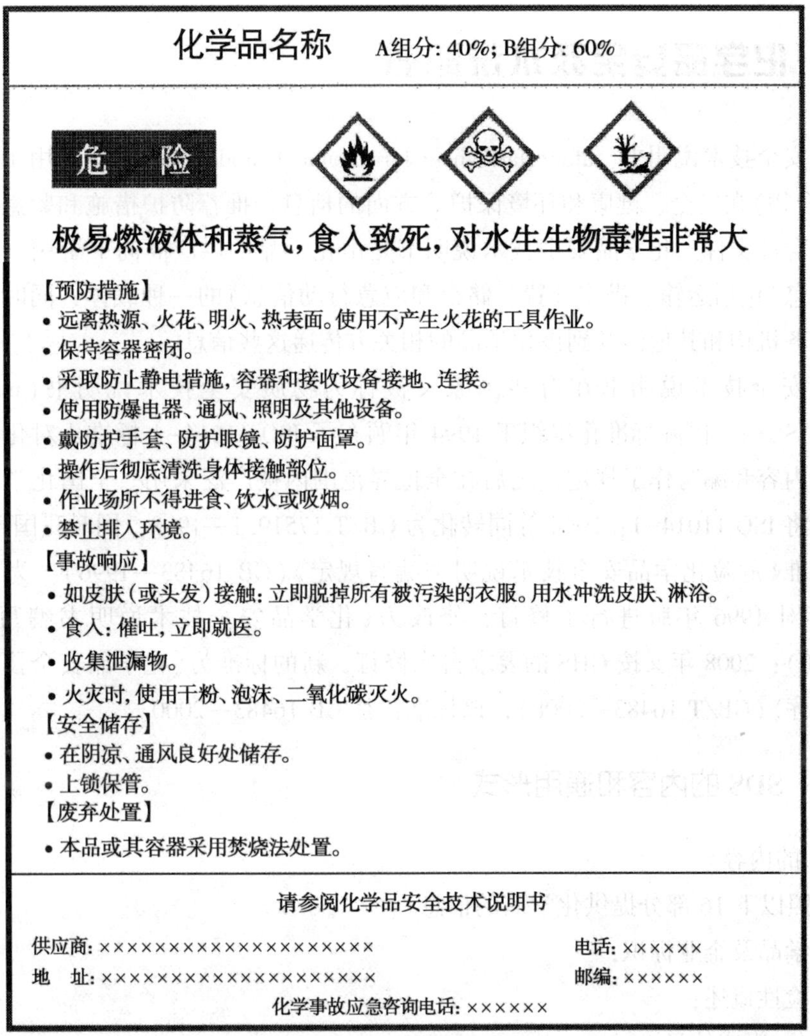

化学品名称	A组分: 40%; B组分: 60%

危险

极易燃液体和蒸气, 食入致死, 对水生生物毒性非常大

【预防措施】
- 远离热源、火花、明火、热表面。使用不产生火花的工具作业。
- 保持容器密闭。
- 采取防止静电措施, 容器和接收设备接地、连接。
- 使用防爆电器、通风、照明及其他设备。
- 戴防护手套、防护眼镜、防护面罩。
- 操作后彻底清洗身体接触部位。
- 作业场所不得进食、饮水或吸烟。
- 禁止排入环境。

【事故响应】
- 如皮肤(或头发)接触: 立即脱掉所有被污染的衣服。用水冲洗皮肤、淋浴。
- 食入: 催吐, 立即就医。
- 收集泄漏物。
- 火灾时, 使用干粉、泡沫、二氧化碳灭火。

【安全储存】
- 在阴凉、通风良好处储存。
- 上锁保管。

【废弃处置】
- 本品或其容器采用焚烧法处置。

请参阅化学品安全技术说明书

供应商: ××××××××××××××××××	电话: ××××××
地 址: ××××××××××××××××××	邮编: ××××××

化学事故应急咨询电话: ××××××

图 2-1 化学品安全标签样例

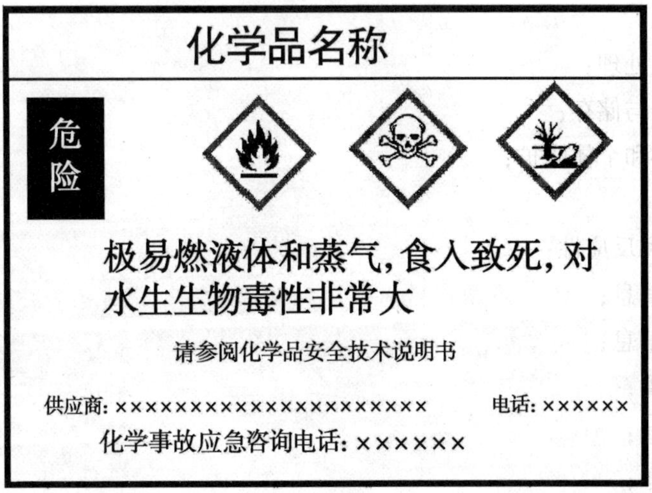

化学品名称

危险

极易燃液体和蒸气, 食入致死, 对水生生物毒性非常大

请参阅化学品安全技术说明书

供应商: ××××××××××××××××××× 电话: ××××××

化学事故应急咨询电话: ××××××

图 2-2 简化标签样例

2.4　化学品安全技术说明书

化学品安全技术说明书(safety data sheet for chemical products，SDS)是用于提供化学品(物质或混合物)在安全、健康和环境保护等方面的信息，推荐防护措施和紧急情况下的应对措施等综合性文件。化学品安全技术说明书是由化学品的供应商向下游用户传递化学品基本危害信息(包括运输、操作处置、储存和应急行动信息)的一种载体，同时还可以向公共机构、服务机构和其他涉及到该化学品的相关方传递这些信息。

化学品安全技术说明书在有些国家又被称为物质安全技术说明书(material safety datasheet，MSDS)。国际标准化组织于1994年颁布了ISO 11014-1标准，对化学品安全技术说明书的内容和编写作了规定，之后在全世界范围内被广泛采用。全国化学标准化技术委员会对口将ISO 11014-1：1994等同转化为GB/T 17519.1—1998，同时我国于1996年制定了国家标准《危险化学品安全技术说明书编写规定》(GB 16483—1996)。为了与国际接轨，2000年对1996年版进行了修订，修改为《化学品安全技术说明书编写规定》(GB 16483—2000)；2008年又按GHS的要求再次修订，新的标准为《化学品安全技术说明书内容和项目顺序》(GB/T 16483—2008)，该标准代替GB 16483—2000。

2.4.1　SDS的内容和通用形式

1) SDS的内容

SDS按照以下16部分提供化学品的信息。

(1) 化学品及企业标识；

(2) 危险性概述；

(3) 成分/组成信息；

(4) 急救措施；

(5) 消防措施；

(6) 泄漏应急处理；

(7) 操作处置与储存；

(8) 接触控制和个体防护；

(9) 理化特性；

(10) 稳定性和反应性；

(11) 毒理学信息；

(12) 生态学信息；

(13) 废弃处置；

(14) 运输信息；

(15) 法规信息；

(16) 其他信息。

2）SDS 的通用形式

GB/T 16483—2008 附录 A 列出了 SDS 中每一部分的编写内容和通用形式。具体要求如下：

第 1 部分　化学品及企业标识

主要标明化学品的名称，该名称应与安全标签上的名称一致，建议同时标注供应商的产品代码。

标明供应商的名称、地址、电话号码、应急电话、传真和电子邮件地址。

该部分还应说明化学品的推荐用途和限制用途。

第 2 部分　危险性概述

标明化学品主要的物理和化学危险性信息，以及对人体健康和环境影响的信息，如果该化学品存在某些特殊的危险性质，也应在此处说明。

如果已经根据 GHS 对化学品进行了危险性分类，应标明 GHS 危险性类别，同时应注明 GHS 的标签要素，如象形图或符号、防范说明、危险信息和警示词等。象形图或符号如火焰、骷髅和交叉骨可以用黑白颜色表示。GHS 分类未包括的危险性（如粉尘爆炸危险）也应在此处注明。

应注明人员接触后的主要症状及应急综述。

第 3 部分　成分/组成信息

要注明该化学品是物质还是混合物。

如果是物质，应提供化学名或通用名、美国化学文摘登记号（CAS 号）及其他标识符。

如果某种物质按 GHS 分类标准分类为危险化学品，则应列明包括对该物质的危险性分类产生影响的杂质和稳定剂在内的所有危险组分的化学名或通用名以及浓度或浓度范围。

如果是混合物，不必列明所有组分。

如果按 GHS 标准被分类为危险的组分，并且其含量超过了浓度限值，应列明该组分的名称信息、浓度或浓度范围。对已经识别出的危险组分，也应该提供被识别为危险组分的那些组分的化学名或通用名、浓度或浓度范围。

第 4 部分　急救措施

该部分应说明必要时应采取的急救措施及应避免的行动，此处填写的文字应该易于被受害人和（或）施救者理解。

根据不同的接触方式将信息细分为：吸入、皮肤接触、眼睛接触和食入。

该部分应简要描述接触化学品后的急性和迟发效应、主要症状和对健康的主要影响，详细资料可在第 11 部分列明。

如有必要，本项应包括对保护施救者的忠告和对医生的特别提示。

如有必要，还要给出及时的医疗护理和特殊的治疗。

第 5 部分　消防措施

这部分应说明合适的灭火方法和灭火剂，如有不合适的灭火剂也应在此处标明。

应标明化学品的特别危险性（如产品是危险的易燃品）。

标明特殊灭火方法及保护消防人员特殊的防护装备。

第 6 部分　泄漏应急处理

泄漏应急处理部分应包括以下信息：

① 作业人员防护措施、防护装备和应急处置程序；

② 环境保护措施；

③ 泄漏化学品的收容、清除方法及所使用的处置材料（如果和第 13 部分不同，列明恢复、中和以及清除方法）。

提供防止发生次生危害的预防措施。

第 7 部分　操作处置与储存

① 操作处置　应描述安全处置注意事项，包括防止化学品人员接触、防止发生火灾和爆炸的技术措施和提供局部或全面通风、防止形成气溶胶和粉尘的技术措施等。还应包括防止直接接触不相容物质或混合物的特殊处置注意事项。

② 储存　应描述安全储存的条件（适合的储存条件和不适合的储存条件）、安全技术措施、同禁配物隔离储存的措施、包装材料信息（建议的包装材料和不建议的包装材料）。

第 8 部分　接触控制和个体防护

列明容许浓度，如职业接触限值或生物限值。

列明减少接触的工程控制方法，该信息是对第 7 部分内容的进一步补充。

如果可能，列明容许浓度的发布日期、数据出处、试验方法和方法来源。

列明推荐使用的个体防护设备，如呼吸系统防护、手防护、眼睛防护、皮肤和身体防护。

标明防护设备的类型和材质。

化学品若只在某些特殊条件下才具有危险性，如量大、高浓度、高温、高压等，应标明这些情况下的特殊防护措施。

第 9 部分　理化特性

该部分要提供以下信息：化学品的外观与性状。例如：物态、形状和颜色；气味；pH 值，并指明浓度；熔点/凝固点；沸点、初沸点和沸程；闪点；燃烧上下极限或爆炸极限；蒸气压；蒸气密度；密度/相对密度；溶解性；n-辛醇/水分配系数；自燃温度；分解温度。

如有必要，应提供下列信息：气味阈值；蒸发速率；易燃性（固体、气体）。

也应提供化学品安全使用的其他资料，例如放射性或体积浓度等。

应使用 SI 国际单位制单位，见 ISO 1000：1992 和 ISO 1000：1992/Amd 1：1998。可以使用非 SI 单位，但只能作为 SI 单位的补充。

必要时，应提供数据的测定方法。

第 10 部分　稳定性和反应性

描述化学品的稳定性和在特定条件下可能发生的危险反应。应包括以下信息：应避免的条件，如：静电、撞击或震动；不相容的物质；危险的分解产物，一氧化碳、二氧化碳和水除外。

填写该部分时应考虑提供化学品的预期用途和可预见的错误用途。

第 11 部分　毒理学信息

要全面、简洁地描述使用者接触化学品后产生的各种毒性作用(健康影响)。

该部分应包括以下信息：急性毒性；皮肤刺激或腐蚀；眼睛刺激或腐蚀；呼吸或皮肤过敏；生殖细胞突变性；致癌性；生殖毒性；特异性靶器官系统毒性——一次接触；特异性靶器官系统毒性——反复接触；吸入危害。

还可以提供下列信息：毒代动力学、代谢和分布信息。

注：体外致突变试验数据如 Ames 试验数据，在生殖细胞致突变条目中描述。

如果可能，分别描述一次接触、反复接触与连续接触所产生的毒作用；迟发效应和即时效应应分别说明。

潜在的有害效应，应包括与毒性值(如急性毒性估计值)测试观察到的有关症状、理化和毒理学特性。

应按照不同的接触途径(如吸入、皮肤接触、眼睛接触、食入)提供信息。

如果可能，提供更多科学试验产生的数据或结果，并标明引用文献资料来源。

如果混合物没有作为整体进行毒性试验，应提供每个组分的相关信息。

第 12 部分　生态学信息

提供化学品的环境影响、环境行为和归宿方面的信息，如：化学品在环境中的预期行为，可能对环境造成的影响/生态毒性；持久性和降解性；潜在的生物积累性；土壤中的潜移性。

如果可能，提供更多的科学试验产生的数据或结果，并标明引用文献资料来源。

如果可能，提供任何生态学限值。

第 13 部分　废弃处置

该部分包括为安全和有利于环境保护而推荐的废弃处置方法信息。

这些处置方法适用于化学品(残余废弃物)，也适用于任何受污染的容器和包装。

提醒下游用户注意当地废弃处置法规。

第 14 部分　运输信息

该部分包括国际运输法规规定的编号与分类信息，这些信息应根据不同的运输方式，如陆运、海运和空运进行区分。

应包括以下信息：联合国危险货物编号(UN 号)；联合国运输名称；联合国危险性分类；包装组(如果可能)；海洋污染物(是/否)。

提供使用者需要了解或遵守的其他与运输或运输工具有关的特殊防范措施。可增加其他相关法规的规定。

第 15 部分　法规信息

标明使用本 SDS 的国家或地区中，管理该化学品的法规名称。

提供与法律相关的法规信息和化学品标签信息。

提醒下游用户注意当地废弃处置法规。

第 16 部分　其他信息

这部分应进一步提供上述各项未包括的其他重要信息。例如：可以提供需要进行的专业培训、建议的用途和限制的用途等。

可在本部分列出参考文献。

2.4.2　编写和使用要求

1）编写要求

SDS 标准旨在对化学品的安全、健康、环境方面的信息进行规范，建立统一的格式（例如术语、标题的编号和顺序），对如何提供化学品的信息作出具体规定。在编写时注意以下几点要求：

（1）安全技术说明书内容规定了 16 部分，每部分的标题、编号和前后顺序不应随意变更。

（2）此项若无数据，应写明无数据原因。16 部分中，除第 16 部分"其他信息"外，其余部分不能留下空项。SDS 中信息的来源一般不用详细说明。

（3）书写 16 部分时可以根据内容细分出小项，但小项不编号。16 部分要清楚地分开，大项标题和小项标题的排版要醒目。

（4）安全技术说明书的正文应采用简明、扼要、通俗易懂。推荐采用常用词语。应使用用户可接受的语言书写。

（5）总体上一种化学品应编制一份 SDS。当化学品是一种混合物时，没有必要编制每个相关组分的单独的 SDS，编制和提供混合物的 SDS 即可。当某种成分的信息不可缺少时，应提供该成分的 SDS。SDS 应按使用化学品工作场所控制法规总体要求，提供某一种物质或混合物有关的综合信息。

（6）SDS 的每一页都要注明该种化学品的名称，名称应与标签上的名称一致，同时注明日期和 SDS 编号。日期是指最后修订的日期。页码中应包括总的页数，或者显示总页的最后一页。

（7）安全技术说明书的数值和资料要准确可靠，选用的参考资料要有权威性。

2）SDS 使用要求

（1）安全技术说明书由化学品供应商编印。供应商应向下游用户提供完整的 SDS，以提供与安全、健康和环境有关的信息。供应商有责任对 SDS 进行更新，并向下游用户提供最新版的 SDS。

（2）用户在使用 SDS 时，还应充分考虑化学品在具体使用条件下的风险评估结果，采取必要的预防措施。用户应通过合适的途径将危险信息传递给不同作业场所的使用者，当为工作场所提出具体要求时，用户应考虑有关的综合性建议。

（3）由于 SDS 仅和某种化学品有关，不可能考虑所有工作场所可能发生的情况，所以 SDS 仅包含了保证操作安全所必备的一部分信息。

（4）化学品用户在接受使用化学品时，要认真阅读安全技术说明书，了解和掌握化学品的危险性，并根据使用的情形制定安全操作规程，选用合适的防护用具，培训作业人员。

第3章 危险化学品生产与使用安全

化工、石化等生产过程中涉及的原料、辅料或催化剂等绝大多数都属于危险化学品，但生产的产品有的属于危险化学品，有的则不是危险化学品。例如石油炼制过程、油性涂料的生产从原料到产品绝大多数是危险化学品；聚氯乙烯生产的原料乙烯、氯气，中间产品二氯乙烷、氯乙烯、氯化氢等都是危险化学品，产品聚氯乙烯则不属于危险化学品。聚乙烯、聚丙烯生产原料、催化剂等是危险化学品，产品聚乙烯、聚丙烯也不是危化品。由于化工、石化生产过程使用的原辅材料和产品大多属于危险化学品，因而生产过程中存在着很大的风险。加之工艺过程复杂多变，工艺参数高温高压或低温负压；工艺条件要求苛刻，因而生产控制上稍有偏差就可能导致事故发生，甚至造成重大事故。所以这些生产过程若缺乏有效防范危险的安全对策措施很易发生事故，有些生产过程工序多、连续性强，生产装置大型化，一旦发生事故后果都比较严重。

本章着重介绍危险化学品生产和使用危险化学品从事生产的化工企业（不含爆炸品生产企业）生产过程中存在的主要危险危害性及控制风险的一般安全对策措施。

3.1 危险化学品生产使用过程中的危险性

危险化学品的生产和使用过程中由于使用原材料和产品大多数具有火灾、爆炸、腐蚀、毒害等危险性，因而在生产过程中有很大潜在危险，下面介绍其中主要的几个方面。

1）化学反应的危险

危险化学品的生产和使用过程中大多有化学反应。反应过程有的是放热的，有的是吸热的，不管哪种反应，都具有一定的危险性。

（1）放热反应的危险性

放热反应有氧化反应、硝化反应、磺化反应、氯化反应、氟化反应、重氮化反应、聚合反应、加氢反应等。凡是放热反应在反应的过程中都不断释放出热量，其中氧化、硝化、氟化等反应过程为强烈放热。因为每个工艺过程都要求在一定温度和压力下进行，若放出的热量不能及时撤走，热量积聚使温度升高会加快反应速度，放出更多热量，使系统温度、压力急剧升高，以致造成设备、管道破裂，甚至反应失控爆炸。事故导致设备损坏，大量物料泄漏，由于物料具有易燃易爆、腐蚀毒害等危险危害性，泄漏出来的物料会引发"二次事故"——火灾、爆炸、中毒、环境污染，从而导致严重破坏后果。例如，1979年9月7日温州某电化厂液氯工段因1只0.5t液氯钢瓶爆炸，爆炸产生的碎片使现场59只钢瓶有4只爆炸，5只击穿，13只击伤或严重变形；液氯工段414m²混合结构的包装厂房全部倒塌，相邻的砖木结构冷冻厂房部分倒塌，厂房内的设备大部分遭到破坏。爆炸后 10.2t 的氯气波及 7.35km²，共造成 59 人死亡，779 人中毒。这起惨重事故的原因是使用钢瓶的单位温州市某药物化工厂氯化石蜡工段，违反《氯化石蜡生产安全技术规程》的规定，在液氯钢瓶和氯化釜之间未设置缓冲器等装置，氯气由钢瓶通过管道直接进入氯化釜；操作人员又违反操作规程用真空泵将钢瓶内的氯气全部吸尽，使得反应釜内的石蜡半成品倒灌入钢瓶内，留下了事故隐患；温州某电化厂的液氯充装人员在灌装液氯前又未按规定检查瓶内有无异物就充装，致使液氯与瓶内的石蜡发生放热的化学反应，放出大量热量，使气体体积膨胀，压力增加而发生爆炸。1992 年某化工厂用硝基苯和硝酸反应生产间二硝基苯，反应时突然搅拌器停转，经抢修后恢复生产，但因先前滴加的物料未完全反应，继续加料时发生剧烈化学反应，大量放热，反应器内瞬间温度急剧升高，正常冷却又失效，最终发生爆炸，造成 8 人死亡，7 人受伤。2002 年 2 月 23 日辽阳某厂聚乙烯车间新生产线聚合釜反应不正常，未聚合的乙烯单体进入悬浮液接收罐中挥发，系统压力升高。由于安装在接收管上下管道上的两个玻璃视镜是伪劣产品，因而发生破裂，致使大量的乙烯气体瞬间喷出，弥漫整个厂房空间，从厂房上部窗户溢出的乙烯气体被设置在该处的引风机吸风口吸入沸腾干燥器内，与聚乙烯粉末、热空气形成的爆炸性混合物，被聚乙烯粉末沸腾过程中产生的静电火花引爆，发生爆炸。事故造成 8 人死亡，1 人重伤，18 人轻伤。

（2）吸热反应的危险性

吸热反应，如合成氨、裂解反应、电解反应等。吸热反应都需要用热载体加热，常用的热载体有水蒸气、热水、烟道气、导热油、熔盐等，有的由于工艺条件的需要则用明火直接加热。在加热过程中，如果温度、压力控制不好，发生超温超压，容易造成设备及管道发生破裂或爆炸。用导热油加热，当加热温度过高超过其闪点时，蒸气与空气混合有形成爆炸性混合物的危险，温度超过自燃点，一旦泄漏出来遇空气即会燃烧；温度过低时影响反应进行，造成产品质量低或结晶堵塞，管路一旦堵塞，很容易导致爆炸。用火直接加热易燃易爆物质，危险性非常大，温度不易控制，可能造成局部过热烧坏设备；若物料发生泄漏，与明火接触极易被点燃形成喷射火。用于加热的燃料，如天然气本身具有燃烧爆炸的危险，如果在使用过程中发生泄漏与空气形成爆炸性混合物，遇火源即爆炸。用天然气等燃料加热炉子等设备，若加热过程熄火了，可燃气体可能在炉膛积聚达到爆炸浓度，重新点火时很易发生炉膛爆炸。使用熔盐作为热媒，熔盐绝大多数为无机硝酸盐等强氧化性物质，若设备发生泄漏，器内可燃物料与熔盐就会接触混合，发生强烈氧化反应放热，引发爆炸事故。

2）工艺条件及复杂多变的危险

危险化学品生产和使用过程一般都在高温、高压或低温、负压下进行，如合成氨反应的温度 400~450℃，压力 15~30MPa；烃类原料裂解生产低分子物质时，裂解温度在 800℃左右，系统内有的设备压力达 8MPa 以上；而有的过程温度低至零下一百多度，有的需在高真空压力下进行。高温设备、管道若没有隔热措施，易造成人员烫伤，低温的设备、管道缺少保冷措施，人员接触易造成冻伤；高压过程很易造成管道、阀门连接处密封失效，发生泄漏，从而导致事故；负压操作的系统，若设备、管道密封不良，法兰连接松动等，运行中空气吸入易在系统内形成爆炸性混合物，这时若有高温、静电火花等火源存在时即会发生爆炸；若系统内有对氧气、水敏感的物质，当空气中的氧、水分进入系统内还会引起危险反应。

高温、高压条件会加速设备金属材料发生蠕变、改变金相组织，加剧设备的疲劳腐蚀，使其机械强度减弱，引发物理爆炸。裂解等高温过程物料温度一般超过其自燃点，一旦物料泄漏出来会立即燃烧起火。另外高温、高压条件下，可使易燃气体、蒸气的爆炸范围扩大，增加了其火灾、爆炸的危险性。

危险化学品生产和使用工艺过程都比较复杂，一般需经过多个工序才能完成，如乙烯生产从原料到各种产品出来需要 12 个化学反应和分离单元，而且往往前后工序之间工艺条件变化很大。以柴油为原料裂解生产乙烯为例，操作温度最高的单元可达1000℃以上，低的单元则为-170℃左右，最高操作压力 11.29MPa，最低只有 0.07~0.08MPa。高压加氢裂化过程的高压分离器压力 14.6MPa，与之相连的低压分离器压力只有 1.9MPa，前后两个容器的压力相差将近 13MPa。工艺条件大跨度变化，操作上很容易出现差错，加之系统内有些物料具有腐蚀性，在温度、交变应力等作用下，受压容器、管道很易遭到破坏；而且易发生高压窜入低压系统，从而造成严重后果。另外，对低温工艺单元若有的设备、管道没有按低温条件设计，而发生低温介质窜入，易引起设备和管道的脆性破裂。

3）工艺参数要求苛刻

危险化学品生产和使用过程中，许多工序的工艺条件要求很苛刻，例如丙烯与空气直接氧化生产丙烯酸的反应，物料比例就处在爆炸范围附近，且反应温度超过中间产品丙烯醛的自燃点，控制上稍有偏差物料组成就有可能处于爆炸范围之内，进而会有发生爆炸的危险；某企业苯酐生产工艺采用邻二甲苯与空气进行气相催化氧化生成，为提高产率，邻二甲苯的浓度就处在爆炸范围内，高温、静电火花、电气火花、摩擦撞击产生火花等火源若不能严格控制，系统就很易发生爆炸。例如，某加氢裂化装置加氢精制反应器的最高操作温度 427℃、最高操作压力 16.17MPa，反应过程强烈放热，温度高于 427℃ 即会发生"飞温"现象，很容易引起反应失控。所以对该工艺过程温度控制要求非常高，若发生偏离不能有效控制很有可能发生爆炸，其后果会不堪设想。

化工工艺很多在高温、高压或低温、低压、临界甚至超临界状态下进行，有些设备还处于在氢气和硫化氢多种腐蚀介质下运行，若温度、压力、物料配比、加料顺序、加料速度、搅拌速度、物料纯度等工艺条件的操作控制稍有疏忽都有可能导致异常现象发生，甚至引发事故。这些高参数对设备管道材质、密封件要求很高，如果选择不当，运行一段时间后很易发生强度下降、裂纹等现象，从而引发物料泄漏。

4）生产过程连续性强

大多危险化学品生产和使用过程工序较多，前后工序紧密相关，往往前面一道工序的产品即是下一道工序的原料，工序之间相互联系相互制约，一旦某一工序出了事故会影响到整个装置，产生连锁反应。例如，2002 年某石化企业因乙烯冷区冷却水管线动火时火星落下点燃漏出的高压乙烯，大火持续烧了 72h。出于安全考虑，老区、新区的多套装置全部紧急停车，经过数天抢修后投料开车，造成重大经济损失。2005 年某石化公司双苯厂发生的爆炸事故，是由操作条件控制不当，一个设备爆炸，引起生产区其他设备、储罐相继发生爆炸，进而引发周围的装置和储罐也爆炸。事故共造成 8 人死亡，60 多人受伤，其中 1 人重伤；设备破坏，多套装置停产，直接经济损失达 6908 万元，且引起一起跨国的重大环境污染事件。

5）生产装置大型化

为提高经济效益，现在化工、石化生产装置规模越来越大。例如：我国炼油装置单系列最大规模年产达 $1200 \times 10^4 t$，乙烯装置年产达 $109 \times 10^4 t$。装置的大型化有效提高了生产效率，但系统内存在的危险物料数量大幅度增加，潜在的危险能量也非常大，一旦发生事故其造成的破坏后果往往会异常严重。

3.2 危险化学品生产使用的安全技术要求

由于危险化学品生产和使用过程中潜在很大危险危害性，发生事故后果比较严重，因此必须从工艺、设备、控制等各方面采取安全技术措施，预防事故发生，减少事故损失。下面对危险化学品生产和使用中的一般安全技术要求作一简单介绍。

3.2.1 厂址选择、总平面布置的要求

危险化学品企业厂址选择、总平面布置应满足《工业企业总平面设计规范》（GB 50187）、《化工企业总图运输设计规范》（GB 50489）、《石油化工企业设计防火规范》（GB 50160）及《化工企业安全卫生设计规范》（HG 20571）等相关标准要求。

1）厂址选择

危险化学品的企业由于涉及的原辅材料、产品及工艺过程都存在着较大危险危害性，发生事故概率高，且事故后果严重，不仅影响本企业安全生产，还会扩散、蔓延至周边环境，威胁着周边人员和财产的安全，甚至给社会带来灾难性破坏后果。因此，厂址选择与总平面布置对预防事故发生、减少事故损失具有非常重要意义。

厂址选择是一项政策性、技术性很强的工作，应综合考虑各方面因素，包括地质条件、气象条件、交通运输、原料、燃料及辅助材料的来源、产品流向、建设条件、经济、社会、人文、城镇土地利用现状与规划、环境保护、对外协作、施工条件等因素，经过深入的调查研究，并应进行多方案技术经济比较后确定。主要从以下几个方面考虑：

（1）符合国家和当地政府产业政策与区域规划，危险化学品企业应在设区的省、市规划的专门用于危险化学品生产的区域内。

（2）运输量大的企业宜靠近原料、燃料基地或产品主要销售地及协作条件好的地区，还要考虑有经济、方便的交通运输条件。

（3）要有充足、可靠的水源和电源，且应满足企业发展需要。

（4）要具有满足建设工程需要的工程地质条件和水文条件。

（5）位于受洪水、潮水或内涝威胁的地带。当不可避免的受洪水、潮水、或内涝威胁的地带时，必须采取防洪、排涝措施，其防洪标准应符合现行国家标准《防洪标准》（GB 50201）的有关规定。

（6）山区建厂，当厂址位于山坡或山脚处时，应采取防止山洪、泥石流等自然灾害危害的加固措施，应对山坡的稳定性等作出地质灾害的危险性评估。

（7）散发有害物质的厂址，应位于城镇、相邻工业企业和居住区全年最小频率风向的上风侧，不应位于窝风地段，并应满足有关防护距离的要求。

（8）厂址不应选在发震断层和抗震设防烈度为9度及高于9度的地震区；有泥石流、滑坡、流沙、溶洞等直接危害的地段；采矿陷落（错动）区地表界限内，爆破危险界限内及坝或堤决溃后可能淹没的地区；有严重放射性物质污染影响区；受海啸或湖涌危害的地区等。

（9）危险化学品数量构成重大危险源的生产企业，与《危险化学品安全管理条例》第十九条所列的"八类场所"之间的距离应满足有关法律、法规、规章和国家标准或行业标准的规定。

为避免危险化学品生产使用过程中发生火灾、爆炸、有毒气体泄漏事故时造成高敏感场所、重要目标、人员密集等区域人员伤亡和财产损失，对涉及爆炸品、重点监管危险化学品、重点监管危险化工工艺、构成危险化学品一级和二级重大危险源以及涉及毒性气体的生产装置，应根据国家安全生产监督管理总局公告〔2014〕第13号《危险化学品生产、储存装置个人可接受风险标准和社会可接受风险标准（试行）》规定，确定其外部安全防护距离，厂址与周边敏感防护目标应满足安全防护距离要求。

2）总平面布置

工厂的总平面布置应正确处理生产与安全、局部与整体、近期与远期的关系。根据生产工艺流程及主要组成部分的生产特点和火灾危险性类别，结合厂区的地形、风向等条件，按功能分区集中布置。合理布置交通运输道路、管线及绿化环境，还应考虑工厂的发展，装置的改建、扩建的要求。

（1）按功能分区布置

工厂按功能可分为以下几部分：

生产车间或生产装置区、原料及成品储存区（含储罐、仓库、气柜等）、公用工程区、辅助生产区、行政办公区和生活服务区。

分区布置可按以下原则：

① 各功能区内部应布置紧凑、合理，并与相邻功能区相协调。

② 各功能区之间物流输送、动力供应便捷合理。

③ 可能散发可燃气体的工艺装置、罐区、装卸区或全厂性污水处理场等设施宜布置在人员集中场所及明火或散发火花地点的全年最小频率风向的上风侧，行政办公及生活服务设施区宜布置在全年最小频率风向的下风侧，并坐落在厂前靠近正门的地方。辅助生产和公用工程设施区宜布置在生产装置区与行政办公及生活服务设施区之间。

④ 生产装置区应充分满足工艺流程和设备运转的要求，以不交叉为原则，按照从原料投入到中间制品，再到成品的顺序布置。

⑤ 原料及成品储存区，在配置规划时应避免各种装置之间的原料、中间产品和制成品之间的交叉运输，且应规划成最短的运输路线。成品库、灌装站不得布置在通过生产区、罐区等危险地带。

⑥ 锅炉、变配电所、控制室、化验室等因可能成为点火源，宜布置在装置外，当布置

在装置内时，应布置在装置区的一侧，并应位于爆炸危险区范围以外，且宜位于可燃气体和液体设备全年最小频率风向的下风侧。

⑦ 全厂性的高架火炬宜位于生产区全年最小频率风向的上风侧，并应避免火炬的辐射热、光亮、噪声、烟尘及有害气体对居住区及人员集中场所的影响。

明火设备应集中布置在装置的边缘，并应在全年最小频率风向的下风侧，且远离火灾危险性为甲、乙类的生产设备和储罐。

⑧ 可能泄漏、散发有毒或腐蚀性气体、粉尘的设施，应避开人员集中活动场所，并应布置在该场所及其他主要生产设备区全年最小频率风向的上风侧。

⑨ 汽车装卸设施、液化烃灌装站及各类物品仓库等机动车辆频繁进出的设施应布置在厂区的边缘，便于运输和消防的地带。

⑩ 剧毒物品的生产设施，应布置在远离人员集中活动场所的单独地段内，并应布置在人员集中活动场所全年最小频率风向的上风侧，同时应设置围墙，与其他设施隔开。

(2) 厂内道路的布置

① 工厂交通路线的设置应根据生产作业线、工艺流程、运输量和物料性质等的要求，选用适当的运输方式，合理组织车流、物流，从设计上保证运输、装卸作业的安全。

② 工厂道路出入口至少应设两处，且设于不同方位；人流、货流出入口应分开设置。厂内不同区块，至少应有两个不同方向接近道路。

③ 厂内道路路面宽度等设置应根据车辆、行人通行和消防需要确定，并宜按现行国家标准《厂矿道路设计规范》(GBJ 22) 和《工业企业厂内铁路、道路运输安全规程》(GB 4387) 的有关规定执行。厂内主干道最好不要和频繁调车的厂内铁路线平交。

④ 跨越道路上空的的架空管线距路面的最小净空高度不得小于 5.0m，并应设限高标志。

⑤ 厂内道路在弯道的横净距和交叉口的视距三角形范围内，不得有妨碍驾驶员视线的障碍物。路面宽度 9m 以上的道路，应划中心线，实行分道行车。

⑥ 易燃易爆物品的生产区或储存区，应根据安全生产的需要，将道路划分为限制车辆通行或禁止车辆通行的路段，并设置标志。

⑦ 厂内道路应尽可能作环形布置；尽头式道路应设置回车场，回车场的大小应根据汽车最小转弯半径和道路路面宽度确定。

⑧ 工厂、仓库区、储罐区应设消防车道。消防车道应环形布置，确有困难时亦可设有回车场的尽头式消防车道。根据现行《石油化工企业设计防火规范》的规定，厂内消防车道的路面宽度不应小于 6m，路面内缘转弯半径不宜小于 12m，路面上净空高度不应低于 5m；装置内消防车道路面宽度不应小于 4m，路面上的净空高度不应小于 4.5m，路面内缘转弯半径不宜小于 6m。《建筑设计防火规范》则规定，消防车道的净空宽度和净空高度不应小于 4.0m，转弯半径应满足消防车转弯的要求。

消防车道宜避免与铁道平交，如必须平交，应设备用车道；尽头式车道应设回车道或平面不小于 12m×12m 的回车场；供大型消防车使用时，回车场不宜小于 18m×18m。

消防车道与材料堆场、堆垛和建筑外墙的最小距离不应小于 5m。消防车道与建筑之间不应设置妨碍消防车操作的树木、架空管线等障碍物。

(3) 防火间距

防火间距是指防止着火的建筑在一定时间内引燃相邻建筑，便于消防扑救的间隔距离。企业在总平面布置时与周边设施及厂内各种设施之间留有足够的防火间距，对防止火灾的蔓延、减少灾害损失非常重要。相邻建筑或设施在防火间距之间不得再建任何建筑物、其他设施和堆放物品。

防火间距的影响因素很多，在确定时主要考虑"飞火"、"热对流"、"热辐射"的作用，其中热辐射作用是主要的。《石油化工企业设计防火规范》（GB 50160）和《建筑设计防火规范》（GB 50016）分别对石化企业和其他一般工业、民用建筑、储罐或储罐区、各种可燃材料堆场以及城市交通隧道工程等的防火间距都作了明确规定，在总平面布置设计时，都应严格遵照执行。有些行业，因专业性较强制订了专业规范，亦可按专业规范执行。

值得注意的是，规范规定的防火间距是建筑物、设施间的最小间距要求，有条件时设计的间距应尽可能加大。

防火间距的确定与建筑物或设施的火灾危险性类别及建构筑物耐火性能有关。现行《建筑设计防火规范》（GB 50016）对厂房与各建筑和设施的间距要求如下：

① 厂房之间及与仓库、民用建筑等的防火间距的规定见表 3-1。表中甲、乙、丙、丁、戊类的分类原则见表 3-3；一、二、三、四级指建筑物的耐火等级，具体分级见表 3-6。

表 3-1　厂房之间及与乙、丙、丁、戊类仓库、民用建筑等的防火间距　　　　　m

名称			甲类厂房	乙类厂房（仓库）		丙、丁、戊类厂房（仓库）				民用建筑				
			单、多层	单、多层	高层	单、多层		高层	裙房,单、多层			高层	
			一、二级	一、二级	三级	一、二级	一、二级	三级	四级	一、二级	一、二级	三级	四级	一类	二类
甲类厂房	单、多层	一、二级	12	12	14	13	12	14	16	13					
乙类厂房	单、多层	一、二级	12	10	12	13	10	12	14	13	25			50	
		三级	14	12	14	15	12	14	16	15					
	高层	一、二级	13	13	15	13	13	15	17	13					
丙类厂房	单、多层	一、二级	12	10	12	13	10	12	14	13	10	12	14	20	15
		三级	14	12	14	15	12	14	16	15	12	14	16	25	20
		四级	16	14	16	17	14	16	18	17	14	16	18		
	高层	一、二级	13	13	15	13	13	15	17	13	13	15	17	20	15

名称			甲类厂房	乙类厂房(仓库)			丙、丁、戊类厂房(仓库)				民用建筑				
			单、多层	单、多层		高层	单、多层			高层	裙房,单、多层			高层	
			一、二级	一、二级	三级	一、二级	一、二级	三级	四级	一、二级	一、二级	三级	四级	一类	二类
丁、戊类厂房	单、多层	一、二级	12	10	12	13	10	12	14	13	10	12	14	15	13
		三级	14	12	14	15	12	14	16	15	12	14	16	18	15
		四级	16	14	16	17	14	16	18	17	14	16	18		
	高层	一、二级	13	13	15	13	13	15	17	13	13	15	17	15	13
室外变配电站	变压器总油量/t	≥5,≤10	25	25	25	25	12	15	20	12	15	20	25	20	
		>10,≤50					15	20	25	15	20	25	30	25	
		>50					20	25	30	20	25	30	35	30	

注：1. 乙类厂房与重要公共建筑的防火间距不宜小于50m；与明火或散发火花地点，不宜小于30m。单、多层戊类厂房之间及与戊类仓库的防火间距可按本表的规定减少2m，与民用建筑的防火间距可将戊类厂房等同民用建筑按《建筑设计防火规范》第5.2.2条的规定执行。为丙、丁、戊类厂房服务而单独设置的生活用房应按民用建筑确定，与所属厂房的防火间距不应小于6m。确需相邻布置时，应符合本表注2、注3的规定。

2. 两座厂房相邻较高一面的外墙为防火墙，或相邻两座高度相同的一、二级耐火等级建筑中相邻任一侧外墙为防火墙且屋顶的耐火极限不低于1.00h时，其防火间距不限，但甲类厂房之间不应小于4m。两座丙、丁、戊类厂房相邻两面外墙均为不燃性墙体，当无外露的可燃性屋檐，每面外墙上的门、窗、洞口面积之和各不大于外墙面积的5%，且门、窗、洞口不正对开设时，其防火间距可按本表的规定减少25%。甲、乙类厂房(仓库)不应与《建筑设计防火规范》第3.3.5条规定外的其他建筑贴邻。

3. 两座一、二级耐火等级的厂房，当相邻较低一面外墙为防火墙且较低一座厂房的屋顶无天窗，屋顶的耐火极限不低于1.00h，或相邻较高一面外墙的门、窗等开口部位设置甲级防火门、窗或设置防火分隔水幕，或按《建筑设计防火规范》第6.5.3条的规定设置防火卷帘时，甲、乙类厂房之间的防火间距不应小于6m；丙、丁、戊类厂房之间的防火间距不应小于4m。

4. 耐火等级低于四级的既有厂房，其耐火等级可按四级确定。

5. 当丙、丁、戊类厂房与丙、丁、戊类仓库相邻时，应符合本表注2、3的规定。

② 甲类厂房与重要公共建筑的防火间距不应小于50m，与明火或散发火花地点的防火间距不应小于30m。

③ 散发可燃气体、可燃蒸气的甲类厂房与铁路、道路等的防火间距不应小于表3-2的规定，但甲类厂房所属厂内铁路装卸线当有安全措施时，防火间距可不受表3-2规定的限制。

表3-2 散发可燃气体、可燃蒸气的甲类厂房与铁路、道路等的防火间距　　　　　　　m

名称	厂外铁路线中心线	厂内铁路线中心线	厂外道路路边	厂内道路路边	
				主要	次要
甲类厂房	30	20	15	10	5

④ 丙、丁、戊类厂房与民用建筑的耐火等级均为一、二级时，丙、丁、戊类厂房与民用建筑的防火间距可适当减小，但应符合下列规定：

a. 当较高一面外墙为无门、窗、洞口的防火墙，或比相邻较低一座建筑屋面高 15m 及以下范围内的外墙为无门、窗、洞口的防火墙时，其防火间距不限；

b. 相邻较低一面外墙为防火墙，且屋顶无天窗或洞口、屋顶的耐火极限不低于 1.00h，或相邻较高一面外墙为防火墙，且墙上开口部位采取了防火措施，其防火间距可适当减小，但不应小于 4m。

⑤ 厂房外附设化学易燃物品的设备，其外壁与相邻厂房室外附设设备的外壁或相邻厂房外墙的防火间距，不应小于表 3-1 的规定。用不燃烧材料制作的室外设备，可按一、二级耐火等级建筑确定。

总储量不大于 15m³ 的丙类液体储罐，当直埋于厂房外墙外，且面向储罐一面 4m 范围内的外墙为防火墙时，其防火间距可不限。

⑥ 厂区围墙与厂区内建筑的间距不宜小于 5m，围墙两侧的间距应满足相邻建筑防火间距要求。

《石油化工企业设计防火规范》（GB 50160）、《深度冷冻法生产氧气及相关气体安全技术规程》（GB 16912）、《汽车加油加气站设计与施工规范》（GB 50156）、《氢气站设计规范》《氧气站设计规范》等标准对厂内外各建筑或设施之间的防火间距也都作了具体规定，详见规范的相应条款。

3.2.2 建筑物的防火防爆设计

生产和使用易燃易爆危险化学品的建（构）筑物若设计不合理，一旦发生火灾爆炸，很易蔓延扩大，造成严重后果。因此，在工业防火防爆设计时对建筑物采取防火防爆措施是防止火灾爆炸发生，减少事故损失的有效手段。建筑上采取的防火防爆措施要根据生产中使用的原料、中间体和成品的物理、化学性质及其火灾爆炸的危险程度及工艺条件等设计。

1）建筑物的防火设计

建筑物的防火设计是根据生产及储存的火灾危险性分类，从建筑物的耐火等级、层数和防火分区的最大允许建筑面积等方面考虑。

（1）生产的火灾危险性分类。《建筑设计防火规范》（GB 50016）根据物质的火灾危险特性，规定了生产、储存场所的火灾危险性分类原则。生产的火灾危险性分类是根据生产场所使用和产生物质的火灾危险性类别划分为甲、乙、丙、丁、戊五类，分类原则见表 3-3。厂房的火灾危险性类别划分的具体要求详见《建筑设计防火规范》（GB 50016）第 3.1.1 条、第 3.1.2 条的条文解释。《石油化工企业设计防火规范》（GB 50160）同样以使用、生产或储存物质的火灾危险性类别进行场所火灾危险性分类。可燃气体的火灾危险性分类见表 3-4，液化烃、可燃液体的火灾危险性分类见表 3-5。

表 3-3　生产的火灾危险性分类

生产的火灾 危险性类别	使用或产生下列物质生产的火灾危险性特征
甲	1. 闪点小于28℃的液体； 2. 爆炸下限小于10%的气体； 3. 常温下能自行分解或在空气中氧化能导致迅速自燃或爆炸的物质； 4. 常温下受到水或空气中水蒸气的作用，能产生可燃气体并引起燃烧或爆炸的物质； 5. 遇酸、受热、撞击、摩擦、催化以及遇有机物或硫磺等易燃的无机物，极易引起燃烧或爆炸的强氧化剂； 6. 受撞击、摩擦或与氧化剂、有机物接触时能引起燃烧或爆炸的物质； 7. 在密闭设备内操作温度不小于物质本身自燃点的生产
乙	1. 闪点不小于28℃，但小于60℃的液体； 2. 爆炸下限不小于10%的气体； 3. 不属于甲类的氧化剂； 4. 不属于甲类的易燃固体； 5. 助燃气体； 6. 能与空气形成爆炸性混合物的浮游状态的粉尘、纤维、闪点不小于60℃的液体雾滴
丙	1. 闪点不小于60℃的液体； 2. 可燃固体
丁	1. 对不燃烧物质进行加工，并在高温或熔化状态下经常产生强辐射热、火花或火焰的生产； 2. 利用气体、液体、固体作为燃料或将气体、液体进行燃烧作其他用的各种生产； 3. 常温下使用或加工难燃烧物质的生产
戊	常温下使用或加工不燃烧物质的生产

表 3-4　可燃气体的火灾危险性分类

类别	可燃气体与空气混合的爆炸下限
甲	<10%（体积分数）
乙	≥10%（体积分数）

表 3-5　液化烃、可燃液体的火灾危险性分类

名称	类别		特征
液化烃	甲	A	15℃时的蒸气压力>0.1MPa的烃类液体及其他类似的液体
		B	甲A类以外，闪点<28℃
可燃 液体	乙	A	28℃≤闪点≤45℃
		B	45℃<闪点<60℃
	丙	A	60℃≤闪点≤120℃
		B	闪点>120℃

　　《建筑设计防火规范》（GB 50016）规定，同一厂房或厂房的任一防火分区内有不同火灾危险性生产时，厂房或防火分区内的生产火灾危险性类别应按类别较大的部分确定；当生产过程中使用或产生易燃、可燃物的量较少，不足以构成爆炸或火灾危险时，可按实际情

况确定；当符合下列条件之一时，可按火灾危险性较小的部分确定：

① 火灾危险性较大的生产部分占本层或本防火分区建筑面积的比例小于 5% 或丁、戊类厂房内的油漆工段小于 10%，且发生火灾事故时不足以蔓延至其他部位或火灾危险性较大的生产部分采取了有效的防火措施；

② 丁、戊类厂房内的油漆工段，当采用封闭喷漆工艺，封闭喷漆空间内保持负压、油漆工段设置可燃气体检测报警系统或自动抑爆系统，且油漆工段占所在防火分区建筑面积的比例不大于 20%。

（2）建筑物的耐火等级。《建筑设计防火规范》（GB 50016）将建筑物分为 4 个耐火等级，即一级、二级、三级、四级。不同的耐火等级对建筑物各构件（如承重墙、梁、柱、楼板等）的燃烧性能和耐火极限要求不同，具体见表 3-6。建筑构件的燃烧性能是根据所用建筑材料燃烧的难易程度划分的，分为不燃性、难燃性和可燃性三类。不燃性材料是指在空气中受到火烧或高温作用时，不起火、不燃烧、不炭化的材料，如金属中的钢铁，天然或无机材料如矿物材料、砖和水泥等。难燃性材料，指在空气中受到火烧或高温作用时难起火、难燃烧、难炭化，当火源移走后燃烧或微燃立即停止的材料，如沥青混凝土、经过防火处理的木材、用有机物填充的混凝土和刨花板等。燃烧体，指在空气中受到明火或高温作用时立即能起火或微燃，且火源移走后仍继续燃烧或微燃的材料，如木材等。

耐火极限是指在标准耐火试验条件下，建筑构件、配件或结构从受到火的作用时起，至失去承载能力、完整性或隔热性时止所用时间，用小时表示。

表 3-6　不同耐火等级厂房和仓库建筑构件的燃烧性能和耐火极限　　　　　　　　h

构件名称		耐火等级			
		一级	二级	三级	四级
墙	防火墙	不燃性 3.00	不燃性 3.00	不燃性 3.00	不燃性 3.00
	称重墙	不燃性 3.00	不燃性 2.50	不燃性 2.00	难燃性 0.50
	楼梯间和前室的墙电梯井的墙	不燃性 2.00	不燃性 2.00	不燃性 1.50	难燃性 0.50
	疏散走道两侧的隔墙	不燃性 1.00	不燃性 1.00	不燃性 0.50	难燃性 0.25
	非承重外墙房间隔墙	不燃性 0.75	不燃性 0.50	难燃性 0.50	难燃性 0.25
柱		不燃性 3.00	不燃性 2.50	不燃性 2.00	难燃性 0.50
梁		不燃性 2.00	不燃性 1.50	不燃性 1.00	难燃性 0.50
楼板		不燃性 1.50	不燃性 1.00	不燃性 0.75	难燃性 0.50

构件名称	耐火等级			
	一级	二级	三级	四级
屋顶称重构件	不燃性 1.50	不燃性 1.00	难燃性 0.50	可燃性
疏散楼梯	不燃性 1.50	不燃性 1.00	不燃烧体 0.75	可燃性
吊顶（包括吊顶搁栅）	不燃性 0.25	难燃性 0.25	难燃性 0.15	可燃性

注：二级耐火等级建筑内采用不燃烧材料的吊顶，其耐火极限不限。

在确定耐火等级时，各构件的耐火极限应全部达到要求。

（3）厂房的耐火等级、层数和防火分区的面积。《建筑设计防火规范》（GB 50016）规定厂房的耐火等级、层数和防火分区最大允许建筑面积见表3-7。

表3-7 厂房的耐火等级、层数和每个防火分区的最大允许建筑面积

生产的火灾 危险性类别	厂房的 耐火等级	最多允 许层数	每个防火分区的最大允许建筑面积/m²			
			单层 厂房	多层 厂房	高层 厂房	地下或半地下厂房 （包括地下或半地下室）
甲	一级	宜采用	4000	3000	—	—
	二级	单层	3000	2000	—	—
乙	一级	不限	5000	4000	2000	—
	二级	6	4000	3000	1500	—
丙	一级	不限	不限	6000	3000	500
	二级	不限	8000	4000	2000	500
	三级	2	3000	2000	—	—
丁	一、二级	不限	不限	不限	4000	1000
	三级	3	4000	2000	—	—
	四级	1	1000	—	—	—
戊	一、二级	不限	不限	不限	6000	1000
	三级	3	5000	3000	—	—
	四级	1	1500	—	—	—

防火分区是指把建筑物采用耐火极限较高的防火分隔物将其空间分隔成若干个单元，若某单元发生火灾，在一定时间内不至于向外扩散蔓延，可有效减少事故损失。

（4）厂房内防火分区之间必须采用防火墙分隔。防火墙是指防止火灾蔓延至相邻建筑或相邻水平防火分区且耐火极限不低于3.00h的不燃烧性墙体，建筑物内设置符合规定的防火墙可有效阻止火灾蔓延。

甲、乙类厂房内防火墙的耐火极限不应低于4.00h。

（5）防火墙不应开设门、窗、洞口，确需开设时，应设置不可开启或火灾时能自动关

闭的甲级防火门、窗。可燃气体和甲、乙、丙类液体的管道严禁穿过防火墙。防火墙内不应设置排气管道。

防火门是指在一定时间内能满足耐火稳定性、完整性和隔热性要求的门，当其与防火墙形成一个整体后就可以达到阻隔火源，防止火焰蔓延的目的。防火门是设在防火分区间、疏散楼梯间、垂直竖井等具有一定耐火性的防火分隔物，具有阻止火势蔓延和烟气扩散的作用。防火窗是指能起隔离和阻止火势蔓延的窗。

（6）除了可燃气体和甲、乙、丙类液体的管道严禁穿过防火墙外，其他管道不宜穿过防火墙，确需穿过时，应采用防火封堵材料将墙与管道之间的空隙紧密填实，穿过防火墙处的管道保温材料，应采用不燃材料；当管道为难燃及可燃材料时，应在防火墙两侧的管道上采取防火措施。

（7）员工宿舍严禁设置在厂房内。办公室、休息室等不应设置在甲、乙类厂房内，确需贴邻本厂房建造时，其耐火等级不应低于二级，并应采用耐火极限不低于 3.00h 的防爆墙与厂房分隔，且应设置独立的安全出口。

（8）办公室、休息室设置在丙类厂房内时，应采用耐火极限不低于 2.50h 的防火隔墙和 1.00h 的楼板与其他部位分隔，并应至少设置 1 个独立的安全出口。如隔墙上需开设相互连通的门时，应采用乙级防火门。

（9）厂房内设置甲、乙类中间仓库时，其储量不宜超过一昼夜的需要量；中间仓库应靠外墙布置，若有条件尽可能设置直通室外的出口。

甲、乙、丙类中间仓库应采用防火墙和耐火极限不低于 1.50h 的不燃烧性楼板与其他部位分隔；丁、戊类中间仓库应采用耐火极限不低于 2.00h 的防火隔墙和 1.00h 的楼板与其他部位隔开。

中间仓库和该生产车间的耐火等级应一致，且耐火等级按仓库和厂房两者中要求较高者确定。中间仓库的面积应满足《建筑设计防火规范》（GB 50016）对仓库的相应规定。

（10）厂房内的丙类液体中间储罐应设置在单独房间内，以防止液体向外流散或外部火焰影响丙类液体储罐；设置在单独房间内的丙类液体储罐，其容量不应大于 $5m^3$。设置中间储罐的房间，应采用耐火极限不低于 3.00h 的防火隔墙和 1.50h 的楼板与其他部位分隔，房间的门应采用甲级防火门。

（11）为减少火灾和爆炸的危害和便于事故时救援，甲、乙类生产场所不应设置在地下或半地下。

（12）变、配电站不应设置在甲、乙类厂房内或贴邻，且不应设置在爆炸性气体、粉尘环境的危险区域内。供甲、乙类厂房专用的 10kV 及以下的变、配电站，当采用无门、窗、洞口的防火墙分隔时，可一面贴邻，并应符合现行国家标准《爆炸危险环境电力装置设计规范》（GB 50058）等标准的规定。

乙类厂房的配电站确需在防火墙上开窗时，应采用甲级防火窗。

2）建筑物的防爆设计

在有爆炸危险的厂房里，一旦发生爆炸，往往会使厂房坍塌，人员伤亡，机器设备毁坏，甚至造成生产长期停顿。如果处理不当，还会引起相邻厂房发生连锁爆炸或二次爆炸，因此厂房的防爆设计对减少事故损失是非常重要的。

（1）合理布置有爆炸危险的厂房。

① 有爆炸危险的厂房宜采用单层建筑。单层建筑具有便于设置天窗、风帽、通风屋脊，创造自然通风的良好条件，有利于排除可燃气体、可燃液体蒸气及可燃粉尘，因而不易在场所中形成爆炸性混合物；便于设置较多的安全出入口，对安全疏散和进行扑救有利；可设置轻质屋盖，加大泄压面积，有利于尽快释放爆炸压力；万一发生爆炸，造成倒塌，其影响范围及程度比多层建筑要小得多。

② 有爆炸危险的生产不应设在地下室或半地下室。因为地下室或半地下室的自然通风条件很差，而生产过程中"跑、冒、滴、漏"的可燃气体、可燃液体的蒸气或粉尘，一旦泄漏出来很易积聚，与空气混合易形成爆炸性混合物，遇到着火源则发生爆炸事故。若采用机械通风，万一通风设施发生故障，则不能保证降低室内可燃物浓度，也是十分危险的。另外地下室或半地下室不能设置轻质屋盖、轻质外墙及泄压窗等泄压面，万一发生爆炸时不能将压力很快释放，从而加重爆炸所产生的破坏作用；也不能设置较多的安全出入口，不利于安全疏散和进行抢救。

③ 有爆炸危险的厂房尽可能采用敞开式或半敞开式建筑，这种建筑自然通风好，因而能使生产系统中泄漏出来的可燃气体、蒸气及粉尘很快扩散，使之不易达到爆炸浓度，因而能有效地防止形成爆炸性混合物的条件。

④ 有爆炸危险厂房的平面布置，单层的最好采用矩形，有爆炸危险的甲、乙类设备应靠外墙布置。多层厂房的设备布置，应将有爆炸危险的生产设备集中布置在顶层或厂房一端的各楼层，且上下连通。这样可利用轻质屋面及侧端面泄压。设在厂房一端各楼层应用防火墙分隔，缩小发生爆炸事故波及的范围。

⑤ 有爆炸危险的甲、乙类厂房的总控制室应独立设置；分控制室宜独立设置，当贴邻外墙设置时，应采用耐火极限不低于3.00h的防火墙与其他部位分隔。

（2）采用防爆设施。对有爆炸危险的厂房，设置防爆墙、防爆门、防爆窗。

防爆墙是指耐爆炸压力较强的墙，也称耐爆墙、抗爆墙。防爆墙是用来阻止爆炸冲击波的破坏作用，应具有耐爆炸压力的强度和耐火性能，还要根据产生爆炸冲击波的具体情况，设置在能充分发挥保护作用的位置上。防爆墙可采用钢板、钢筋混凝土、增强钢筋混凝土预制板等作为结构材料，有的还可以采用堆土的办法构筑。值得注意的是钢结构的耐爆强度高，耐火极限却很差，当发生火灾受到高温影响时就变形甚至倒塌，钢结构的承受荷载的极限温度是400℃。所以承重的钢结构应采取耐火保护，即在钢结构外面设耐火层。耐火层包括水泥砂浆、保温砖、耐火涂料等。

防爆窗，就是在发生爆炸时，该窗应不致受爆炸产生之压力而破碎。因而窗框及玻璃均应采用抗爆强度高的材料。窗框可用角钢、钢板制作，而玻璃则应采用夹层的防爆玻璃。

防爆门，同样应具有很高的抗爆强度，需采用角钢或槽钢、工字钢制作门框骨架，门板则以抗爆强度高的装甲钢板或锅炉钢板制作，故防爆门又称装甲门。门的铰链装配时，衬有青铜套轴和垫圈，门扇的周边衬贴橡皮带软垫，以排除开关时由于摩擦碰撞可能产生火花的情况。

（3）设置必要的泄压设施。有爆炸危险的厂房设置足够的泄压面积，可大大减轻爆炸时的破坏强度，避免因主体结构遭受破坏而造成人员重大伤亡和经济损失。因此，在有爆炸危险的厂房或厂房内有爆炸危险的部位应设置一定的泄压设施。

泄压设施是建筑物的最薄弱部位，发生爆炸时大量气体和热量可通过薄弱部位释放出去，减少室内爆炸压力，防止建筑物倒塌或破坏。泄压设施可采用轻质屋面板、轻质外墙和易于泄压的门、窗等。建筑物的泄压面积大小可按《建筑设计防火规范》（GB 50016）第3.6.4 条计算确定。

泄压设施的设置应避开人员密集场所和主要交通道路，并宜靠近有爆炸危险的部位。

（4）不发火地面。在散发较空气重的可燃气体、可燃蒸气的甲类厂房和有粉尘、纤维爆炸危险的乙类厂房、应采用不发火地面。防止铁器或金属容器与地面摩擦或撞击发出火花引起火灾爆炸事故。

不发火地面按构造材料性质可分为两大类，即不发火金属地面和不发火非金属地面。不发火金属地面，其材料一般用铜板、铝板等有色金属制作。不发火非金属材料地面，又可分为不发火有机材料制造的地面，如用沥青、木材、塑料橡胶等敷设的。由于这些材料的导电性差，具有绝缘性能，因此对导走静电不利，当用这种材料时，必须同时考虑导走静电的接地装置。另一种为不发火无机材料地面，是采用不发火水泥石砂、水磨石等无机材料制作，骨料可选用石灰石、大理石、白云石等不发火材料。在使用不发火混凝土制作地面时，分格材料不应使用玻璃，而应采用铝或铜条分格。

（5）根据《建筑设计防火规范》（GB 50016）的规定，有爆炸危险区域内的楼梯间、室外楼梯或有爆炸危险的区域与相邻区域连通处，应设置门斗等防护措施。门斗的隔墙应为耐火等级不低于 2.00h 的防火隔墙，门应采用甲级防火门并应与楼梯间的门错位设置。

（6）散发可燃粉尘、纤维的厂房，其内表面应平整、光滑，并易于清扫。

（7）厂房内不宜设置地沟，确需设置时，其盖板应严密，地沟应采取防止可燃气体、可燃蒸气、粉尘和纤维在地沟内积聚的有效措施，且应在与相邻厂房连通处采用防火材料密封。

（8）露天生产场所内建筑物的防爆。露天布置的生产装置，可以不建造厂房，这对易燃易爆有毒气体的泄漏扩散十分有利，因此石油化工、化工生产中广泛采用。但这类企业按工艺过程的要求，尚需建造控制室、配电室、分析化验室、办公室等用房。这些建筑自身内部不产生爆炸性物质，但它处于有爆炸危险场所范围或附近，生产设备、装置或物料管道的跑、冒、滴、漏散发的气体，有可能扩散到这些建筑物内，它们在使用过程中又可能产生各种火源，一旦着火爆炸会波及到整个露天装置区域，所以这些建筑必须采取有效的防爆措施。

① 保持室内正压 这些建筑若在室内维持一定的正压（相对于室外），则可以防止人开门进出室内时室外可燃气体的流入。

② 开设门斗 建筑物开门时，为防止室外的可燃气体（蒸气）随着门的开启流入室内，可设置门斗，即采用两道门，中间设一缓冲小室。

③ 室内地面应高出露天生产界区地面 因为大多数可燃气体或蒸气都比空气重，一旦泄漏出来往往集聚在地面上 0.5m 左右，故这类建筑物的室内地坪若高出室外 0.6~0.7m，对防止比空气重的可燃气体或蒸气窜入室内有好处。

④ 管道管沟的密封　当由于工艺布置要求建筑留有管道孔隙及管沟时，在安装竣工后，管道周围孔隙要采取密封措施，材料应为非燃烧体填料；管沟则应采取阻止可燃气体窜入和积聚的措施。

⑤ 控制室或机柜间面向具有火灾、爆炸危险性装置一侧的外墙应为无门窗洞口、耐火极限不低于 3.00h 的不燃烧材料实体墙。

(9) 排水管网的防爆

有爆炸危险的厂房，当生产设备或贮存容器发生事故时，会泄漏出大量可燃液体或气体。当可燃气体或蒸气的密度大于空气时，它们将与可燃液体一起沿排水管沟流入下水管道。气体或蒸气会在管网的气相空间扩散蔓延，如果管网与其他车间或建筑相连接，当达到爆炸浓度时，遇到火源就会发生爆炸，并沿管网传递从而扩大了爆炸灾害范围。为了减小这种危险，使用和生产甲、乙、丙类液体的厂房，其管沟不应与相邻厂房的管、沟相通，下水道应设置隔油设施。

3）安全疏散设施

建构筑物的安全疏散设施包括安全出口（即疏散门）、过道、楼梯、事故照明和排烟设施等。建构筑物应设置足够数量的安全出口，对保证人员和物资的安全疏散很有必要。厂房内的每个防火分区或一个防火分区的每个楼层，其安全出口不应少于 2 个，具体设置参见现行《建筑设计防火规范》（GB 50016）第 3.7.1 条、第 3.1.2 条。为便于疏散，房间内最远点与安全出口的距离要越近越好。

疏散门应向疏散方向开启，不能采用吊门和侧拉门，严禁采用转门，要求在内部可随时推门把手开门，门上禁止上锁。疏散门不应设置门槛。

厂房的疏散楼梯、走道和门的总净宽度是根据疏散人数计算确定的，但疏散楼梯的最小净宽度不宜小于 1.10m，疏散走道的最小净宽度不宜小于 1.40m，门的最小净宽度不宜小于 0.90m。当每层疏散人数不相等时，疏散楼梯的总净宽度应分层计算，下层楼梯总净宽度应按该层及以上疏散人数最多一层的疏散人数计算。具体要求见现行《建筑设计防火规范》（GB 50016）第 3.7.5 条。

安全疏散设施是根据发生事故时能迅速撤出现场为依据而设计的，所以必须保证畅通，不得随意堆物，更不能堆放易燃易爆物品。

4）设置安全标志和安全色

按照《安全生产法》和《危险化学品安全管理条例》等法律法规、部门规章的规定，在存有较大危险因素的生产经营场所和有关设施、设备上及构成重大危险源的场所应设置明显的安全警示标志，以引起人们对不安全因素的注意，预防事故发生；安全疏散出口和通道应设置安全疏散指示标志。

安全标志包括禁止标志、警示标志、指令标志及提示标志 4 种，其设置应按现行《安全标志及其使用导则》（GB 2894）的要求执行。

为便于识别工业管道内的物质，防止误操作，根据《工业管道的基本识别色、识别符号和安全标识》（GB 7231）的规定，应在管道上设置相应的识别色、识别符号和安全标识。

安全标志牌应至少每半年检查一次，保持整洁、明亮。如发现有破损、变形、褪色等不符合要求时应及时修整或更换。

3.2.3　生产工艺过程安全技术要求

生产工艺过程的防火防爆措施要结合生产、使用物质的危险性，工艺过程可能发生的化学变化，工艺条件要求和环境因素等综合考虑，采取防泄漏、防火、防爆等措施，同时还要考虑正常工况与非正常工况下危险物料的安全控制措施，如联锁保护、安全泄压、紧急切断、事故排放、反应失控等措施。主要有以下几个方面：

1）易燃易爆物质的控制

燃烧和爆炸性混合物爆炸必须具备三个条件，这就是可燃物、助燃物和点火能源。当三个条件中缺少一个，或者其中的一个没有达到一定程度，燃烧爆炸就不会发生。易燃易爆物质是燃烧的三要素之一，也是燃烧爆炸事故的基础，生产过程中应严格控制。

（1）尽量不用或少用易燃易爆物质

在工艺条件允许情况下，尽量不用或少用易燃易爆物质，如果生产过程中没有易燃易爆物质，燃烧和爆炸就失去了基础而不会发生。若用燃烧爆炸危险性小的代替危险性大的，其发生燃爆事故的危险性将大为降低。例如，在涂料生产中用二甲苯代替苯或甲苯，其燃爆危险性及毒害性都明显降低。一般情况下沸点在110℃以上的液体，常温（18~20℃）下使用，通常不易形成爆炸性混合物，在处理这些物质时可减少火灾爆炸的发生。在选择溶剂时还应注意物质的毒性，如 CCl_4 是很好的溶剂，但毒性很大。

（2）根据物料的危险特性采取措施

生产过程中涉及的危险物料是各种各样的，应根据每种物料危险性采取相应措施。例如黄磷、三乙基铝等物质遇空气即会燃烧，金属钾、钠等遇水会燃烧，对这些物质应严格控制与空气、水分接触。乙炔在一定压力和温度下会发生分解爆炸，在工艺设备、管道上可通过添加填料等措施使之形成小的通道（间隙）或令其溶解在溶剂中，以防止分解爆炸。

（3）加强密闭性，防止易燃易爆物质泄漏

易燃气体、蒸气和可燃性粉尘与空气接触很易形成爆炸性混合物，遇火源发生燃烧爆炸。对有压力的设备、管道，危险物料泄漏到空气中会在作业环境形成爆炸性混合物；真空系统若密闭不良，空气漏入系统内会在设备内形成爆炸性混合物。因此工艺过程尽量采用密闭操作，设备和容器尽可能密闭。对不能密闭的设备可设置液封等安全装置。

为保证设备、管道的密封性，对处理危险物料的设备与管道、管道与管道的连接尽量选择焊接方式，少用法兰连接，但要保证安全检修方便；输送危险气体、液体的管道应采用无缝钢管。

盛装腐蚀性物质的容器底部尽可能不安装开关和阀门，腐蚀液体应从容器顶部抽吸排出。

接触氧化剂，如高锰酸钾、氯酸钾、硝酸铵、漂白粉等生产的传动装置部分的密闭性必须良好，转动轴密封不严会使粉尘与油类接触而燃烧。要定期清洗传动装置，及时更换润滑剂，以免传动部分因摩擦放热而导致燃烧爆炸。

在设备和管线的排放口、采样口等排放阀，要通过加装盲板、丝堵、管帽、双阀等措施，减少泄漏的可能性。对存在剧毒及高毒类物质的工艺环节要采用密闭取样系统，有毒、可燃气体的安全泄压排放要采取密闭措施。

（4）通风排气

设备管道系统尽管周密地考虑了密封措施，但在实际生产运行过程中还很可能有蒸气、气体或粉尘泄漏到系统外。对此，设置良好的通风除尘装置，是降低易燃、易爆、可燃粉尘在厂房生产环境浓度的有效措施。

在有爆炸性气体环境中对通风排气的要求应按两方面考虑，即当仅是易燃易爆物质，其在车间内的容许浓度一般应低于爆炸下限的1/4；对既易燃易爆又具有毒性的物质，因考虑到有人在现场操作，其容许浓度应以有毒物质在车间内的职业接触限值来定，因为在通常情况下毒物的职业接触限值比爆炸下限要低得多。

对有火灾爆炸危险的厂房的通风，由于空气中含有易燃易爆气体、蒸气或粉尘，所以通风气体不能循环使用；送排风设备应有独立分开的风机室，送风系统应送入较纯净的空气。有爆炸危险场所的排风管道严禁穿过防火墙和有爆炸危险的房间隔墙。

排除易燃易爆气体和粉尘的排风系统，其排风管道应采用金属制作；排风系统应设置能导除静电的接地装置。

设备的一切排气管（放气管）都应伸到屋外，高出附近屋顶；排气不应造成负压，也不应堵塞，如排除蒸气遇冷凝结，则放空管还应考虑有加热蒸气保护措施。

（5）惰性气体保护

在有燃爆危险性气体混合物中充入惰性气体，可降低系统内氧气的浓度，当氧气浓度降至最小氧气浓度以下时，燃烧反应就无法进行；也可以用惰性气体置换容器、管道内的可燃物，使系统内可燃气体浓度降至燃烧下限以下，从而可减少或消除燃爆的危险。使用惰性气体保护是用于控制助燃物的措施之一。

工业上常用的惰性介质有氮气、水蒸气、二氧化碳、烟道气等，其中应用最多的是氮气。

惰性气体保护在化工、石化生产中应用很多，主要有如下几个方面：

① 易燃固体的粉碎、研磨、筛分和粉状物料的干燥、混合及输送过程；

② 有火灾爆炸危险的工艺装置、设备、管线等配备惰性气体，当发生危险时可作应急处置；

③ 生产、使用易燃易爆物料的设备和管道应设置惰性气体置换设施，以用于停车检修及开车前的吹扫、置换；

④ 可燃气体混合物的处理过程；

⑤ 危险物料泄漏时可用惰性气体稀释。

（6）控制易燃易爆物质的排放

危险化学品生产中排放的废物中往往含有易燃可燃物质，如果随意丢弃或排放到下水道、空气中，遇火源很易引发事故。所以对含有这些危险物质的废水、废气或废渣不能随意排放，必须采取相应的措施。

对含有可燃液体的污水及被污染的雨水，应排入污水管道。在设备、建（构）筑物、管沟等设施排水出口处设设水封，建筑物的每个防火分区生产污水管道应设独立的排水出口并设水封；火灾事故状态下，受污染的消防水应排至事故废水收集池。含有可燃气体的废气应排至火炬或其他安全地方。有可燃物质的固废，也应妥善处置，不得随意丢弃。

凡在开停工、检修过程中，可能有可燃液体泄漏、漫流的设备区周围应设置不低于150mm的围堰和导液设施，防止可燃液体泄漏后随意流淌或流至雨水排放系统。

（7）监测空气中易燃易爆物质的含量

在有可燃或有毒气体可能泄漏的地方设置气体检测报警仪。可燃/有毒气体检测报警仪的设置和安装应按《石油化工可燃气体和有毒气体检测报警设计规范》（GB 50493）的规定执行。安装的气体检测报警仪现场应有声、光报警功能，其信号送至24h有人值守的控制室等场所，并且可燃气体报警信号宜与事故排风装置联锁。

可燃气体和有毒气体报警仪应定期请有资质的单位进行校验，保证动作灵敏、可靠。

2）着火源的控制

着火源是燃烧爆炸的三个要素之一，所以在有火灾爆炸危险的生产场所，应采取严格的措施控制着火源。下面主要介绍几种常见点火源的控制。

（1）明火的控制

生产中的明火主要有生产过程中的加热用火和维修用火（焊接或切割产生的火花）。另外有非生产用火，如取暖用火、焚烧、吸烟等。

在有易燃易爆场所禁止焚烧、吸烟等一切非生产用火。

对生产用明火，如明火加热炉在厂区总平面布置时应考虑合理的位置并保持一定距离，防止可能泄漏的可燃气体与明火接触。维修时使用电焊、气焊或喷灯应严格执行动火作业管理制度、进入受限空间管理制度等，办理动火审批手续、进行动火分析，并消除周围环境的危险物质，备好灭火器材，在确保安全无误后方可动火作业。进入厂内的汽车、拖拉机、摩托车等机动车辆，要在废气排放管上戴好防火帽。

另外在使用导热油热载体时，要注意加热温度必须低于热载体的安全使用温度，在使用时要保持良好的循环并留有热载体膨胀的余地，防止传热管路产生局部高温出现结焦现象。要定期检查热载体的成分，及时处理或更换变质的热载体。当采用高温熔盐热载体时，应严格控制熔盐的配比，不得混入有机杂质，以防热载体在高温下爆炸。严防熔盐与设备内的物料接触，发生化学反应，引起爆炸。

（2）防止摩擦与撞击火花

生产中产生的摩擦与撞击火花主要有：机器上轴承等摩擦发热起火；金属零件、铁钉等落入粉碎机、反应器、提升机等设备内，由于铁器和机件的撞击起火；铁质工具与金属体相互撞击或与混凝土地面撞击产生火花等。这些火花与爆炸性气体接触也会引发火灾或爆炸。因此在有火灾爆炸危险的场所，应采取防止这些火花生成的措施。例如：

① 机器上的轴承等转动部件，应保证有良好的润滑，及时加油并经常消除附着的可燃污垢；

② 为防止金属碎屑、零件等落入设备或粉碎机里，在设备进料口前应装磁力离析器，以捕捉金属硬质物；

③ 撞击或摩擦能产生火花的设备和工具应采用不发火的材料制作，如锤子、扳手等工具应用铍青铜或防爆合金材料；

④ 搬运金属容器，严禁在地上抛掷或拖拉，在容器可能碰撞部位覆盖不会发生火花的材料；

⑤ 有爆炸危险厂房，地面应铺不发火材料的地坪，进入车间禁止穿带铁钉的鞋；

⑥ 吊装盛有可燃气体和液体的金属容器用的吊车，应经常重点检查，以防吊绳断裂、吊钩松脱，造成坠落冲击发火。

（3）防止电气火花

电气火花主要是由电气线路和电气设备在开关断开、接触不良、过载、短路、漏电时产生的火花，大量密集的电火花可汇集成电弧。电火花的温度都很高，特别是电弧，其温度可高达 3000~6000℃。因此在有爆炸危险的场所内，电火花是引起火灾爆炸的常见点火源之一。电气设备在正常和异常情况下运行还会产生高温表面，高温表面也能引燃堆积的可燃粉尘等可燃材料。

一般的电气设备很难完全避免电火花的产生，因此在有火灾爆炸危险的环境必须根据物质的危险特性正确选用不同的防爆电气设备。

① 爆炸性气体混合物和爆炸性粉尘的分级和分组。根据现行的《爆炸危险环境电力装置设计规范》（GB 50058）的规定，爆炸性气体混合物按其最大试验安全间隙（MESG）或最小点燃电流比（MICR）分为三级，具体划分原则见表 3-8。

表 3-8　爆炸性气体混合物分级

级别	最大试验安全间隙（MESG）/mm	最小点燃电流比（MICR）
ⅡA	≥0.9	>0.8
ⅡB	0.5<MESG<0.9	0.45≤MICR≤0.8
ⅡC	≤0.5	<0.45

注：最小点燃电流比（MICR）为各种可燃物质的最小点燃电流值与实验室甲烷的最小点燃电流值之比。

爆炸性气体混合物按引燃温度分组，引燃温度分组按表 3-9 划分。

表 3-9　引燃温度分组

组　别	引燃温度 t/℃	组　别	引燃温度 t/℃
T_1	450<t	T_4	135<t≤200
T_2	300<t≤450	T_5	100<t≤135
T_3	200<t≤300	T_6	85<t≤100

爆炸性粉尘环境中粉尘划分为ⅢA、ⅢB、ⅢC三级。ⅢA级为可燃性飞絮，ⅢB级为非导电性粉尘，ⅢC级为导电性粉尘。

② 爆炸性气体和粉尘环境危险区域划分。为便于选择合适的防爆电气设备和进行爆炸性环境的电力设计，在有爆炸性气体环境根据爆炸性气体混合物出现的频繁程度和持续时间分为0区、1区、2区。

0区为连续出现或长期出现爆炸性气体混合物的环境；

1区为在正常运行时可能出现爆炸性气体混合物的环境；

2区为在正常运行时不太可能出现爆炸性气体混合物的环境，或即使出现也仅是短时存在的爆炸性气体混合物的环境。

爆炸性粉尘环境危险区域划分是根据爆炸性粉尘出现的频繁程度和持续时间分为 20 区、21 区、22 区。

20 区为空气中的可燃性粉尘云持续地或长期地或频繁地出现于爆炸性环境中的区域；

21 区为在正常运行时，空气中的可燃性粉尘云很可能偶尔出现于爆炸性环境中的区域；

22 区为在正常运行时，空气中的可燃性粉尘云一般不可能出现于爆炸性粉尘环境中的区域，即使出现持续时间也是短暂的。

在有爆炸性混合物可能出现的环境应划分爆炸危险区域，在爆炸危险区域内所有的电气设施必须使用防爆型。防爆电气的选择要根据爆炸危险区域的分区、可燃性气体和粉尘的分级、可燃性物质的引燃温度以及可燃性粉尘云、可燃性粉尘层的最低引燃温度等因素进行选择。

③ 防爆电气的选型、安装。防爆电气的选型、安装及爆炸危险环境的电气线路的设计等具体要求按照《爆炸危险环境电力装置设计规范》及其他相关规范要求执行。

另外，爆炸危险区域使用的所有电气设备都必须是防爆型的，包括电子器材，如电话、电子钟、电子秤、电子温湿度计以及移动通信工具等；严禁非防爆叉车进入爆炸危险区域。在爆炸危险区域内应做到整体防爆。

④ 防爆电气设备在运行过程中应请有资质的检测单位定期进行检测，确保其防爆性能符合有关标准要求。

(4) 静电的控制

静电放电火花具有一定能量，从而会引起火灾爆炸事故，在化工生产中由静电火花引起的事故常有发生。因此，控制静电是安全技术中的一个重要问题。

防止静电的危害应从限制静电的产生和积聚两方面着手，主要可从以下几方面采取措施：

① 增加物质导电性　对绝缘性或导电性差的材料（如橡胶或塑料）可加入抗静电添加剂，如石墨、炭黑、金属粉末等材料增加其导电性，减少物质的电阻率，加速静电荷的泄漏。例如化纤织物中加入 0.2% 季铵盐阳离子抗静电剂，就可使静电降到安全限度；也可以增加空气相对湿度以降低静电非导体的绝缘性。一般相对湿度在 70% 时就能减少带静电的危险，在 80% 时物体几乎不带静电。

② 减少静电荷的产生　凡是有两种物质紧密接触分离的过程都有可能产生和积聚静电。因此在有火灾爆炸危险的场所，应尽量减少物料的喷溅和摩擦等紧密接触分离过程。例如设备管道内表面要尽可能光滑平整无棱角，管径无骤变；传动皮带要用导电性的材料，运转速度要慢，要防止过载打滑、脱落，防止皮带与皮带罩相互摩擦。

③ 防止喷射和溅泼　向容器内加高电阻率液体时应自底部注入，若必须从上部进入，要把管口伸至容器、设备底部，或沿器壁缓慢流入器内，防止物料的喷射和溅泼产生静电。

④ 控制流速　流体物料在输送过程中流速越快越易产生静电，所以流体在输送时应控制流速，通过控制流速可限制静电产生。输送烃类油品安全流速可用以下公式确定：

$$v^2 d \leq 0.64$$

式中　v ——流速，m/s；

　　　　d ——管径，m。

例如，中国石油化工集团公司规定：铁路罐（槽）车浸没装油速度应满足 $vd \leq 0.8$（v、d 单位同上）关系；汽车罐车浸没装油速度应满足 $vd \leq 0.5$ 的关系。

⑤ 控制温度　当不同温度油品混合时，由于温差会出现扰动，也能产生静电。

⑥ 静电接地　接地是将带电物体的电荷通过接地导线迅速引入大地，这是消除电位差的一个基本措施。生产、储存或输送易燃液体、可燃气体和可燃性粉尘的设备、容器、管道以及通风除尘系统管道等都应进行静电接地；作业区内所有金属用具及门窗零部件、移动式车辆、梯子等也均应静电接地。

移动容器等静电接地装置宜有断开报警和联锁功能。

值得注意的是，接地只能消除带电导体表面的自由电荷，对非导体效果不大。静电接地要牢固紧密可靠，不要被油漆、锈垢等所隔断。

关于静电接地的具体要求，可按照现行的《防止静电事故通用导则》（GB 12158）、《石油化工企业静电接地设计规范》（SH 3097）、《化工企业静电接地设计规程》（HG/T 20675）等标准执行。

静电接地装置应定期检测，使其接地效果始终保持良好。

⑦ 静置存放　在向容器装料时液面电压峰值常出现在停泵后 5～10s 内，然后逐步衰减，其过程随油品不同而异，因此在向容器、储罐进料停泵后不应马上进行检尺、测温、采样等作业，应停放一段时间后再进行，一般至少要停放 15min 以上。

⑧ 采用中和电荷法　该法是在系统易产生静电的部位安装静电消除器（也叫静电中和器）。利用静电中和器产生和带电物体上的静电荷相反电荷的离子使之与静电荷中和，从而消除静电的危害。

⑨ 人体防静电　人体可通过接地、穿防静电鞋、防静电工作服以及加强防静电安全操作等方法消除静电危害。

在有火灾爆炸危险的厂房入口处，应设置导除人体静电的设施，当手去触摸时可导走人体静电。对坐姿操作，可在手腕上佩带接地腕带等。

（5）防止雷电事故

雷电不仅能破坏建构筑物，雷电火花还能引起易燃易爆物质发生燃烧爆炸，所以对有这些物质的建（构）筑物应采取措施防止雷电事故。关于建（构）筑物的防雷措施应按现行《建筑物防雷设计规范》（GB 50057）、《建筑物防雷工程施工与质量验收规范》（GB 50601）等标准要求进行设计和施工。

防雷设施应定期请有资质的单位进行检测，一般场所一年检测一次，爆炸危险场所每半年检测一次。

3）严格控制工艺参数

化工、石化生产装置的工艺参数控制不当不仅影响产品质量，还可引发事故，甚至导致重大事故发生。因此，应按工艺要求严格控制工艺参数在设定的范围内。

（1）温度的控制。对放热反应，如硝化、氧化、氯化或聚合反应等，必须采取冷却措施及时移走过量反应热。对有搅拌的反应为保持物料混合均匀，防止局部温度升高引起反应加速、放热剧烈，应采取双路供电等措施，避免搅拌中断。

（2）压力的控制。压力过高，超过设备、管道的承受能力会引起变形、裂纹以致破裂爆炸；过高压力可能使系统的密封失效，可燃气体喷出时产生静电会引发火灾、爆炸或中毒。所以受压容器、管道上应装设灵敏、准确、可靠的压力表；压力表的准确度和量程要正确选用，量程最好为最高工作压力的2倍，表盘上要划出最高工作压力的红线。

（3）对工艺参数的控制应采用先进可靠的自动调节、自动控制系统。对重要的参数（如化学反应温度）应采用多点检测，设置冗余系统，确保检测、控制的可靠性。为防止工艺参数超限引起事故，应设信号报警、联锁装置、紧急停车系统等，当情况异常时可发出信号（如声、光或颜色），警告操作人员或自动联锁、停车，及时采取措施消除隐患。

为提高高危生产装置的安全可靠性，国家安监总局先后公布了18种重点监管的危险化工工艺，并对每种工艺提出重点监控的工艺参数、安全控制要求和宜采取的控制方案。对工艺参数的安全控制具有很好的指导意义，在项目工艺设计时应予以落实。

装置设置的所有安全联锁或紧急停车系统和可燃及有毒气体泄漏检测报警系统都必须按要求正常投入，不得随意摘除。装置停工检修在开车前必须对工艺联锁进行调试，并做好记录，试验合格后签字认可。

对重点场所应安装视频监控设备，实时观测监控生产现场的运行情况。

（4）构成重大危险源的生产设施应按照《危险化学品重大危险源监督管理暂行规定》国家安全监管总局令〔2011〕第40号（〔2015〕第79号令修订）第十三条规定，建立健全安全监测监控体系，完善控制措施；涉及毒性气体、液化气体、剧毒液体的一级或者二级重大危险源，应配备独立的安全仪表系统（SIS）。

（5）新开发的危险化学品生产工艺必须经逐级放大试验到工业化生产，首次使用的化工工艺必须经省级人民政府有关部门组织安全可靠性论证，才能进行生产。

3.2.4 设备安全技术要求

危险化学品生产、使用过程中涉及设备量大、种类繁多，包括静设备（如反应器、塔、换热器、加热炉、容器及相连管道等）和动设备（如各类泵、压缩机、风机等）。这些设备、管道如果设计有缺陷、选材不当、未按要求制造以及维修保养不良，受高温、高压、低温、高真空和易燃易爆毒害介质及腐蚀性介质作用，很容易发生事故。一旦发生事故造成设备损坏、失效，不仅影响装置正常运行，泄漏出来的物料还会引起火灾爆炸、中毒窒息和化学灼伤等事故，从而导致严重后果。所以化工生产过程中设备、管道必须保证安全稳定运行，尤其是压力容器、压力管道。

本节主要介绍压力容器和压力管道的基本安全要求，详细要求参见现行国家标准《固定式压力容器安全技术监察规程》（TSG 21）和《压力管道安全技术监察规程——工业管道》（TSG D0001）。

（1）有足够强度

要保证化工设备、容器、管道安全、稳定、长周期运行，必须让设备所有零部件都有足够强度。这就要求设计部门应按照工艺要求进行设计，制造单位严格按照设计要求制造，其选材要根据容器的工作条件，如介质性质、工作温度、工作压力以及温度、压力变化幅度、周期等情况选择适用材料，并应符合相应材料的国家标准或行业标准的规定，从源头上严把质量关。特别是压力容器的设计、制造、安装、改造、维修以及压力管道用的管子、管件、阀门、法兰、补偿器、安全保护装置等都必须经有相应资质的单位，严格按照国家有关标准设计、制造和检验合格才能使用。

（2）密封性好

由于化工生产物料具有危险危害性，若机器、设备密封不严，发生泄漏很易引起重大事故，尤其在压力较高情况下，物料泄漏会造成严重后果。因此无论是在管道的输送还是单元操作中，严防设备、容器、管道、阀门密封件和连接件的泄漏，始终保持其密封性良好是实现安全生产的重要环节。

为保证生产系统密封性好，管道、容器等除按国家有关标准规范要求设计、制作和验收外，对设备、容器及管道的阀门、垫片的材质，应选用耐相应介质腐蚀和工况的材料制作。应合理选用压力容器的密封形式，中、低压容器类通常采用强制式密封（如用螺栓或法兰连接件强行压紧密封元件来实现），高压容器密封可采用自紧式密封（即依靠被密封介质自身的压力压紧密封元件，如双锥密封、密封环等来实现）。螺栓、法兰是最常用的强制密封，广泛用于容器的开孔接管及封头与筒体的连接中。这种密封形式垫片的选择非常重要，要根据介质的腐蚀性、温度和压力来选择垫片的结构形式、材料和尺寸。压力管道应尽量采用焊接方式连接，减少法兰、螺纹等连接；在道路上方的管道不应安装阀门、法兰、螺纹接头及带有填料的补偿器等可能泄漏的组成件。随着使用时间的延长，生产过程中可能因垫片老化、腐蚀或紧固件松动而发生泄漏，所以对这些元件应经常检查，即时更换或维修。

（3）安全附件齐全

压力容器所用的安全附件按照功能可分为 3 类：即安全泄压装置、显示或/和报警装置、安全联锁装置。安全泄压装置（如安全阀、爆破片装置），当容器或系统在正常工作压力下运行时它不起作用，当容器内介质超过设定值时会自动开启，迅速将其内部介质部分或全部泄出，使容器内压力下降以保护容器不会因超压而变形或爆裂。显示或/和报警装置（如压力表、液位计、测温仪表、紧急切断装置、报警器等）是为满足工艺操作要求而设置的。安全联锁装置是防止人的操作错误或难以预料的工艺状况变动，依照设定的工艺参数自动调节和控制，保证容器在稳定的工艺条件范围内安全运行。压力管道安全附件包括安全阀、爆破片装置、阻火器、紧急切断装置等。

安全附件选用时必须满足工艺操作要求且具有良好密封性，其选用的材料应能适应包括黏性大、毒性大、腐蚀性强、压力有波动等介质；对安全泄压装置其结构要能迅速排放容器内介质，泄压反应快、动作及时、无明显的滞后现象。

（4）压力容器、压力管道的压力试验

为保证压力容器、压力管道的强度和密封性，制造完成后或定期检验时都要进行压力试验。压力试验包括耐压试验和气密性试验。

容器、管道耐压试验中的试验介质、试验压力、试验温度都有明确规定。耐压试验通常用洁净水或其他无燃爆危险的液体（液压试验），当设计和支承的容器不允许充满液体或不允许残留水或其他液体时，则需用空气或其他惰性气体试验（气压试验），管道采用脆性材料的严禁使用气体进行耐压试验。不同的试验介质可取的试验压力及试验温度不同，应严格按规定进行。

当介质的毒性程度为极度、高度危害，或设计上不允许有微量泄漏的压力容器、压力管道在液压试验后必须进行气密性试验。气密性试验的试验压力为压力容器的设计压力，对碳素钢和低合金容器试验用的气体温度不得低于5℃。

(5) 定期检验

压力容器、压力管道由于受到内外各种环境因素作用，很易引起材质发生物理或化学变化，使得机械性能下降，产生裂纹、变形、磨损等缺陷。为确保容器、管道安全稳定运行，在使用过程中必须定期检验，以便及时发现缺陷和隐患、及时采取措施排除险情。

压力容器的检验有年度检验和定期检验。年度检验可以由压力容器使用单位的专业人员进行，也可以委托有资格的特种设备检验机构进行。年度检验主要包括压力容器安全管理情况检查、压力容器本体及运行状况检查和压力容器安全附件检验检查等。定期检验包括全面检验和耐压试验。全面检验是指在停机时进行的检验，一般应当于投用满3年时进行首次全面检验。下次的全面检验周期，由检验机构根据压力容器的安全状况等级确定：安全状况等级为1、2级的，一般每6年一次；安全状况等级为3级的，一般3~6年一次；安全状况等级为4级的，应当监控使用，其检验周期由检验机构确定，累计监控使用时间不得超过3年。在监控使用期间，使用单位应当采取有效的监控措施；安全状况等级为5级的，应当对缺陷进行处理，否则不得继续使用。

压力管道定期检验分在线检验和全面检验。在线检验是在运行条件下对在用管道进行检验，在线检验每年至少1次；全面检验是按一定检验周期在管道停车期间进行的较全面检验。GC1、GC2级压力管道的全面检验周期一般不超过6年，新投用的首次检验周期一般不超过3年；按照基于风险检验(RBI)的结果确定的检验周期一般不超过9年；GC3级管道的全面检验周期一般不超过9年。当发现管道有应力腐蚀或者严重局部腐蚀，承受交变载荷，可能导致疲劳失效的，材质发生劣化的，在线检验中发现存在严重问题等情况，应适当缩短检验周期。

压力容器投入使用前或投入使用后30日内，应到所在地特种设备安全监察机构或授权的部门逐台办理使用登记手续。登记标志应置于该特种设备的显著位置。压力容器、压力管道使用时应制定安全操作要求，并设置专业人员进行管理，建立技术档案。

3.2.5 职业有害因素控制技术要求

危险化学品生产及使用场所大多存在有毒有害物质、粉尘等有害因素，应考虑采取相应技术措施加以控制。其控制措施有以下几个方面：

(1) 工艺路线选择

在确定生产工艺时尽量选用不产生尘毒危害或尘毒危害小的新工艺、新技术，或改革工艺以低毒或无毒害物质代替高毒物质。例如在维生素 B_6 生产中，通过改革工艺以甲苯代替苯作为有机合成反应的带水剂，将反应后生成的水共沸蒸馏除去，甲苯的毒性比苯要低得多，所以改革后的工艺潜在风险程度显著降低。

在实际工作中要完全不用有毒有害物质是不可能的，这时可考虑改变生产工艺方式，如改喷涂为浸涂，改人工加料为机械自动装料，改常压加料为负压抽吸等。

（2）湿式作业

对散发粉尘的作业应尽量采用湿式作业或以颗粒物料、浆料代替粉料。例如采用湿式碾磨易燃固体，运输含有粉料的物质喷雾洒水等，以减少粉尘飞扬。

（3）密闭与隔离操作

尽量使用密闭的生产工艺和设备，避免敞开式操作，防止尘毒外逸；加强设备设施日常维护保养及检查，有效防止"跑、冒、滴、漏"。设置独立的操作室或控制室，实现自动控制；控制室保持微正压，使尘毒不能进入，减少人员在现场的时间，可有效地实现人员与尘毒物质的隔离。

（4）通风

生产中存在加料、出料、取样等操作，容易造成有毒气体外逸；设备、管道、法兰、机泵、阀门、密封垫片等由于腐蚀、磨损、老化等问题，很难做到生产过程一点不泄漏。这时可采用通风的方法，将毒物及时排出室外或稀释，使作业环境中的浓度达到国家卫生标准的要求。

通风的方式有局部通风和全面通风两种，应根据现场具体情况进行选用。

（5）除尘

在有粉尘产生的部位采用除尘措施是防止粉尘外逸，减少粉尘对人体危害的有效手段。除尘的方式有多种，如利用多孔材料对粉尘的过滤作用捕集、阻留粉尘的过滤式除尘；利用粉尘的荷电性与电场力的作用捕集粉尘等，可根据工艺过程具体情况选用适用的除尘方式。

（6）个体防护

在有尘毒危害环境作业的人员应配备个人防护用品，如防护服、防护眼镜、防毒面具等。不同作业场所使用的劳防用品可按照现行标准《个体防护装备选用规范》（GB/T 11651）和《化工企业劳动防护用品选用及配备》（AQ/T 3048）配备。

个体防护用品应有专人管理，进行经常性的维护、检修，定期检测其性能和效果，确保其处于正常状态，发现失效及时更换。

（7）在有腐蚀性、刺激性、毒害性等液体存在的场所应设置喷淋洗眼器，其服务半径不大于15m，当毒物溅到人体后能尽快冲洗、急救，减轻毒物对人体的危害；喷淋洗眼器应有冬季防冻的措施。

（8）定期检测职业有害因素

项目建成试生产期间应委托有资质检测单位进行工作场所职业危害因素的检测，发现不符合卫生标准的，应及时查找原因并采取整改措施，确保作业场所有害因素符合《工作场所有害因素职业接触限值 化学有害因素》（GBZ 2.1）和《工作场所有害因素职业接触限值 物理因素》（GBZ 2.2）的规定。

生产正常运行时应定期对作业场所进行职业危害因素检测，并将检测结果及规定值公布在工作场所醒目位置上；发现工作场所职业危害因素不符合国家职业卫生标准要求时，应当立即采取相应整改治理措施，整改确有困难的应要求操作人员佩戴个体防护装备。

（9）员工上岗前、岗中和离岗时都要进行健康检查，建立职业健康监护档案，发现有职业禁忌的人员要调离工作岗位。

（10）对产生严重职业危害的作业岗位，应当在其醒目位置，设置警示标识和中文警示说明。警示说明应当载明产生职业病危害的种类、后果、预防以及应急救治措施等内容。

3.2.6　危险化学品泄漏的控制和处置

危险化学品发生泄漏如不能及时控制，很容易引发事故，甚至蔓延扩大，导致严重后果。因此若发生危险化学品泄漏应及时采取措施，防止事故发生。

1）泄漏控制的措施

泄漏控制的措施主要有以下几个方面：

（1）切断泄漏源　管道等发生泄漏尽快关闭有关阀门或泵，切断危险化学品的来源，制止泄漏。对不能停止作业的生产装置可采用物料走副线、局部停车、打循环或减负荷等方法。

（2）堵漏　容器、管道发生泄漏后，对泄漏部位可采取措施进行修补或堵塞裂口。根据生产的需要，现已开发出多种堵漏技术和材料、工具，目前化工企业应用较多的是设备、管道、法兰、阀门等处泄漏，在不停车情况下带压堵漏。由于化工生产的物料大多具有易燃易爆、有毒有害的危险危害性，因此带压堵漏有很高的危险性。堵漏人员必须经过专门培训，考试合格后方可操作；施工前做好现场清理，制定异常情况下应急救援预案，施工中要做好防火、防爆、防静电、防烫伤等工作，操作人员佩戴好个体防护用品，在确保安全情况下才能进行。对于高风险、不能及时消除的泄漏，应停车处置，处置过程中要做好检测、防火防爆、隔离、警戒、疏散等相关工作。

2）泄漏物的处置

对已泄漏出来的危险化学品要及时采用围堵、收容、稀释、处理等方法进行妥善处置，防止造成二次事故。处理的措施主要有以下几种方法：

（1）围堤堵截　将泄漏在地面上的液体物料为防止到处流淌，可采用筑堤堵截，或将其引流到安全地点。

（2）稀释和覆盖　为减少有害物质对大气的污染，可采用水枪或消防水带向有害物质蒸气云喷射雾状水，加速气体向高空扩散，使其流向安全地带；或喷射大量水蒸气或氮气，使可燃物与空气隔绝，也降低可燃物在空气中的浓度。喷水会产生大量污染废水，不得随意排放，应将其收集到事故消防废水池。可燃液体为降低向大气的蒸发速度，也可用泡沫或其他物质覆盖外泄的物料，抑制其蒸发。

（3）收容(收集)　发生大量液体泄漏，可用泵将泄漏液抽入容器或槽车内。当泄漏量少时，可用沙子或其他吸附材料吸收，或用中和材料中和。

（4）废弃物处置　将收集的泄漏物送至危险废物处理场所处置。用消防水冲洗被污染的地面，冲洗水应排至事故消防废水池或污水处理系统处理。

3）人员进入现场应急处置时应注意的事项

（1）人员进入现场应急处置时必须根据存在的危险有害特性穿戴相应的劳动保护用品，在确保安全情况下进行处置。

（2）发生泄漏事故，除了经过专门训练的人员外，其他任何人不得擅自清除泄漏物，应将无关人员疏散到安全区域。

（3）泄漏物料若具有易燃性，严禁使用能产生火花的工具，确认能发生燃爆的范围，在该范围内严禁明火和其他一切点火源。

（4）根据现场危险品泄漏的严重程度及厂内处理人员的处理能力，必要时可请求外援。

（5）现场应急处置时应有监护人，必要时应用水枪或水炮进行掩护。

液氨泄漏后的控制和处置方法参见《液氨泄漏的处理处置方法》（HG/T 4686）处理。

3.2.7　危化品生产和使用中的安全设施

安全设施对预防事故发生，防止事故蔓延扩大非常重要。为此，国家安全监管总局2007年编制了《危险化学品建设项目安全设施目录（试行）》（安监总危化〔2007〕225号）。在项目建设过程中应根据工艺、设备、场所等存在的危险有害因素采取相应的安全设施。已经运行的生产装置，应对照目录进行检查，若有缺少应及时整改完善。

该目录将安全设施分为预防事故设施、控制事故设施、减少与消除事故影响设施3类。每类包含的具体设施如下：

1）预防事故设施

（1）检测、报警设施

压力、温度、液位、流量、组分等报警设施，可燃气体、有毒有害气体、氧气等检测和报警设施，用于安全检查和安全数据分析等检验检测设备、仪器。

（2）设备安全防护设施

防护罩、防护屏、负荷限制器、行程限制器，制动、限速、防雷、防潮、防晒、防冻、防腐、防渗漏等设施，传动设备安全锁闭设施，电器过载保护设施，静电接地设施。

（3）防爆设施

各种电气、仪表的防爆设施，抑制助燃物品混入（如氮封）、易燃易爆气体和粉尘形成等设施，阻隔防爆器材，防爆工器具。

（4）作业场所防护设施

作业场所的防辐射、防静电、防噪音、通风（除尘、排毒）、防护栏（网）、防滑、防灼烫等设施。

（5）安全警示标志

包括各种指示、警示作业安全和逃生避难及风向等警示标志。

2）控制事故设施

（1）泄压和止逆设施

用于泄压的阀门、爆破片、放空管等设施，用于止逆的阀门等设施，真空系统的密封设施。

（2）紧急处理设施

紧急备用电源，紧急切断、分流、排放（火炬）、吸收、中和、冷却等设施，通入或者加入惰性气体、反应抑制剂等设施，紧急停车、仪表联锁等设施。

3）减少与消除事故影响设施

（1）防止火灾蔓延设施

阻火器、安全水封、回火防止器、防油(火)堤，防爆墙、防爆门等隔爆设施，防火墙、防火门、蒸汽幕、水幕等设施，防火材料涂层。

（2）灭火设施

水喷淋、惰性气体、蒸气、泡沫释放等灭火设施，消火栓、高压水枪(炮)、消防车、消防水管网、消防站等。

（3）紧急个体处置设施

洗眼器、喷淋器、逃生器、逃生索、应急照明等设施。

（4）应急救援设施

堵漏、工程抢险装备和现场受伤人员医疗抢救装备。

（5）逃生避难设施

逃生和避难的安全通道(梯)、安全避难所(带空气呼吸系统)、避难信号等。

（6）劳动防护用品和装备

包括头部、面部、视觉、呼吸、听觉器官、四肢、躯干防火、防毒、防灼烫、防腐蚀、防噪声、防光射、防高处坠落、防砸击、防刺伤等，免受作业场所物理、化学因素伤害的劳动防护用品和装备。

3.2.8 消防设施

工厂在进行设计时必须同时进行消防设计，在采取有效措施防止火灾发生的同时，还应根据工厂的规模、火灾危险性和相邻单位消防协作的可能性等设置相应的灭火设施。

生产场所配置消防设施是将已形成的燃烧三个必要和充分条件破坏，使其不致着火，或将已发生的火灾或火苗能够快速、有效地扑灭，以减少事故损失。因此，在有火灾发生的场所设置完善的消防设施也是防火防爆的重要措施之一。

由于生产中涉及的物料性质不同，使用的灭火剂也不相同，如果选择不当，不仅不能将火扑灭，还能加重火灾事故后果。所以，必须根据生产场所物质的特性，正确配置灭火设施和灭火剂。常用的灭火剂有水和水蒸气、泡沫灭火剂(按生成泡沫的机理可分为化学泡沫灭火剂和空气泡沫灭火剂两类)、惰性气体灭火剂、化学液体灭火剂、干粉灭火剂；其中空气泡沫灭火剂(亦称机械泡沫灭火剂)根据发泡剂中加入添加剂(如稳定剂、防腐剂、防冻剂等)的不同分成蛋白泡沫灭火剂、氟蛋白泡沫灭火剂、抗溶性泡沫灭火剂、高倍泡沫灭火剂、水成膜泡沫灭火剂。各种灭火剂的灭火原理不同、适用的范围也不相同，详见相关文献、资料。

灭火剂中使用最广泛的是水，因水价廉、取用方便、来源广泛、对人体基本无害。水具有很好的灭火效能，$1kg$ 水温度升高 $1℃$ 需吸收 $4.18kJ$ 的热量，其汽化潜热为 $2.26×10^6J/kg$。因此用水灭火可以吸收燃烧物上很多热量，使之温度迅速降低；而水吸热后会汽化产生大量蒸气覆盖在燃烧区上面，阻止空气进入燃烧区与可燃物接触，同时稀释燃烧区空气中氧气的浓度，从而使燃烧不能继续进行而熄灭。另外，发生火灾时为防止火势蔓延扩大，在灭火的同时还应用水喷淋着火区周围的建筑、设施，以冷却降温保护其不受破坏。因此工厂都设有消防水系统。

石油化工企业和其他场所、建筑消防设施(包括固定式和移动式)的设置要求详见《石油化工企业设计防火规范》(GB 50160)、《建筑设计防火规范》(GB 50016)、《建筑灭火器配置设计规范》(GB 50140)、《消防给水及消火栓系统技术规范》(GB 50974)、《自动喷水灭火系统设计规范》(GB 50084)、《火灾自动报警系统设计规范》(GB 50116)等规范标准。危险化学品企业应根据厂内火灾危险性、火灾特征和环境条件等因素配置相应的灭火剂和消防设施。

（1）工厂的消防用水量应按照同一时间内的火灾处数和相应处的一次灭火用水量确定。关于工厂同一时间内的火灾处数，现行《石油化工企业设计防火规范》(GB 50160)是根据厂区占地面积确定，占地面积≤1000000m² 为 1 处，占地面积>1000000m² 为 2 处。工艺装置的消防用水量应根据其规模、火灾危险性类别及消防设施的设置情况等综合考虑确定。当确定有困难时可按表 3-10 选定，火灾延续供水时间不应小于 3h；辅助生产设施的消防用水量可按 50L/s 计算，火灾延续供水时间不宜小于 2h。

表 3-10　工艺装置消防用水量表　　　　　　　　　　　　　　L/s

装置类型	装置规模	
	中型	大型
石油化工	150~300	300~600
炼油	150~230	230~450
合成氨及氨加工	90~120	120~200

《消防给水及消火栓系统技术规范》(GB 50974)根据工厂、仓库、堆场、储罐区的占地面积及附近居住区人数规定了同一时间内的火灾起数。

（2）建筑物一起火灾灭火设计用水流量应由建筑的室外消火栓系统、室内消火栓系统、自动喷水灭火系统、泡沫灭火系统、水喷雾灭火系统、固定消防炮灭火系统、固定冷却水系统等需要同时作用的各种水灭火系统的设计流量组成。

（3）消防水源可由市政给水、消防水池、天然水池供给。市政给水应有不同市政给水干管上不少于两条引入管向消防给水系统供水。

（4）当生产、生活用水量达到最大时，市政给水管网或引入管不能满足室内、外消防用水量时；或当采用一路消防供水或只有一条引入管，且室外消火栓设计流量大于 20L/s 或建筑高度大于 50m 时，应设置消防水池。消防水池供水的给水管应至少有两条独立的给水管道。

（5）消防给水管网应成环状布置，向室外、室内环状消防给水管网供水的输水干管不应少于两条，当其中一条发生故障时，其余的输水干管应仍能满足消防给水设计流量。

（6）消防水泵应采用双动力源；当采用柴油机作为动力源时，柴油机的油料储备量应能满足机组连续运转 6h 的要求。

（7）大型石油化工企业的工艺装置区应设独立的稳高压消防给水系统，其压力宜为 0.7~1.2MPa。其他场所采用低压消防给水系统时，其压力应确保灭火时最不利点消火栓的水压不低于 0.15MPa(自地面算起)。消防给水系统不应与循环冷却水系统合并，且不应用于其他用途。

（8）厂房、装置区应在四周道路边设置消火栓，消火栓的间距不宜超过60m。消火栓的保护半径不应超过120m。

（9）甲、乙类可燃气体、可燃液体设备的高大构架和设备群应设置水炮保护。消防水炮距被保护对象不宜小于15m。消防水炮的出水量宜为30~50L/s，水炮应具有直流和水雾两种喷射方式。工艺装置内固定水炮不能有效保护的特殊危险设备及场所宜设水喷淋或水喷雾系统。

（10）工艺装置内的甲、乙类设备的构架平台高出其所在处地面15m时，宜沿梯子敷设半固定式消防给水竖管，并按各层需要设置带阀门的管牙接口。

（11）甲、乙、丙类厂房、高层厂房应在各层设置室内消火栓，当单层厂房长度小于30m时，可不设；甲、乙类厂房、高层厂房的室内消火栓间距不应超过30m，其他建筑物的室内消火栓间距不应超过50m。

（12）可能发生可燃液体火灾的场所宜采用低倍泡沫灭火系统。

（13）石油化工企业的生产区、公用及辅助生产设施、全厂性重要设施和区域性重要设施的火灾危险场所应设置火灾自动报警系统和火灾电话报警。火灾自动报警系统应设有自动和手动两种触发装置。

（14）甲、乙类装置区周围应设置手动火灾报警按钮，其间距不宜大于100m。

（15）生产装置区和建筑内灭火器的配置应符合《建筑灭火器配置设计规范》（GB 50140）的要求。

《石油化工企业设计防火规范》（GB 50160）规定，生产区内宜设置干粉型或泡沫型灭火器。工艺装置内配备的手提式干粉灭火器的选型：对扑救可燃气体、可燃液体火灾宜选用钠盐干粉灭火剂，扑救可燃固体表面火灾应采用磷酸铵盐干粉灭火剂，扑救烷基铝类火灾宜采用D类干粉灭火剂灭火。

控制室、机柜间、计算机房、电信站、化验室等宜设置气体型灭火器。

每一个配置点的灭火器数量不应少于2个，多层构架应分层设置；危险的重要场所宜增设推车式灭火器。

（16）危险化学品企业应根据《关于督促化工企业切实做好几项安全环保重点工作的紧急通知》（安监总危化〔2006〕10号）的要求，设置事故消防废水收集池，以收集事故时的消防废水。

（17）厂区内设置的各种消防设施应按照《消防安全标志设置要求》（GB 15630）的规定设置醒目的消防标志，便于事故时人员操作和使用消防设施及引导人员沿着合理正确的方向疏散逃生。

通向消防设施的道路应保持畅通。

（18）消防设施应请有资质单位每年至少进行一次全面检测，确保完好有效，检测记录应当完整准确，并存档备查。

3.3　危险化学品生产使用的安全管理

企业应认真贯彻执行《中华人民共和国安全生产法》《危险化学品安全管理条例》《安全

生产许可证条例》《危险化学品建设项目安全监督管理办法》《建设项目安全设施"三同时"监督管理办法》等法律、法规的规定，认真履行企业安全生产主体责任，对本单位安全生产和职业健康工作负全面责任，建立健全自我约束、持续改进的内生机制，做好安全生产管理工作。

(1) 建立健全安全生产管理组织机构

企业的安全管理不是哪一个部门或哪几个人的事，必须由企业的各级领导、各部门、工会及各岗位共同努力，相互配合，齐抓共管，形成合力。为此，企业应成立安全生产委员会或领导小组，由董事长或总经理担任主任。完善以主要负责人为首，由相关负责人、各部门、各生产机构及相关人员组成的安全生产管理组织机构，健全安全生产管理网络。

设置安全生产管理部门或配备专职安全生产管理人员，并配备危险化学品安全类注册安全工程师从事安全生产管理工作。企业的主要负责人、分管安全的负责人和安全生产管理人员应具备相应的专业知识和安全管理能力。分管安全负责人、分管生产负责人、分管技术负责人应具有一定的化工专业知识或者相应的专业学历，专职安全生产管理人员应当具备国民教育化工化学类(或安全工程)中等职业教育以上学历或者化工化学类中级以上专业技术职称。

生产剧毒化学品、易制爆危险化学品的单位，应当设置治安保卫机构，配备专职治安保卫人员。

(2) 健全和强化落实安全生产责任制

安全生产责任制是企业安全生产管理的核心制度。企业主要负责人是安全生产的第一责任人，每位从业人员对安全生产都负有相应责任，企业要编制各级领导、职能部门、技术人员及各岗位人员的全员安全生产责任制，并做到"三定"，即定岗位、定人员、定安全责任；还要明确责任范围和考核标准，做到安全生产人人有责，横向到边纵向到底。落实"党政同责、一岗双责、齐抓共管、失职追责"的安全生产责任体系。

安全生产责任制制定后关键要抓落实，做到有岗必有人、有人必有责、有责必要考核，建立相应监督考核机构，由主要负责人牵头、相关负责人、安全生产管理机构负责人和职能部门负责人组成监督考核领导小组，每年定期对责任制执行情况进行考核，根据考核结果，奖优罚劣。

(3) 建立完善的安全管理规章制度和安全操作规程

根据《危险化学品生产企业安全生产许可证实施办法》《危险化学品安全使用许可证管理办法》的规定，并结合本单位工艺、装置、设施以及所涉及的危险化学品种类、危险特性等实际情况建立完善的具有针对性和可操作性的安全管理规章制度和安全操作规程。安全管理规章制度应包括安全生产管理方面的规章制度，如教育、培训、检查、安全设施管理等和安全技术方面的规章制度，如防火、防爆、进入受限空间作业、危险场所作业等。

根据生产岗位工艺、技术、设备特点和原料、辅助材料、产品的危险性，编制岗位安全操作规程。操作规程中除包含正常的安全操作步骤外，还应包括异常情况下的各项应急处理操作程序，规范从业人员的操作行为，避免事故的发生。

制定的安全生产规章制度和安全操作规程定期进行评审和修订。

(4) 建设项目严格执行"三同时"的规定

建设项目安全设施和主体工程实行"三同时"，是将生产装置和设施存在的危险有害因素从源头抓起，提高其本质安全性，预防事故发生的有效手段。项目建设单位应严格执行

《建设项目安全设施"三同时"监督管理办法》(国家安全监管总局令〔2010〕第 36 号,〔2015〕第 77 号修订)的规定,做到安全设施与主体工程同时设计、同时施工、同时投入生产和使用。在项目进行可行性研究阶段应委托具有相应资质单位进行安全预评价,初步设计时委托有相应资质设计单位进行安全设施设计,安全设施竣工或者试运行完成后委托有相应资质单位对安全设施进行验收评价,建设项目竣工投入生产或者使用前建设单位应组织对安全设施竣工验收。安全预评价报告、安全设施设计专篇、安全验收评价报告及有关竣工验收等资料应归档保存,以备有关部门检查。

生产、储存危险化学品的建设项目(含新建、改建、扩建建设项目)以及伴有危险化学品产生的化工建设项目(包括危险化学品长输管道建设项目),应按《危险化学品建设项目安全监督管理办法》(国家安全监管总局令〔2012〕第 45 号,〔2015〕第 79 号修订)的规定,对建设项目进行安全预评价、安全设施设计后,应经安全生产监督管理部门分别进行安全条件审查和安全设施设计审查,并取得建设项目安全条件审查意见书和安全设施设计审查意见书。建设项目试生产前应制定试生产方案,严格进行安全条件确认,进行详细的风险识别,全面落实各项安全管理和应急保障措施。项目投入生产和使用前,企业应组织人员进行安全设施竣工验收,验收合格方可投入使用。

危险化学品建设项目必须由具有化工石化医药、石油天然气(海洋石油)等相关工程设计资质的设计单位设计;涉及重点监管的危险化工工艺、重点监管的危险化学品和危险化学品重大危险源的大型建设项目,应由工程设计综合资质或相应工程设计化工石化医药、石油天然气(海洋石油)行业、专业资质甲级的设计单位设计。

建设项目的施工、监理也应由具有相应资质单位承担。

(5) 加强员工的安全教育培训工作

根据《生产经营单位安全培训规定》(国家安全监管总局令〔2006〕第 3 号,〔2013〕第 63 号修订,〔2015〕第 80 号修订)的要求,对各类人员都进行培训,使其掌握安全生产法律法规和安全生产技术知识。企业的主要负责人、分管安全负责人和安全生产管理人员,必须经专门单位培训,考核合格,取得安全合格证书后,方可任职。特种作业人员和危化品从业人员应按《特种作业人员安全技术培训考核管理规定》(国家安全监管总局令〔2010〕第 30 号,〔2015〕第 80 号令修订)规定,经专门的安全培训,取得相应资格证书,持证上岗。其他从业人员,新上岗的要进行厂级、车间、班组三级安全教育,每年还应安排一定时间组织培训,使其具备必要的安全生产知识,熟悉有关的安全生产规章制度和安全操作规程,掌握本岗位的安全操作技能和事故应急处理措施等,才能上岗作业;并做好被派遣人员及实习学生的安全知识和技能培训。

对持有各类上岗证书的人员,在证书到期之前及时安排培训,保证证书始终在有效期内。

(6) 加大安全检查和事故隐患的排查治理

根据国家安全监管总局制定的《安全生产事故隐患排查治理暂行规定》(国家安全监管总局令〔2007〕第 16 号)要求,建立事故隐患排查治理制度,经常开展隐患排查活动。对排查出的事故隐患,按照事故隐患的等级进行分级登记、建立档案、并按照职责分工实施监控治理。逐级建立并落实从主要负责人到每个从业人员的隐患排查治理和监控责任制。建立事故隐患报告和举报奖励制度,鼓励、发动职工发现和排除事故隐患。对发现、排除事故隐患的有功人员，给予物质奖励和表彰。

每年制定安全检查计划，根据制定的计划，定期或不定期的开展综合检查、专业检查、季节性检查和日常检查。组织由安全生产管理人员、注册安全工程师、工程技术人员和其他相关人员从人、物、管理等各方面，开展各种各样的安全生产检查，加强日常巡回检查，做到及时发现问题及早排除。

建立风险管控制度，定期对工艺、设备、人员操作、安全设施等方面进行危险有害因素辨识，开展安全评价，对分析评价中查出的问题及时采取对策措施予以消除。

（7）确保安全生产投入

为保证企业的安全生产条件，根据财政部和安全监管总局联合发布的《企业安全生产费用提取和使用管理办法》（财企〔2012〕16号）规定，逐月提取安全生产费用，并专门用于完善安全生产设施、安全教育培训、隐患整改、劳防用品配备、重大危险源监控、特种设备检验检测等方面，确保企业安全生产条件符合法律法规、规章标准的要求。

（8）重大危险源辨识和评估

新建企业根据生产、储存场所存在的危险化学品种类及数量，按照《危险化学品重大危险源辨识》（GB 18218）和《危险化学品重大危险源监督管理暂行规定》（安全监管总局令〔2011〕第40号，〔2015〕第79号修订）的要求，进行重大危险源的辨识和分级。对构成重大危险源的装置、设施或者场所进行新建、改建、扩建的情况，危险化学品种类、数量、生产、使用工艺或者储存方式及重要设备、设施等发生变化等情况，要对重大危险源重新进行辨识、分级。

根据重大危险源的等级按照《危险化学品重大危险源监督管理暂行规定》《危险化学品重大危险源安全监控通用技术规范》（AQ 3035）和《危险化学品重大危险源 罐区安全监控装备设置规范》（AQ 3036）的规定，完善安全监测监控体系和其他安全设施。对确认的重大危险源要及时、逐项进行登记建档，并报送当地安全生产监督管理部门备案。

装置在运行过程中每3年开展一次重大危险源评估，保证重大危险源的安全设施和安全监测监控系统有效、可靠地运行。重大危险源重新进行安全评估后，要重新备案。

（9）严格执行许可证制度

生产危险化学品的企业在进行生产前，按照《危险化学品生产企业安全生产许可证实施办法》（国家安全生产监督管理总局令〔2011〕第41号，〔2015〕第77号修订）的规定，及时取得危险化学品安全生产许可证。使用危险化学品从事生产并且使用量达到规定数量的化工企业（属于危险化学品生产企业的除外）应根据《危险化学品安全使用许可证实施办法》（国家安全生产监督管理总局令〔2012〕第57号，〔2015〕第79号修订）的规定，按时取得安全使用许可证。

对运行装置或设施定期开展安全评价，发现隐患及时整改，保持装置的安全生产条件符合相关法律、法规、标准、规定的要求。安全生产许可证有效期为3年，许可证有效期届满前3个月向原发证机关申请延期，以免影响生产经营活动。

对生产和使用的各种危险化学品按有关规定持证购买及进、出口。

（10）编制应急预案并定期演练

根据《生产经营单位生产安全事故应急预案编制导则》（GB/T 29639）的规定和《生产安

全事故应急预案管理办法》(国家安全生产监督管理总局令〔2016〕第88号)的要求编制和实施应急预案。预案编制前,应进行事故风险评估和应急资源调查,使得制定的应急预案具有真实性和实用性。应急预案制定后应组织专家评审,合格后向当地安全生产监督管理部门进行告知性备案。

应急预案制定后应每3年进行一次评估。当依据的法律、法规、规章、标准及上位预案中的有关规定发生重大变化的,应急指挥机构及其职责发生调整等情况时,应对应急预案及时修订,修订后重新备案。

应急预案颁布实施后,应开展应急预案的培训,使有关人员了解相关应急预案的内容,熟悉应急职责、应急程序和现场处置方案;懂得事故避险、自救和互救、疏散逃生和正确使用灭火器材等知识。要加强应急预案的演练,综合应急预案和专项应急预案每年至少演练1次,现场处置方案每半年至少演练1次。

(11) 配备应急物资、装备

根据《危险化学品单位应急救援物资配备要求》(GB 30077)的规定,结合本单位存在风险的实际情况,配备足够相应的应急救援物资、装备;对存在氯气、氨气、光气、硫化氢等吸入性有毒有害气体的企业还应配备至少两套以上全封闭防化服、便携式有毒气体浓度检测报警仪、堵漏器材等应急器材和设备;涉及易燃易爆气体或者易燃液体蒸气的重大危险源,还应当配备一定数量的便携式可燃气体检测设备。配备紧急情况下通讯联络设施,如报警电话、紧急广播、闭路电视监控、无线通讯设备等。

企业应建立应急物资、装备配备及其使用档案,配备专人负责对应急物资、装备进行定期检测和维护保养,保证临警好用。

(12) 为从业人员配备劳防用品

根据作业场所存在的危险有害因素,按照《个体防护装备配备基本要求》(GB/T 29510)、《化工企业劳动防护用品选用及配备》(AQ/T 3048)的要求,为员工配备相应的劳动防护用品。对发放的劳防用品应教会从业人员正确佩戴和使用。采购的劳动防护用品应由有资质单位生产,并有检验报告,有专人管理、维护保养,保持其有效性。对过期、失效的应及时更换和报废。

(13) 强检设备设施定期检验检测

危险化学品企业应当建立健全设备设施的日常维护保养、检测检验的管理制度,对各种特种设备及安全附件(如压力容器、压力管道、厂内机动车辆、起重机械、安全阀、压力表等)、强检设施(如防爆电气、防雷防静电设施、工作场所职业有害因素、消防设施、可燃/有毒气体报警仪等)及其他各种安全设施按规定定期检验检测,保证其性能始终良好。

(14) 严格动火和进入受限空间作业管理

按照《化学品生产单位动火作业安全规范》(AQ 3022)、《化学品生产单位受限空间作业安全规范》(AQ 3028)等标准规范要求,严格动火、进入受限空间等特殊作业管理及检维修管理,严格执行作业票审批制度,防止检维修过程人员伤亡事故发生。

涉及外来施工队伍的,应查验有关资质,签订安全管理协议,进行入厂教育,对作业全程安全监督。

（15）深入开展安全生产标准化建设

建立健全安全生产标准化体系，深入开展安全生产标准化达标建设，并取得达标证书。日常工作中按照已建立的安全生产标准化体系运行，每年至少一次对安全标准化运行进行自评估，提出进一步完善的计划和措施，持续改进，使企业安全管理规范化和制度化，提高其本质安全水平。

企业已取得的安全标准化达标证书有效期为 3 年。在证书有效期满前 3 个月内，应向原考核机构申请换证，经考核合格后换发新证。

（16）编写产品安全技术说明书和安全标签

企业对生产的危险化学品应当在项目竣工验收前按照《危险化学品登记管理办法》国家安全监管总局令〔2012〕第 53 号规定进行危险化学品登记。

依据《化学品安全技术说明书内容和项目顺序》（GB/T 16483）的要求编写危险化学品产品安全技术说明书，并提供给用户；按照《化学品安全标签编写规定》（GB 15258）的要求编制安全标签，并在危险化学品包装或容器的明显位置粘贴、拴挂或喷印与包装内危险化学品相符的化学品安全标签。将危险化学品危险特性和处置要求等安全信息及时、准确、全面地传递给下游企业、用户、使用人员以及应急处置人员。

（17）加强剧毒化学品、易制爆化学品安全管理。

根据《危险化学品安全管理条例》规定，生产、储存剧毒化学品或者易制爆危险化学品，应当如实记录其生产、储存的剧毒化学品、易制爆危险化学品的数量、流向，并采取安全防范措施，防止剧毒化学品、易制爆危险化学品丢失或者被盗；发现剧毒化学品、易制爆危险化学品丢失或者被盗，按规定立即向当地公安机关报告。

（18）加强档案管理

建立完整、系统的安全管理档案是企业档案管理的一个重要组成部分，对于全面反映企业的安全生产信息，为领导层的安全决策，制定安全管理目标和措施等提供重要依据。企业应设专人或相关部门负责收集、整理与安全生产有关的各项资料并集中归档存放，便于日后需要时查阅。其内容包括企业基本情况、各种图表，如平面布置图、逃生疏散示意图、消防器材配置图、防雷防静电接地点分布图等；各种有关证照、批复等，如工商营业执照、防雷防静电检测报告、土地使用证、消防审核意见、消防验收意见、危化批准书、安全生产许可证、标准化达标证书、建设项目"三同时"报建与审批资料及安全评价报告等资料；安全生产责任制、安全生产管理制度等各种规章制度；特种设备及其他设备的种类、数量、检验检测及设备设计等有关资料；安全检查、隐患治理台账；各类人员安全教育培训及取证有关资料；劳保用品配备及发放记录；应急预案、应急演练、应急物资、装备配备及其使用的资料、台账；安全生产费用及使用记录；重大危险源的评估、监控有关资料；事故资料；职业卫生监测、从业人员健康监护资料等方面。

第4章 危险化学品储存安全

危险化学品的储存设施是指生产经营单位专门用以储存各种危险化学品的仓库、储罐、气柜等设施。这些储存场所集中储存各类危险物品，火灾、爆炸、毒性危险性大，且储存量多，是重要的危险源。若库区选址不当，布置不合理，建筑不符合要求，或管理不善、人员操作错误等，很易发生事故，一旦发生后果都比较严重，甚至带来灾难性破坏。尤其是一些储存数量巨大、种类繁多的危险化学品储存设施，若发生火灾，即使运用现代化的消防技术力量，有时也难以处置，造成更为严重破坏后果。在我国危险化学品储存设施曾多次发生火灾爆炸事故，例如2010年7月成都某化工企业储存有保险粉等危险化学品仓库，因管理不善发生爆炸，巨大声响让方圆10km的住户感受到震颤。1989年8月青岛市黄岛油库油罐遭受对地雷击，产生的感应火花引爆油气而发生大爆炸，造成19人死亡，100多人受伤。1993年深圳清水河某危险品仓库发生爆炸，并引发大火，造成15人死亡，200多人受伤，其中重伤25人，直接经济损失约2.5亿元，现场炸出2个7m深的大坑。1997年6月北京某化工厂储罐区因操作错误，导致大量石脑油溢出后气化扩散遇火源发生特大爆炸和火灾，20个储罐同时燃烧，燃烧区达60000m²，造成9人死亡，39人受伤，10余座油罐烧毁，并有多处建构筑物损坏，直接经济损失1.17亿元。1988年10月22日上海某石化公司液化气球罐区操作工在向球罐切水时未按照操作规程操作，将切水罐的进口阀和出口阀全部打开，同时操作人员又违反劳动纪律，长时间离岗，致使约9.7t液化气排至污水池后迅速气化扩散到罐区外民工棚遇火源发生爆燃。在连续沉闷的爆炸声中，南北约350m，东西250m的地带腾起熊熊大火，事故造成26人死亡，15人烧伤。

4.1 危险化学品储存过程中的危险性

由于危险化学品具有易燃易爆性、氧化性、腐蚀性、毒害性等危险危害特性，在储存过程中若方式方法不当，管理疏忽或违章操作等因素都有引发事故的风险。主要表现在以下几个方面：

4.1.1 混合储存

混合储存是指两种或两种以上的危险化学品混合在同一个仓库或同一仓间储存。由于各种危险化学品具有不同的危险性，有些具有易燃易爆危险性，有些具有氧化性，如果这些性质不同的禁忌物质存放在一起，在储存或搬运过程中可能互相接触而发生事故。混合储存的危险性有下列几种情况：

(1) 具有氧化性物质与还原性物质混合接触后会发生剧烈氧化还原反应，放出大量热量引燃易燃易爆物质，导致火灾、爆炸事故。例如氧、氯、溴、硝酸、浓硫酸、过氧化物、高锰酸钾、氯酸盐、铬酐、漂白粉等这一类氧化性物质与烃类、胺类、醇类、有机酸、油脂、硫、磷、碳、金属粉等还原性物质相互混合后，都会发生剧烈的氧化还原反应，放出大量热量，导致迅速燃烧甚至爆炸。2002 年 3 月 27 日，上海宝山区某化工二库因作业人员在装卸高锰酸钾时违章操作，引发特大火灾，大火持续燃烧了 3 个多小时。几十种危险化学品起火并发生剧烈爆炸，122 只液氯钢瓶连续爆炸，炸飞的钢瓶最高达数百米，火灾面积 4000 m² 之多，幸未造成人员伤亡。事故原因就是由于禁忌物高锰酸钾与固体粗萘储存在一起所致。深圳清水河危险品仓库事故也是由于性能抵触的物质接触，引发爆炸和大火。

（2）有些气体泄漏出来与其他气体相遇会发生燃烧爆炸。如氢和氯混合，在光的作用下有爆炸的危险；氢气与氧接触，遇火源能发生爆炸；高压氧气冲击到油脂等可燃物上会引起燃烧。

（3）有些盐类与强酸类物质混合，会生成游离的酸和酸酐，呈现极强的氧化性。例如氯酸盐、过氯酸盐与浓硫酸接触。强氧化性物质一旦遇到易燃、可燃物就会发生强烈氧化反应而引起火灾或爆炸。

（4）有的两种物质混合接触后，会生成不稳定的物质。例如氯和铵盐混合接触，在一定条件下能生成极不稳定的三氯化氮，此物质很不稳定，轻微震动或光照就会发生爆炸，爆炸的破坏力非常大。

（5）还有些物质相互接触后能产生有毒物质。例如萘与硝酸、硫酸混合后易生成二硝基化合物，具有很强的毒性；漂白粉遇酸反应的产物有氯气、氯化氢有毒气体。

（6）灭火方法不同的物质储存在同一个仓间，当发生事故时若灭火剂选择不当，会加重事故后果。

4.1.2　储存环境条件不符合要求

许多危险化学品对储存的温度、湿度等环境条件有一定要求，在储存过程中仓库若没有采取有效措施进行控制，可能发生事故。例如，金属钠、氢化钠、保险粉、碳化钙、二硼氢、铝镁粉混合物等物质与水分接触后都会剧烈反应，产生可燃气体氢气或乙炔，同时放出大量热量使温度升高，引燃产生的可燃气体而发生火灾、爆炸。所以这些物质储存时若仓库漏雨，物质受潮，极易发生事故。

易燃液体储存时若受热温度升高时体积会膨胀，同时液体会加速气化。在密闭容器中，由于体积膨胀，器内气相空间减小，再加上气体的增加，使器内压力迅速上升，造成"鼓桶"甚至爆裂。容器一旦破裂，大量液体到处流淌，气化扩散，很易引起严重的火灾爆炸事故。易燃液体、液化烃储罐若没有隔热保温措施，夏天因气温升高，更易发生事故。苯乙烯等物质本身容易聚合，聚合的速率与储存温度密切相关，储存温度升高聚合速度加快，由于聚合过程放出热量，又加快聚合，放出更多热量使储存的铁桶胀裂，物料泄漏出来会立即燃烧；若是储罐储存，易使物料从呼吸阀喷出泄漏至空气中；若聚合物堵塞储罐的呼吸阀，排料不顺畅还会造成储罐的压力增加，以致破裂。

很多自燃物质在稍高温度下本身即能发生物理、化学或生化反应放出热量，若散热比较差，热量积聚会使温度升高。这些物质一般自燃点比较低，放出的热量很易达到其自燃点而自行燃烧引发火灾。

还有些易燃液体气温低时容易凝结，受冻后易使容器胀裂，导致物料泄漏；硝化甘油在低温时容易析出结晶，当固液两相共存时敏感度更高，微小的外力作用就会使其分解而爆炸。

所以危险化学品储存过程中必须根据危险品特性保持一定温度和湿度。

4.1.3 储存管理不善

危险化学品在储存过程中因管理不善，未根据储存危险化学品的种类、特性进行养护，导致其性质发生变化，也会引发事故。例如没有按照先进先出的原则，储存时间比较长，或者长期不用搁置在仓库中，不及时处理都会使之变质，变成危险性更大的物质，而发生事故。易聚合的物质长期储存在容器内不动，由于阻聚剂下沉，上部液体因缺乏阻聚剂会发生聚合，将容器胀破，物料泄漏。硝化棉因本身很不稳定，很易分解放热使热量积聚，达到自燃点而发生爆炸性燃烧，所以在储存中要加入湿润剂或稳定剂(水或乙醇)，防止分解。若包装不严即入库存放，或长期存放未定期检查稳定剂含量，酒精挥发，硝化棉干燥就会发生分解引发自燃甚至爆炸。

硝化棉因燃烧引起的爆炸事故时有所闻，大多数是在仓库储存的过程中发生的。究其原因，一是包装容器破损，用来浸润硝化棉的水或酒精泄漏，硝化棉干燥后自热引起；二是储存时间过长，因酒精蒸发引起。国内外硝化棉储存过程中因管理不善都曾多次发生火灾爆炸事故，且造成严重后果。例如，1964年日本一个储存危险化学品的仓库突然发生猛烈爆炸，并引起该区两栋仓库相继爆炸，致19人死亡，50人受伤。事故原因是硝化棉在存放过程中逐渐干燥，发生分解，产生的热量散发不了，库内温度升高而引发爆炸和燃烧。1999年我国某厂储存硝化棉仓库发生火灾，其原因是储存的硝化棉为3年前生产的产品，由客户退货后入库，储存时间过长又无定期检查湿润剂情况，湿润剂挥发、干燥、自燃引发。2015年发生在天津港某公司危险品仓库特别重大火灾爆炸事故，据报道事故直接原因也是由于危险品仓库运抵区南侧集装箱内的硝化棉润湿剂散失出现局部干燥，在高温(天气)等因素的作用下加速分解放热，积热自燃，引起相邻集装箱内的硝化棉和其他危险化学品长时间大面积燃烧，导致堆放于运抵区的硝酸铵等危险化学品发生爆炸。

储存场所没有严格控制火源，在仓库或罐区内吸烟、用炉子取暖、使用手机、进行焊割等维修作业或外来车辆进入爆炸危险区域未安装火星熄灭器等，一旦有可燃气体、液体泄漏出来，遇到这些点火源即会引发事故。作业人员操作时没有穿防静电工作服，产生的静电火花也会成为点火源。

安全设施不健全或者未定期检验检测，其性能失效，也会导致事故发生或加重事故后果。例如在有可燃或有毒气体可能泄漏场所未安装可燃或有毒气体检测报警仪，发生泄漏未及时发现而酿成事故；防爆电气、防雷设施等未定期请有资质单位进行检测，其性能失效，仍有可能成为点火源；消防设施未定期检查，发生火险会延误最佳灭火时机，造成严重事故后果；储罐上阻火器和呼吸阀没有定期检查，若被堵塞有使储罐内压力增加的危险；安全阀未定期校验，当罐内压力超过规定值时不能及时动作，有导致储罐破裂的危险。

4.1.4 违反操作规程

危险化学品在储存过程中若未按照操作规程操作，就有引起事故的危险，如在搬运过程中没有轻装轻卸，而随意抛、甩、滚、扔，或者摆放不稳、堆垛过高而发生坠落或倾倒，都会将包装容器损坏，造成内部物品泄漏事故；货物出入库未经核查登记，无进出台账，随意堆放，导致性能相抵触物质接触发生化学反应；不宜露天存放的物质而露天堆放，在太阳的曝晒或雨淋下发生异常反应等；或在仓库中从事分装、改装作业，致使物料泄漏而引发事故。

储罐储存危险化学品时，在进料、倒罐等作业中违规开错阀门，造成储罐满溢，大量物料泄漏，进而引发重特大火灾爆炸，这种事故在我国发生过多次，从而造成巨大损失。例如 1997 年北京某化工厂储罐区特大爆炸火灾事故，1993 年南京某石化公司炼油厂汽油罐区的爆炸事故，都是因错开阀门，储罐满溢，易燃液体泄漏气化扩散遇火源引起的。1988 年 10 月 22 日发生在上海某石化公司液化气球罐区爆燃事故是由于操作工违反操作规程致使大量液化气泄漏，又未按规定及时处置泄漏液化气造成起的。2015 年 7 月 16 日日照某公司液态烃球罐在倒罐作业过程中，发生着火爆炸事故，造成 2 个球罐被炸毁，2 个球罐炸塌，5 个球罐被损坏，7 辆消防车被损毁，2 名消防员受轻伤的严重后果，事故也是在球罐切水时操作不当导致液化气泄漏，气化扩散遇火源引爆所致。2011 年 8 月 29 日，大连某石化分公司储运车间柴油罐区一台 20000m³ 柴油储罐在进料过程中发生闪爆并引发火灾。事故的直接原因是由于事故储罐送油时造成液位过低，浮盘与柴油液面之间形成气相空间，因有空气进入罐内，在浮盘下形成爆炸性混合气体；加之进油流速过快，产生大量静电无法及时导出而发生静电放电，静电火花引发爆炸。

4.1.5 储存设施本身有缺陷

盛装危险化学品的储罐由于储罐结构设计不合理、制造过程中焊接等方面有问题、材质选择不当等缺陷的存在，很易导致储罐在使用过程中发生事故。例如 1981 年 10 月，湖南某化工厂液氨储罐破裂，造成氨泄漏，幸好操作人员发现及时，立即停用，未造成破坏后果。泄漏的原因是储罐在制造中焊缝存在缺陷，未对丁字缝作射线探伤检验，并取消了图纸的整体热处理要求，加之应力腐蚀，致使焊缝出现裂纹。1979 年 12 月 18 日，吉林市某液化气站的 2 号 400m³ 液化石油气球罐发生焊缝破裂，大量液化石油气喷出，顺风向北扩散，遇明火发生燃烧，引起球罐爆炸。由于该罐爆炸燃烧，致使 5 个 400 m³ 的球罐、4 个 450 m³ 卧罐和 8000 多只液化石油气钢瓶(其中空瓶 3000 多只)爆炸或烧毁，大火烧了 19 个小时；罐区相邻的厂房、建筑物、机动车及设备等被烧毁或受到不同程度的损坏，400m 远相邻的苗圃、住宅建筑及拖拉机、车辆也受到损坏，直接经济损失约 627 万元，死 36 人，重伤 50 人。事故的原因是球罐的上、下环焊缝焊接质量很差，焊缝表面及内部存在很多咬边、错边、裂纹、熔合不良、夹渣及气孔等缺陷。事故发生前在上下环焊壁焊趾的一些部位已存在纵向裂纹；球罐投入使用两年零两个月也从未进行检验，使得制造、安装中的先天性缺陷未及时发现和消除，当罐内压力稍有波动裂纹便扩展，造成低应力脆性断裂。又如 2002 年 12 月末某公司环氧酸装置进行催化汽油碱渣进料作业，V201、V203 罐相继爆炸着火，罐顶飞出 20m，罐体倾斜损坏。经查造成这次事故的原因是 V201 罐进料方式设计不合理，采用从储罐的上部进料，进料口距罐底 7.8m，罐内液位 3.3m，物料喷溅产生静电火花引燃罐内可燃气体。

另外，危险化学品的包装容器、包装物不符合要求，在搬运过程中很易发生破裂而导致事故。

4.2　危险化学品储存的安全技术要求

由于危险化学品储存过程中存在较大危险性，发生事故后果比较严重，所以国家、地方和有关部门、行业先后制订了一系列法律法规、规章、规范性文件和标准，对危险化学品储存场所、建构筑物、储存条件及管理制度、人员资质等各方面都做了明确规定。制定的规范标准及规定如《建筑设计防火规范》（GB 50016）、《石油化工企业设计防火规范》（GB 50160）、《石油库设计规范》（GB 50074）、《储罐区防火堤设计规范》（GB 50351）、《常用化学危险品贮存通则》（GB 15603）、《易燃易爆性商品储存养护技术条件》（GB 17914）、《腐蚀性商品储存养护技术条件》（GB 17915）、《毒害性商品储存养护技术条件》（GB 17916）、《危险化学品经营企业开业条件和技术要求》（GB 18265）、《危险化学品重大危险源 罐区现场监控装备设置规范》（AQ 3036）、《仓储场所消防安全管理通则》（GA 1131）、《石油化工储运系统罐区设计规范》（SH/T 3007）、《危险化学品储罐区作业安全通则》（AQ 3018）及《国家安全监管总局关于进一步加强化学品罐区安全管理的通知》安监总管三〔2014〕68 号、《中国石化液氨生产使用储运安全管理规定》中国石化安〔2011〕755 号、《中国石化石油库和罐区安全管理规定》中国石化安〔2011〕757 号等。

4.2.1　危险化学品储存场所的选址、总平面布置

1）仓储区地址选择

危险化学品仓储区因其危险化学品储存集中、储存量大，一旦发生火灾爆炸事故往往扑救难度大，易造成重大人员伤亡和财产损失，危害公共安全。因此，合理选择危险化学品库址，可以有效减少事故造成的损失。危化品仓储区的选址可从以下几个方面考虑：

（1）《危险化学品安全管理条例》规定，国家对危险化学品的生产、储存实行统筹规划、合理布局。因此，危险化学品的储存设施的选址应符合国家和当地政府的区域规划，必须设置在当地政府规划的专门用于危险化学品生产、储存的区域内。

（2）根据《危险化学品安全管理条例》第十九条规定，储存危险化学品数量构成重大危险源的储存设施与"八类场所"之间的距离应符合有关法律、法规、规章和国家标准或行业标准的规定。

根据《危险化学品经营企业开业条件和技术要求》（GB 18265）规定，大中型危险化学品仓库（中型仓库指库房或货场总面积在 550～9000m² 之间，大型仓库指库房或货场总面积大于 9000m²）与周围公共建筑物、交通干线（公路、铁路、水路）、工矿企业等距离至少保持 1000m。

根据国家安全监管总局公告〔2014〕第 13 号《危险化学品生产、储存装置个人可接受风险标准和社会可接受风险标准(试行)》的规定，对涉及爆炸品、重点监管危险化学品、重点监管危险化工工艺、构成危险化学品一级和二级重大危险源以及涉及毒性气体的储存场所应按公告中推荐的方法确定储存区外部安全防护距离，其选址与周边人员密集场所、高敏感场所、重要目标等敏感目标距离应满足计算的安全防护距离要求。

（3）危险化学品仓储区选址应远离市区和居民区。甲、乙、丙类液体储罐区，液化石油气储罐区，可燃、助燃气体储罐区等，应布置在城市(区域)的边缘或相对独立的安全地带，宜布置在城市(区域)全年最小频率风向的上风侧。

（4）甲、乙、丙类液体储罐区应布置在地势较低的地带，当受条件限制不得不布置在地势较高的地带时，需采取加强防火堤或另外增设防护墙等可靠的安全防护设施。液化石油气储罐(区)宜布置在地势平坦、开阔等不易积存液化石油气的地带。

（5）液化石油气因相对密度大、气化体积大、爆炸极限低，一旦泄漏会迅速气化随风扩散到相当远的地方，遇火源着燃着火并能回燃至泄漏点引起容器爆炸，导致大量液化气泄漏爆炸，造成严重破坏后果。因此液化石油气储罐区应尽量远离居住区、工业企业和学校、医院、电影院等重要公共建筑区域。

（6）储存区地址选择还应考虑交通方便，疏散便利，有良好的地质、地形、气象等自然条件及消防水源的来源。

（7）储存数量构成重大危险源的危险化学品储存设施的选址，应当避开地震活动断层和容易发生洪灾、地质灾害的区域。

（8）企业内部的储存设施(仓库和储罐)，应结合企业主体建构筑物及设备设施统一考虑，宜设在厂区边缘的安全地带，并应符合城镇或工业园区规划、环境保护和防火安全的要求。

2）总平面布置

危险化学品储存企业应根据储存物质的火灾危险性类别进行合理的总平面布置。

（1）储存物品的火灾危险性分类

根据《建筑设计防火规范》的规定，储存物品的火灾危险性根据储存物品的性质和储存物品中的可燃物数量等因素划分为甲、乙、丙、丁、戊五类，具体划分见表 4-1。

表 4-1 储存物品的火灾危险性分类

储存物品的火灾危险性类别	储存物品的的火灾危险性特征
甲	1. 闪点小于 28℃的液体； 2. 爆炸下限小于 10%的气体，受到水或空气中水蒸气的作用能产生爆炸下限小于 10%气体的固体物质； 3. 常温下能自行分解或在空气中氧化能导致迅速自燃或爆炸的物质； 4. 常温下受到水或空气中水蒸气的作用，能产生可燃气体并引起燃烧或爆炸的物质； 5. 遇酸、受热、撞击、摩擦以及遇有机物或硫磺等易燃的无机物，极易引起燃烧或爆炸的强氧化剂； 6. 受撞击、摩擦或与氧化剂、有机物接触时能引起燃烧或爆炸的物质

储存物品的火灾 危险性类别	储存物品的的火灾危险性特征
乙	1. 闪点不小于 28℃，但小于 60℃ 的液体； 2. 爆炸下限不小于 10% 的气体； 3. 不属于甲类的氧化剂； 4. 不属于甲类的易燃固体； 5. 助燃气体； 6. 常温下与空气接触能缓慢氧化，积热不散引起自燃的物品
丙	1. 闪点不小于 60℃ 的液体； 2. 可燃固体
丁	难燃烧物品
戊	不燃烧物品

（2）总平面布置

① 大中型危险化学品仓库内应设库区和生活区，两区之间应有 2m 以上的实体围墙，围墙与库区内建筑的距离不宜小于 5m，并应满足围墙建筑物之间的防火距离要求。

② 储存危险化学品的仓库必须单独建造，将仓库区与行政管理、生活区、辅助区分开设置，并不得将化学危险物品的储存场所设在地下室或半地下室内。库区布置，以保证危险化学品有安全的储存环境，也有利于发生事故时的应急救援。

③ 甲、乙、丙类液体储罐区、液化石油气储罐区、可燃及助燃气体储罐区的总平面布置应按储罐区、易燃和可燃液体装卸区、辅助作业区和行政管理区分区布置；行政管理区和辅助作业区内，使用性质相近的建（构）筑物，在符合生产使用和安全防火要求的前提下，可合并建设。

④ 企业内部的危险化学物品储存场所可结合企业的总体布置统一考虑，不可设置在工厂、企业的中心地带，人员密集的场所附近，人员、车辆进出频繁的交通要道附近及食堂、明火作业场所、变电所和电表间附近。

⑤ 汽车装卸设施、液化烃装卸站及各类物品仓库等机动车辆频繁进出的设施应布置在厂区边缘或厂区外，并宜设置围墙独立成区。

⑥ 储罐区的泡沫站应布置在罐组防火堤外的非防爆区，与可燃液体储罐的防火间距不小于 20m。

⑦ 储存场所内各设施之间的距离应满足《石油化工企业设计防火规范》（GB 50160）或《建筑设计防火规范》（GB 50016）等的要求。

⑧ 可燃液体和气体储罐区、装卸区及危险品仓库区应设环形消防车道，消防车道的路面宽度、路面内缘转弯半径、路面上的净空高度应满足《石油化工企业设计防火规范》（GB 50160）或《建筑设计防火规范》（GB 50016）的要求。

⑨ 库区内建筑与围墙的距离不宜小于 5m，并应满足围墙两侧建筑物之间的防火间距的要求。

⑩ 相邻油罐组防火堤外踢脚线之间应有消防道路或留有宽度不小于 7 m 的消防空地。

⑪ 氨储罐应为地上布置，不得将常压液氨储罐和压力液氨储罐同区布置。

4.2.2 储罐(区)的防火堤设置及防火间距

《石油库设计规范》(GB 50074)、《石油化工企业设计防火规范》(GB 50160)、《储罐区防火堤设计规范》(GB 50351)和《建筑设计防火规范》(GB 50016)等对储罐(区)防火堤的设置、储罐的布置及防火间距都有规定。

1) 防火堤(防护墙)的设置

为防止储罐内液体因罐体破裂或突沸导致外溢流散而使火灾蔓延扩大，减少火灾损失，同时给灭火救援创造有利条件，现行《储罐区防火堤设计规范》(GB 50351)规定，易燃、可燃液体的地上、半地下储罐或储罐组四周应设置不燃材料建造的防火堤或防护墙。

防火堤是用于常压易燃和可燃液体储罐组、常压条件下通过低温使气态变成液态的储罐组或其他液态危险品储罐组发生泄漏事故时，防止液体外流和火灾蔓延的构筑物；防护墙是用于常温条件下通过加压使气态变成液态的储罐组发生泄漏事故时，防止下沉气体外溢的构筑物。

防火堤或防护墙的设置应按以下要求设置：

(1) 防火堤、防护墙应采用不燃烧材料建造，且必须密实、闭合、不泄漏，防止堤内液体流淌至外面。

(2) 防火堤内的储罐布置不应超过 2 排，单罐容量不大于 $1000m^3$ 且闪点大于 $120℃$ 的液体储罐不宜超过 4 排。

(3) 防火堤的有效容量不应小于罐组内其中最大储罐的容量。对于浮顶罐，防火堤的有效容量可为其中最大储罐容量的一半。

(4) 立式储罐组内防火堤的设计高度应比计算高度高出 0.2m，且其高度应为 1.0~2.2m，罐组内隔堤高度宜为 0.5~0.8m；全压力式或半冷冻式液化石油气、天然气凝液储罐组的防护墙高度宜为 0.6 m；卧式油罐组的防火堤高于堤内设计地坪不应小于 0.5m，隔墙高度宜为 0.3m。

隔堤(隔墙)是指用于减少防火堤内储罐发生少量泄漏事故时的影响范围，而将一个储罐组分隔成多个分区的构筑物。

(5) 防火堤内侧基脚线至立式储罐外壁的水平距离不应小于罐壁高度的一半。卧式储罐的罐壁至防火堤内侧基脚线的水平距离不应小于3m。全压力式或半冷冻式液化烃储罐罐壁到防护墙的距离不应小于3m。

(6) 甲、乙、丙类液体的地上式、半地下式储罐区，其每个防火堤内宜布置火灾危险性类别相同或相近的储罐。沸溢性油品储罐不应与非沸溢性油品储罐布置在同一个防火堤内；地上式、半地下式储罐不应与地下式储罐布置在同一个防火堤内。

(7) 沸溢性液体地上式、半地下式储罐，每个储罐应设置一个防火堤或防火隔堤；储罐组内单罐容积大于 $50000m^3$ 时，应每个罐设防火堤或隔堤。

(8) 闪点≤45℃的液体储罐与其他类可燃液体储罐之间；水溶性与非水溶性可燃液体

储罐之间；相互接触能引起化学反应的可燃液体储罐之间；助燃剂、强氧化剂及具有腐蚀性液体储罐与可燃液体储罐之间，均应设防火堤或隔堤隔开。

（9）常压油品储罐不应与液化石油气、液化天然气、天然气凝液储罐布置在同一防火堤内。

（10）全压力式、半冷冻式液氨储罐的防火堤和隔堤的设置同液化烃储罐的设置要求；全冷冻式液氨储罐应设防火堤，堤内有效容积应不小于一个最大储罐容积的60%。

（11）甲类液体半露天堆场，乙、丙类液体桶装堆场和闪点大于120℃的液体储罐（区），当采取了防止液体流散的设施时，可不设置防火堤。

（12）为便于安全检查和消防人员进出，在防火堤或防护墙的不同方位上应设置人行台阶或坡道，每一储罐组的防火堤、防护墙至少有2处设置；同一个方位上相邻人行台阶或坡道之间的距离不宜大于60m。高度大于或等于1.2m的人行台阶或坡道应设护栏。

（13）闪点≤120℃的液体泵站应布置在地上立式储罐的防火堤外。

（14）储存Ⅰ级（极度危害）和Ⅱ级（高毒危害）毒性液体的储罐不应与其他易燃和可燃液体储罐布置在同一防火堤内。

（15）进出储罐组的各类管线、电缆应从防火堤顶部跨越或从地面以下穿过。当必须穿过防火堤、防护墙时，应设置套管并应采用不燃烧材料严密封闭，或采用固定短管且两端采用软管密封连接的形式。

2）储罐（区）之间及与其他设施的防火间距

《石油化工企业设计防火规范》（GB 50058）、《建筑设计防火规范》（GB 50016）、《石油库设计规范》（GB 50074）等都规定了储罐（区）与周边其他设施的防火间距，下面主要介绍《建筑设计防火规范》有关储罐（区）与其他设施的防火间距。

（1）甲、乙、丙类液体、气体储罐（区）与其他建筑的防火间距。

甲、乙、丙类液体储罐（区）和乙、丙类液体桶装堆场与其他建筑的防火间距，不应小于表4-2的要求。

表4-2 甲、乙、丙类液体储罐（区）和乙、丙类液体桶装堆场与其他建筑的防火间距　　m

类别	一个罐区或堆场的总容量 V/m³	建筑物				室外变、配电站
		一、二级		三级	四级	
		高层民用建筑	裙房，其他建筑			
甲、乙类液体储罐（区）	1≤V<50	40	12	15	20	30
	50≤V<200	50	15	20	25	35
	200≤V<1000	60	20	25	30	40
	1000≤V<5000	70	25	30	40	50
丙类液体储罐（区）	5≤V<250	40	12	15	20	24
	250≤V<1000	50	15	20	25	28
	1000≤V<5000	60	20	25	30	32
	5000≤V<25000	70	25	30	40	40

注：1. 当甲、乙类液体储罐和丙类液体储罐布置在同一个储罐区时，罐区的总容量可按1m³甲、乙类液体相当于

5m³丙类液体折算。

2. 储罐防火堤外侧基脚线至相邻建筑的距离不应小于10m。

3. 甲、乙、丙类液体的固定顶储罐区或半露天堆场，乙、丙类液体桶装堆场与甲类厂房（仓库）、民用建筑的防火间距，应按本表的规定增加25%，且甲、乙类液体的固定顶储罐区或半露天堆场，乙、丙类液体桶装堆场与甲类厂房（仓库）、裙房、单、多层民用建筑的防火间距不应小于25m，与明火或散发火花地点的防火间距应按本表有关四级耐火等级建筑物的规定增加25%。

4. 浮顶储罐区或闪点大于120℃的液体储罐区与其他建筑的防火间距，可按本表的规定减少25%。

5. 当数个储罐区布置在同一库区内时，储罐区之间的防火间距不应小于本表相应容量的储罐区与四级耐火等级建筑物防火间距的较大值。

6. 直埋地下的甲、乙、丙类液体卧式罐，当单罐容量不大于50m³，总容量不大于200m³时，与建筑物的防火间距可按本表规定减少50%。

7. 室外变、配电站指电力系统电压为35~500kV且每台变压器容量不小于10MV·A的室外变、配电站和工业企业的变压器总油量大于5t的室外降压变电站。

（2）甲、乙、丙类液体储罐之间的防火间距不应小于表4-3的规定。

表4-3 甲、乙、丙类液体储罐之间的防火间距   m

类别			固定顶储罐			浮顶储罐或设置充氮保护设备的储罐	卧式储罐
			地上式	半地下式	地下式		
甲、乙类液体储罐	单罐容量	$V \leq 1000$	0.75D	0.5D	0.4D	0.4D	≥0.8m
		$V > 1000$	0.6D				
丙类液体储罐	V/m^3		不限	0.4D	不限	不限	—

注：1. D为相邻较大立式储罐的直径(m)，矩形储罐的直径为长边与短边之和的一半。

2. 不同液体、不同形式储罐之间的防火间距不应小于本表规定的较大值。

3. 两排卧式储罐之间的防火间距不应小于3m。

4. 当单罐容量不大于1000m³且采用固定冷却系统时，甲、乙类液体的地上式固定顶储罐之间的防火间距不应小于0.6D。

5. 地上式储罐同时设置液下喷射泡沫灭火系统、固定冷却水系统和扑救防火堤内液体火灾的泡沫灭火设施时，储罐之间的防火间距可适当减小，但不宜小于0.4D。

6. 闪点大于120℃的液体，当单罐容量大于1000 m³时，储罐之间的防火间距不应小于5m；当单罐容量不大于1000m³时，储罐之间的防火间距不应小于2m。

（3）甲、乙、丙类液体储罐与其泵房、装卸鹤管的防火间距不应小于表4-4的规定。

表4-4 甲、乙、丙类液体储罐与其泵房、装卸鹤管的防火间距   m

液体类别和储罐形式		泵房	铁路或汽车装卸鹤管
甲、乙类液体储罐	拱顶罐	15	20
	浮顶罐	12	15
丙类液体储罐		10	12

注：1. 总储量不大于1000m³的甲、乙类液体储罐和总储量不大于5000m³的丙类液体储罐，其防火间距可按本表的规定减少25%。

2. 泵房、装卸鹤管与储罐防火堤外侧基脚线的距离不应小于5m。

（4）甲、乙、丙类液体装卸鹤管与建筑物、厂内铁路线的防火间距不应小于表4-5的规定。

表 4-5　甲、乙、丙类液体装卸鹤管与建筑物、厂内铁路线的防火间距　　　　　　　　m

名　　称	建筑物			厂内铁路线	泵房
	一、二级	三级	四级		
甲、乙类液体装卸鹤管	14	16	18	20	8
丙类液体装卸鹤管	10	12	14	10	

注：装卸鹤管与其直接装卸用的甲、乙、丙类液体装卸铁路线的防火间距不限。

（5）甲、乙、丙类液体储罐与铁路、道路的防火间距不应小于表 4-6 的规定。

表 4-6　甲、乙、丙类液体储罐与铁路、道路的防火间距　　　　　　　　m

名称	厂外铁路线中心线	厂内铁路线中心线	厂外道路路边	厂内道路路边	
				主要	次要
甲、乙类液体储罐	35	25	20	15	10
丙类液体储罐	30	20	15	10	5

（6）可燃气体储罐与建筑物、储罐、堆场等的防火间距应符合下列规定：

① 湿式可燃气体储罐与建筑物、储罐、堆场等的防火间距不应小于表 4-7 的规定。

② 固定容积的可燃气体储罐与建筑物、储罐、堆场等的防火间距不应小于表 4-7 的规定。

③ 干式可燃气体储罐与建筑物、储罐、堆场等的防火间距：当可燃气体的密度比空气大时，应按表 4-7 的规定增加 25%；当可燃气体的密度比空气小时，可按表 4-7 的规定确定。

④ 湿式或干式可燃气体储罐的水封井、油泵房和电梯间等附属设施与该储罐的防火间距，可按工艺要求布置。

⑤ 容积不大于 20m³ 的可燃气体储罐与其使用厂房的防火间距不限。

表 4-7　湿式可燃气体储罐与建筑物、储罐、堆场等的防火间距　　　　　　　　m

名　　称		湿式可燃气体储罐（总容积 V/m^3）				
		$V<1000$	$1000 \leq V$ <10000	$10000 \leq V$ <50000	$50000 \leq V$ <100000	$100000 \leq V$ <300000
甲类仓库，甲、乙、丙类液体储罐，可燃材料堆场，室外变、配电站，明火或散发火花的地点		20	25	30	35	40
高层民用建筑		25	30	35	40	45
裙房，单、多层民用建筑		18	20	25	30	35
其他建筑	一、二级	12	15	20	25	30
	三级	15	20	25	30	35
	四级	20	25	30	35	40

注：固定容积可燃气体储罐的总容积按储罐几何容积（m³）和设计储存压力（绝对压力/10⁵Pa）的乘积计算。

（7）可燃气体储罐（区）之间的防火间距应符合下列规定：

① 湿式可燃气体储罐或干式可燃气体储罐之间及湿式与干式可燃气体储罐的防火间距，不应小于相邻较大罐直径的1/2。

② 固定容积的可燃气体储罐之间的防火间距不应小于相邻较大罐直径的2/3。

③ 固定容积的可燃气体储罐与湿式或干式可燃气体储罐的防火间距，不应小于相邻较大罐直径的1/2。

④ 数个固定容积的可燃气体储罐的总容积大于200000m³时，应分组布置。卧式储罐组之间的防火间距不应小于相邻较大罐长度的一半；球形储罐组之间的防火间距不应小于相邻较大罐直径，且不应小于20m。

（8）氧气储罐与建筑物、储罐、堆场等的防火间距应符合下列规定：

① 湿式氧气储罐与建筑物、储罐、堆场等的防火间距不应小于表4-8的规定。

表 4-8　湿式氧气储罐与建筑物、储罐、堆场等的防火间距　　　　　　　　　　　　　m

名　称		湿式氧气储罐（总容积 V/m^3）		
		$V \leqslant 1000$	$1000 < V \leqslant 50000$	$V > 50000$
明火或散发火花地点		25	30	35
甲、乙、丙类液体储罐，可燃材料堆场，甲类仓库，室外变、配电站		20	25	30
民用建筑		18	20	25
其他建筑	一、二级	10	12	14
	三级	12	14	16
	四级	14	16	18

注：固定容积氧气储罐的总容积按储罐几何容积（m³）和设计储存压力（绝对压力/10⁵Pa）的乘积计算。

② 氧气储罐之间的防火间距不应小于相邻较大罐直径的1/2。

③ 氧气储罐与可燃气体储罐的防火间距不应小于相邻较大罐的直径。

④ 固定容积的氧气储罐与建筑物、储罐、堆场等的防火间距不应小于表4-8的规定。

⑤ 氧气储罐与其制氧厂房的防火间距可按工艺布置要求确定。

⑥ 容积不大于50m³的氧气储罐与其使用厂房的防火间距不限。

注：1m³液氧折合标准状态下800m³气态氧。

（9）液氧储罐与建筑物、储罐、堆场等的防火间距应符合第（8）条相应容积湿式氧气储罐防火间距的规定。液氧储罐与其泵房的间距不宜小于3m。总容积小于或等于3m³的液氧储罐与其使用建筑的防火间距应符合下列规定：

① 当设置在独立的一、二级耐火等级的专用建筑物内时，其防火间距不应小于10m；

② 当设置在独立的一、二级耐火等级的专用建筑物内，且面向使用建筑物一侧采用无门窗洞口的防火墙隔开时，其防火间距不限；

③ 当低温储存的液氧储罐采取了防火措施时，其防火间距不应小于5m。

医疗卫生机构中的医用液氧储罐气源站的液氧储罐应符合下列规定：

① 单罐容积不应大于5m³，总容积不宜大于20 m³；

② 相邻储罐之间的距离不应小于最大储罐直径的0.75倍；

③ 医用液氧储罐与医疗卫生机构外建筑的防火间距应符合第(8)条的规定，与医疗卫生机构内建筑的防火间距应符合现行国家标准《医用气体工程技术规范》(GB 50751)的规定。

(10) 液氧储罐周围 5.0m 范围内不应有可燃物和沥青路面。

(11) 可燃、助燃气体储罐与铁路、道路的防火间距不应小于表 4-9 的规定。

表 4-9　可燃、助燃气体储罐与铁路、道路的防火间距　　　　　　　　　m

名称	厂外铁路线中心线	厂内铁路线中心线	厂外道路路边	厂内道路路边	
				主要	次要
可燃、助燃气体储罐	25	20	15	10	5

(12) 液化天然气气化站的液化天然气储罐(区)与站外建筑等的防火间距不应小于表 4-10 的规定，与表 4-10 未规定的其他建筑的防火间距，应符合现行国家标准《城镇燃气设计规范》(GB 50028)的规定。

表 4-10　液化天然气气化站的液化天然气储罐(区)与站外建筑等的防火间距　　m

名称	液化天然气储罐(区)(总容积 V/m³)							集中放散装置的天然气放散总管
	$V \leq 10$	$10 < V \leq 30$	$30 < V \leq 50$	$50 < V \leq 200$	$200 < V \leq 500$	$500 < V \leq 1000$	$1000 < V \leq 2000$	
单罐容积 V/m³	$V \leq 10$	$V \leq 30$	$V \leq 50$	$V \leq 200$	$V \leq 500$	$V \leq 1000$	$V \leq 2000$	
居住区、村镇和重要公共建筑(最外侧建筑物的外墙)	30	35	45	50	70	90	110	45
工业企业(最外侧建筑物的外墙)	22	25	27	30	35	40	50	20
明火或散发火花地点、室外变、配电站	30	35	45	50	55	60	70	30
其他民用建筑，甲、乙类液体储罐，甲、乙类仓库，甲、乙类厂房，秸秆、芦苇、打包废纸等材料堆场	27	32	40	45	50	55	65	25
丙类液体储罐，可燃气体储罐，丙、丁类厂房，丙、丁类仓库	25	27	32	35	40	45	55	20
公路(路边) 高速，Ⅰ、Ⅱ级，城市快速	20				25			15
公路(路边) 其他	15				20			10
架空电力线(中心线)	1.5 倍杆高				1.5 倍杆高，但 35kV 及以上架空电力线不应小于 40m			2.0 倍杆高
架空通信线(中心线) Ⅰ、Ⅱ级	1.5 倍杆高	30			40			1.5 倍杆高
架空通信线(中心线) 其他	1.5 倍杆高							

名称		液化天然气储罐(区)(总容积 V/m³)							集中放散装置的天然气放散总管
		V≤10	10<V≤30	30<V≤50	50<V≤200	200<V≤500	500<V≤1000	1000<V≤2000	
铁路(中心线)	国家线	40	50	60	70		80		40
	企业专用线	25			30		35		30

注：居住区、村镇指1000人或300户及以上者；当少于1000人或300户时，相应防火间距应按本表有关其他民用建筑的要求确定。

（13）液化石油气供应基地的全压力式和半冷冻式储罐(区)，与明火或散发火花地点和基地外建筑等的防火间距不应小于表4-11的规定，与该表未规定的其他建筑的防火间距应符合现行国家标准《城镇燃气设计规范》(GB 50028)的规定。

表4-11　液化石油气供应基地的全压式或半冷冻式储罐(区)
与明火或散发火花地点和基地外建筑等的防火间距　　　　　　　　m

名　称		液化石油气储罐(区)(总容积 V/m³)						
		30<V≤50	50<V≤200	200<V≤500	500<V≤1000	1000<V≤2500	2500<V≤5000	5000<V≤10000
单罐容积 V/m³		V≤20	V≤50	V≤100	V≤200	V≤400	V≤1000	V>1000
居住区、村镇和重要公共建筑(最外侧建筑物的外墙)		45	50	70	90	110	130	150
工业企业(最外侧建筑物的外墙)		27	30	35	40	50	60	75
明火或散发火花地点，室外变、配电站		45	50	55	60	70	80	120
其他民用建筑，甲、乙类液体储罐，甲、乙类仓库，甲、乙类厂房，秸秆、芦苇、打包废纸等材料堆场		40	45	50	55	65	75	100
丙类液体储罐，可燃气体储罐，丙、丁类厂房，丙、丁类仓库		32	35	40	45	55	65	80
助燃气体储罐，木材等材料堆场		27	30	35	40	50	60	75
其他建筑	一、二级	18	20	22	25	30	40	50
	三级	22	25	27	30	40	50	60
	四级	27	30	35	40	50	60	75
公路(路边)	高速，Ⅰ、Ⅱ级	20	25					30
	Ⅲ、Ⅳ级	15	20					25
架空电力线(中心线)		应符合表4-12的规定						
架空通信线(中心线)	Ⅰ、Ⅱ级	30			40			
	Ⅲ、Ⅳ级	1.5倍杆高						
铁路(中心线)	国家线	60	70		80		100	
	企业专用线	25	30		35		40	

注：1. 防火间距应按本表储罐区的总容积或单罐容积的较大者确定。

2. 当地下液化石油气储罐的单罐容积不大于$50m^3$，总容积不大于$400m^3$时，其防火间距可按本表的规定减少50%。

3. 居住区、村镇指1000人或300户及以上者；当小于1000人或300户时，相应防火间距应按本表有关其他民用建筑的要求确定。

表4-12　架空电力线与甲、乙类厂房(仓库)、可燃材料堆垛等的最近水平距离　　　　m

名　称	架空电力线
甲、乙类厂房(仓库)，可燃材料堆垛，甲、乙类液体储罐，液化石油气储罐，可燃、助燃气体储罐	电杆(塔)高度的1.5倍
直埋地下的甲、乙类液体储罐和可燃气体储罐	电杆(塔)高度的0.75倍
丙类液体储罐	电杆(塔)高度的1.2倍
直埋地下的丙类液体储罐	电杆(塔)高度的0.6倍

(14) 液氢、液氨储罐与建筑物、储罐、堆场等的防火间距可按表4-11相应容积液化石油气储罐防火间距的规定减少25%确定。

(15) 液化石油气储罐之间的防火间距不应小于相邻较大罐的直径。数个储罐的总容积大于$3000m^3$时，应分组布置，组内储罐宜采用单排布置。组与组相邻储罐之间的防火间距不应小于20m。

(16) 液化石油气储罐与所属泵房的防火间距不应小于15m。当泵房面向储罐一侧的外墙采用无门、窗、洞口的防火墙时，防火间距可减至6m。液化石油气泵露天设置在储罐区内时，储罐与泵的防火间距不限。

(17) 全冷冻式液化石油气储罐、液化石油气气化站、混气站的储罐与周围建筑的防火间距，应符合现行《城镇燃气设计规范》(GB 50028)的规定。

工业企业内总容积不大于$10m^3$的液化石油气气化站、混气站的储罐，当设置在专用的独立建筑内时，建筑外墙与相邻厂房及其附属设备的防火间距可按甲类厂房有关防火间距的规定确定。当露天设置时，与建筑物、储罐、堆场等的防火间距应符合现行《城镇燃气设计规范》(GB 50028)的规定。

(18) Ⅰ、Ⅱ级瓶装液化石油气供应站瓶库与站外建筑等的防火间距不应小于表4-13的规定。瓶装液化石油气供应站的分级及总存瓶容积不大于$1m^3$的瓶装供应站瓶库的设置，应符合现行《城镇燃气设计规范》(GB 50028)的规定。

表4-13　Ⅰ、Ⅱ级瓶装液化石油气供应站瓶库与站外建筑等的防火间距　　　　m

名称	Ⅰ级		Ⅱ级	
瓶库的总存瓶容积 V/m^3	$6<V\leqslant10$	$10<V\leqslant20$	$1<V\leqslant3$	$3<V\leqslant6$
明火或散发火花地点	30	35	20	25
重要公共建筑	20	25	12	15
其他民用建筑	10	15	6	8
主要道路路边	10	10	8	8
次要道路路边	5	5	5	5

注：总存瓶容积应按实瓶个数与单瓶几何容积的乘积计算。

(19) Ⅰ级瓶装液化石油气供应站的四周宜设置不燃性实体围墙，但面向出入口一侧可设置不燃烧性非实体围墙。Ⅱ级瓶装液化石油气供应站的四周宜设置不燃性实体围墙，或下部实体部分高度不低于0.6m的围墙。

4.2.3 库房的建筑及防火间距

危险化学品仓库因储存危险品数量多，灭火救援难度大，一旦发生燃爆事故，往往整个仓库或防火分区会被全部烧毁。若仓库建构筑物不符合要求，火灾会迅速蔓延扩大，从而造成严重的后果。因此仓库应根据现行国家标准《建筑设计防火规范》(GB 50016)的要求进行防火防爆设计。

1) 仓库建筑的防火要求

(1) 仓库应根据储存物品的火灾危险性和储存物品中可燃物数量等因素确定其火灾危险性类别，储存物品的火灾危险性分类见表4-1。同一个仓库或仓库的任一个防火分区内储存不同火灾危险性物品时，仓库或防火分区的火灾危险性应按火灾危险性最大的物品确定；丁、戊类储存物品仓库的火灾危险性，当可燃包装重量大于物品本身重量1/4或可燃包装体积大于物品本身体积的1/2时，应按丙类确定。

(2) 仓库建筑物的耐火等级

仓库的耐火等级对预防火灾发生，限制火焰蔓延，争取火灾扑救时间，减少事故损失关系极大。《建筑设计防火规范》根据建筑物各构件燃烧性能和耐火极限将建筑物划分为4个耐火等级，即一、二、三、四级，具体的划分见第3章表3-6。

(3) 仓库的耐火等级、层数和占地面积

为减少事故造成的损失，有利于火灾的扑救，《建筑设计防火规范》(GB 50016)对不同火灾危险性库房的耐火等级、层数、占地面积、防火分区的面积都作了规定，如表4-14所示。

表4-14 仓库的层数和面积

储存物品的火灾危险性类别		仓库的耐火等级	最多允许层数	每座仓库的最大允许占地面积和每个防火分区的最大允许建筑面积/m²						地下或半地下仓库（包括地下或半地下室）
				单层仓库		多层仓库		高层仓库		
				每座仓库	防火分区	每座仓库	防火分区	每座仓库	防火分区	防火分区
甲	3、4项	一级	1	180	60	—	—	—	—	—
	1、2、5、6项	一、二级	1	750	250	—	—	—	—	—
乙	1、3、4项	一、二级	3	2000	500	900	300	—	—	—
		三级	1	500	250	—	—	—	—	—
	2、5、6项	一、二级	5	2800	700	1500	500	—	—	—
		三级	1	900	300	—	—	—	—	—

储存物品的火灾危险性类别		仓库的耐火等级	最多允许层数	每座仓库的最大允许占地面积和每个防火分区的最大允许建筑面积/m²						
				单层仓库		多层仓库		高层仓库		地下或半地下仓库（包括地下或半地下室）
				每座仓库	防火分区	每座仓库	防火分区	每座仓库	防火分区	防火分区
丙	1项	一、二级	5	4000	1000	2800	700	—	—	150
		三级	1	1200	400	—	—	—	—	
	2项	一、二级	不限	6000	1500	4800	1200	4000	1000	300
		三级	3	2100	700	1200	400	—	—	
丁		一、二级	不限	不限	3000	不限	1500	4800	1200	500
		三级	3	3000	1000	1500	500	—	—	
		四级	1	2100	700	—	—	—	—	
戊		一、二级	不限	不限	不限	不限	2000	6000	1500	1000
		三级	3	3000	1000	2100	700	—	—	
		四级	1	2100	700	—	—	—	—	

注：1. 仓库中的防火分区之间必须采用防火墙分隔；地下或半地下仓库（包括地下或半地下室）的最大允许占地面积，不应大于相应类别地上仓库的最大允许占地面积；

2. 石油库内桶装油品仓库应按现行国家标准《石油库设计规范》（GB 50074）的有关规定执行；

3. 一、二级耐火等级的煤均化库，每个防火分区的最大允许建筑面积不应大于12000m²；

4. 独立建造的硝酸铵仓库、电石仓库、聚氯乙烯等高分子制品仓库、尿素仓库、配煤仓库、造纸厂的独立成品仓库，当建筑的耐火等级不低于二级时，每座仓库的最大允许占地面积和每个防火分区的最大允许建筑面积可按本表的规定增加1.0倍；

5. 一、二级耐火等级冷库的最大允许占地面积和防火分区的最大允许建筑面积，应符合现行国家标准《冷库设计规范》（GB 50072）的规定。

储存各类危险化学品仓库的耐火等级、层数、占地面积及防火分区的面积，必须满足上表规定。仓库内设置自动灭火系统时，除冷库的防火分区外，每座仓库的最大允许占地面积和每个防火分区的最大允许建筑面积可按上表的规定增加1.0倍。

高架仓库的耐火等级不应低于二级。

（4）因甲、乙类物品着火后蔓延快、火势猛烈，其中不少会发生爆炸，事故后果危害很大。所以仓库内的防火分区之间必须用防火墙进行分隔，不能用其他分隔方式替代；且甲、乙、丙类仓库内的防火墙，其耐火极限不应低于4.00h。

甲、乙类仓库内防火分区之间的防火墙不应开设门、窗、洞口。

可燃气体和甲、乙、丙类液体的管道严禁穿过防火墙。其他管道不宜穿过防火墙，当必须穿过时，应采用防火封堵材料将墙与管道之间的空隙紧密填实；当管道为难燃及可燃材质时，应在防火墙两侧的管道上采取防火措施。爆炸危险场所的排风管道严禁穿过防火墙和有爆炸危险的房间隔墙。防火墙内不应设置排气管道。

（5）仓库内严禁设置员工宿舍。

办公室、休息室等严禁设置在甲、乙类仓库内，也不应贴邻建造。

办公室、休息室设置在丙、丁类仓库内时，应采用耐火极限不低于2.50h的防火隔墙和1.00h的楼板与其他部位分隔，并应设置独立的安全出口。隔墙上需开设相互连通的门时，应采用乙级防火门。

（6）为利于压力泄放，减少爆炸的危害和便于救援，储存危险化学品的仓库不应设在地下或半地下。

（7）多层仓库提升设施（含货梯、升降机等）的设置，除一、二级耐火等级的多层戊类仓库外，其他仓库内供垂直运输物品的提升设施宜设置在仓库外，若确需设置在仓库内时则应设置在井壁的耐火极限不低于2.00h的井筒内，以防止火焰通过升降机的楼板孔洞向上蔓延。室内外提升设施通向仓库的入口应设置乙级防火门或符合规范要求的防火卷帘，避免因门的破坏导致火灾蔓延扩大。

2）库房的防爆要求

（1）甲、乙、丙类仓库应设置防止液体流散的设施，以防止易燃液体包装桶破裂、爆炸，液体到处流淌甚至流到库外，使火势蔓延扩大。防液体流散设施可采用在桶装仓库门洞处修筑高度为150~300mm慢坡，或是在仓库门口砌筑高度为150~300mm的门坎，再在门坎两边填砂土形成慢坡，便于装卸。

（2）储存遇湿会发生燃烧爆炸的物品（如储存钾、钠、锂、钙、锶、氢化锂等物品）的仓库应设置防止水浸渍的设施。如使室内地面高出室外地面、仓库屋面严密遮盖，防止渗漏雨水，这类物品仓库的装卸栈台应有防雨水的遮挡措施等。

（3）有爆炸危险的仓库或仓库内有爆炸危险的部位，应按《建筑设计防火规范》（GB 50016）第3.6节厂房和仓库的防爆规定采取防爆措施。库房应设置足够的泄压设施，有粉尘爆炸危险的筒仓，其顶部盖板亦应设置必要的泄压设施。

（4）仓库内可能散发可燃/有毒气体的场所应按《石油化工可燃气体和有毒气体检测报警设计规范》（GB 50493）设置可燃/有毒气体检测报警装置，并能在现场发出声光报警信号，其报警信号应接至24h有人值守的场所。报警仪与通风系统应实行联锁。

（5）仓库地面应防潮、平整、坚实，易于清扫；可能产生爆炸性混合气体或爆炸性粉尘的仓库，应采用不发生火花的地面，防止比空气重的可燃气体、可燃蒸气、可燃粉尘在下部空间或地沟、洼地等处积聚，若设备、工具等与地面摩擦、撞击产生火花则易引发爆炸。采用绝缘材料作整体面层时，应采取防静电措施。

（6）仓储场所内不应搭建临时性的建筑物或构筑物；因装卸作业确需搭建时，应经消防安全管理人员审批同意，并确定防火责任人，落实临时防火措施，作业结束后应立即拆除。

3）仓库的防火间距

为防止发生火灾对周边建筑或设施造成影响，仓库之间及与其他设施之间必须保持足够距离，满足《建筑设计防火规范》（GB 50016）对防火间距的要求。

（1）甲类仓库之间及与其他建筑、明火或散发火花地点、铁路、道路等的防火间距见表4-15。

（2）乙、丙、丁、戊类仓库之间及与民用建筑的防火间距见表4-16。

表 4-15　甲类仓库之间及与其他建筑、明火或散发火花地点、铁路、道路等的防火间距　m

名　　称			甲类仓库（储量/t）			
			甲类储存物品第 3、4 项		甲类储存物品第 1、2、5、6 项	
			≤5	>5	≤10	>10
高层民用建筑，重要公共建筑			50			
裙房、其他民用建筑、明火或散发火花地点			30	40	25	30
甲类仓库			20	20	20	20
厂房和乙、丙、丁、戊类仓库		一、二级	15	20	12	15
		三级	20	25	15	20
		四级	25	30	20	25
电力系统电压为 35~500kV 且每台变压器容量不小于 10MV·A 的室外变、配电站，工业企业的变压器总油量大于 5t 的室外降压变电站			30	40	25	30
厂外铁路线中心线			40			
厂内铁路线中心线			30			
厂外道路路边			20			
厂内道路路边		主要	10			
		次要	5			

注：甲类仓库之间的防火间距，当第 3、4 项物品储量不大于 2t，第 1、2、5、6 项物品储量不大于 5t 时，不应小于 12m。甲类仓库与高层仓库的防火间距不应小于 13m。

表 4-16　乙、丙、丁、戊类仓库之间及与民用建筑的防火间距　　　　　　m

名　　称			乙类仓库			丙类仓库				丁、戊类仓库			
			单、多层		高层	单、多层			高层	单、多层			高层
			一、二级	三级	一、二级	一、二级	三级	四级	一、二级	一、二级	三级	四级	一、二级
乙、丙、丁、戊类仓库	单、多层	一、二级	10	12	13	10	12	14	13	10	12	14	13
		三级	12	14	15	12	14	16	15	12	14	16	15
		四级	14	16	17	14	16	18	17	14	16	18	17
	高层	一、二级	13	15	13	13	15	17	13	13	15	17	13
民用建筑	裙房，单、多层	一、二级	25			10	12	14	13	10	12	14	13
		三级				12	14	16	15	12	14	16	15
		四级				14	16	18	17	14	16	18	17
	高层	一类	50			20	25	25	20	15	18	18	15
		二类				15	20	20	15	13	15	15	13

注：1. 单层、多层戊类仓库之间的防火间距，可按本表规定减少 2m。

2. 两座仓库的相邻外墙均为防火墙时，防火间距可以减少，但丙类仓库不应小于 6m；丁、戊类仓库不应小于 4m。两座仓库相邻较高一面外墙为防火墙，或相邻两座高度相同的一、二级耐火等级建筑中相邻任一侧外墙为防火墙且屋顶的耐火极限不低于 1.00h，且总占地面积不大于表 4-14 中一座仓库的最大允许占地面积规定时，其防火间距不限。

3. 除乙类第 6 项物品外的乙类仓库，与民用建筑的防火间距不宜小于 25m，与重要公共建筑的防火间距不应小于 50m，与铁路、道路等的防火间距不宜小于表 4-15 中甲类仓库与铁路、道路等的防火间距。

（3）丁、戊类仓库与民用建筑的耐火等级均为一、二级时，仓库与民用建筑的防火间距可适当减小，但应符合下列规定：①当较高一面外墙为无门、窗、洞口的防火墙，或比相邻较低一座建筑屋面高15m及以下范围内的外墙为无门、窗、洞口的防火墙时，其防火间距可不限；②相邻较低一面外墙为防火墙，且屋顶无天窗或洞口、屋顶耐火极限不低于1.00h，或相邻较高一面外墙为防火墙，且墙上开口部位采取了防火保护措施，其防火间距可适当减小，但不应小于4m。

4）仓库的安全疏散设施

（1）仓库应设置一定数量的安全出口，保证异常情况下人员和物料的安全疏散。每座仓库的安全出口不应少于2个，当一座仓库的占地面积小于等于300m²时，可设置1个安全出口。

仓库内每个防火分区通向疏散走道、楼梯或室外的出口不宜少于2个，当防火分区的建筑面积小于等于100m²时，可设置1个。通向疏散走道或楼梯的门应采用乙级防火门。

仓库的安全出口应分散布置。每个防火分区、一个防火分区的每个楼层，其相邻2个安全出口最近边缘之间的水平距离不应小于5.0m。

（2）甲、乙类库房因火灾、爆炸危险性大，火焰蔓延迅速，因此仓库的疏散门应采用向疏散方向开启的平开门，不应采用推拉门、卷帘门、吊门、转门和折叠门，以保证紧急情况下快速疏散；丙、丁、戊类仓库首层靠墙的外侧可采用推拉门或卷帘门，但不允许设置在仓库外墙的内侧，以防止因货物翻倒压住或阻碍而无法开启。

（3）开向疏散楼梯或疏散楼梯间的门，当其完全开启时不应减少楼梯平台的有效宽度。

4.2.4 储罐（区）储存的安全技术要求

1）储罐（区）的要求

（1）储存闪点≤45℃的液体储罐应选用浮顶罐或内浮顶罐。有特殊要求的物料，可选用其他形式的储罐。

（2）储存易燃液体的固定顶罐或低压储罐应采取水喷淋或隔热防晒设施，防止夏季气温高时液体气化，压力升高，带来安全隐患。

（3）甲、乙类液体的固定顶罐应宜用氮封，储罐的气体排放管应设阻火器和呼吸阀；对采用氮气或其他气体气封时还应设置事故泄压设备。

（4）根据现行《石油库设计规范》（GB 50074）规定，储罐通气管的设置为：覆土立式油罐的通气管管口应引出罐室外，管口宜高出覆土面1.0~1.5m。地上露天布置的常压卧式储罐的通气管管口最小设置高度为：甲、乙类液体高于储罐周围地面4m，且高于罐顶1.5m；丙类液体高于罐顶0.5m。覆土式常压卧式储罐的通气管管口最小设置高度为：甲、乙类液体高于储罐周围地面4m，且高于覆土面层1.5m；丙类液体高于覆土面层1.5m。

（5）储罐的进料管应从罐体的下部接入；若必须从上部接入，应延伸至距罐底20cm处，以防液体喷溅产生静电。

（6）为防止储罐基础不稳，造成储罐与管道之间产生不均匀沉降而导致储罐与管道连接处的焊缝开裂，物料泄漏，物料的进出口管道应采用柔性连接或其他防止地基下沉的措施。

（7）向汽车罐车灌装闪点≤45℃的易燃液体和极度危害、高毒危害的毒性液体应采用密闭装车方式，并应按《油品装卸系统油气回收设施设计规范》（GB 50759）的有关规定设置油气回收设施，禁止可燃、有毒气体向大气排放。

（8）储罐区应在防火堤的出口处设置水封设施，连接水封设施的雨水排放管道应从防火堤内地面下面通出堤外。雨水管道在堤外要设截断阀，防止储罐泄漏液体流出防火堤。水封井的水封高度不应小于25cm，要经常检查水封高度，发现有浮油要查明原因并及时清除。

截断阀平时应保持关闭状态，防止储罐区发生液体泄漏，物料沿明沟流入雨水系统。雨水截断阀应有专人管理；为便于操作，阀杆操作盘宜高出地面，并有开关的显示标志。

（9）在可燃/有毒气体可能泄漏的场所，如储罐区、泵房、装卸作业等处应设可燃/有毒气体检测报警装置，其检测点的设置、检测器的选用及安装等应满足《石油化工可燃气体和有毒气体检测报警设计规范》（GB 50493）的要求。

（10）罐区应设视频监控系统，监控范围应覆盖储罐区、泵站、装卸设施和主要设施的出入口。大型储罐应采用DCS控制系统，除正常的调节控制系统外，还应设置完善的报警系统，对重要的工艺参数实行超限报警，以确保储运安全。另外对分散控制系统采用防止断电故障紧急停车事故的保护措施。

构成重大危险源的储罐区应根据《危险化学品重大危险源监督管理暂行规定》（安全监管总局〔2011〕第40号令，〔2015〕79号令修订）和《危险化学品重大危险源罐区现场安全监控装备设置规范》（AQ 3036）等的规定设置安全监控设施，对主要工艺技术参数如温度、压力等进行24h实时监控。

（11）易燃、可燃液体常压储罐应设液位计，必要时设压力表；液化烃的储罐应设液位计、温度计、压力表、安全阀；液氨储罐，应设液位计、压力表和安全阀，低温液氨储罐还应设温度指示仪。

同一储罐至少配备两种不同类别的液位计，确保液位指示准确、可靠。

（12）储罐应设高、低液位报警器，采用高高液位自动联锁切断进料阀门设施，并宜设置低低液位自动联锁切断出料设施。对于全冷冻式液化烃储罐还应设真空泄放设施和高、低温度检测，并与自动控制系统相联。液化石油气球罐液相进出口应设置紧急切断阀，其位置宜靠近球罐。气柜应设上、下限位报警装置，并设进出管道自动联锁切断装置。

（13）球罐应设2个安全阀，每个都能满足事故状态下最大安全泄放量的要求；安全阀前后设手动切断阀，切断阀口径不应小于安全阀出、入口口径，正常保持全开状态，并加设铅封或锁定。安全阀的开启压力（定压）不得大于球罐的设计压力。

（14）液化烃储罐的安全阀出口管应接至火炬系统。确有困难时，可就地放空，但其排气管口应高出8m范围内储罐罐顶平台3m以上。涉及液化烃、液氨、液氯、硫化氢等易燃易爆及有毒介质的安全阀及其他泄放设施，应将介质排至安全地方，妥善处理，不得直排大气；环氧乙烷的排放应采取相应安全措施。

（15）易燃、可燃液体的汽车装卸站内无缓冲罐时，在距离装卸鹤位10m以外的装卸管道上应设便于操作的紧急切断阀。

（16）全压力式的液化烃球罐应设置防止液化烃泄漏的注水设施。

（17）可燃液体储罐组的防火堤内可种植生长高度不超过15cm、含水分多的四季常青的草皮，不得种植作物或树木，防火堤与消防道路之间不得种植树木；液化烃罐组防火堤内严禁绿化。

（18）汽车装卸区应有防止泄漏液体流散的设施，使用软管装料时应有收集管内残液的措施。

（19）罐区内的各种沟、坑、坎应进行平整或加盖板，防止可燃气体泄漏积聚，避免人员绊倒、摔伤。在装卸料栈台和卸料鹤管周围设置防撞柱。

（20）输送有腐蚀性物料的管道、阀门等的法兰连接处，应设置防液体喷溅的设施。

（21）储罐区、液体装卸站等可能泄漏有毒、刺激性、腐蚀性等物料的部位，均应设置冲淋洗眼器，冲淋洗眼器的服务半径不大于15m，布置在室外的冲淋洗眼器应有防冻措施；这类场所现场还应配备急救药品。

（22）储罐区应设置事故状态下的收集、储存泄漏出来的危险物料和事故废水的设施，收集、储存设施包括事故应急池、防火堤内或围堰内区域等，事故应急池、防火堤内或围堰内区域应做防渗处理。

（23）储存腐蚀性液体的罐区内地面应采取防渗和防腐蚀措施。

（24）罐区内的管道应根据《工业管道的基本识别色、识别符号和安全标识》（GB 7231）的要求，进行标识。标识包括管道的识别色、物质名称、流向等；流向用箭头表示。

（25）可燃气体管道的低点应设两道排液阀，排出的液体应排放至密闭系统；仅在开停工时使用的排液阀，可设一道阀门并加丝堵、管帽、盲板或法兰盖封堵。

（26）液氨储罐进出口管道应设远程自动切断阀。

（27）液化天然气（LNG）在储存和进料过程中，由于物料密度不同会出现分层，可能引起罐内液体发生翻滚，从而造成严重后果。因此，LNG储罐应从顶部和底部两路进料，除非采取了防止分层的其他措施。上下部进料取决于LNG的密度，操作上可按需调整上部与底部进料的流量比例。

（28）易燃、易爆、有毒和产生腐蚀性气体的危化品储罐区应在显著位置设置风向标。

（29）储罐上应设置醒目的与罐内危险化学品相符的中文安全标签；储罐区作业场所应设置安全警示标志；重大危险源所在场所也应设置明显的安全警示标志以及紧急情况下的应急处置办法。

设置在储罐（区）的各种安全标志牌至少每半年检查一次，发现破损、变形、褪色等不符合要求时应及时整修或更换。

（30）液氨储罐应设有备用事故液氨储罐及其系统。事故液氨储罐最小储量不得小于最大罐容的25%。

根据《涉氨制冷企业液氨使用专项治理技术指导书（试行）》管四函〔2013〕28号的规定，液氨制冷机房储氨器上方应设置水喷淋系统，喷淋水能覆盖整个储氨器区域。

2）储存装卸过程的要求

（1）可燃液体进出料时，严格控制流速小于限定流速，装车初速度不大于1m/s，装车速度不应大于4.5m/s；装车时应将鹤管插到罐底不大于20cm处，严禁喷射式装卸作业，以防产生静电引发事故。

对于首次输入液氨的储罐、槽车、罐车，应控制流量和速度，同时监控罐体温度，防止液氨在容器内迅速气化后造成罐体骤冷。

（2）储罐收付料作业前后必须认真核定工艺流程是否正确，检查收付料温度、压力是否正常，尤其是含水储罐更应严格控制收料油温，以防冒顶跑油。阀门的切换应按照"先开后关"的原则，以防憋压。

液化烃、液氨等储罐的储存系数不应大于 0.9；液氯储罐的储存系数不应大于 0.8。

（3）对液氯、液氨、液化石油气、液化天然气等液化危险化学品应使用万向节管道充装系统充装，禁止使用软管充装。

（4）雷雨天气时，禁止收、发、输转作业。

（5）汽车罐车装卸应有防满溢的联锁措施。装卸作业现场应有监护人员，全程进行监督检查。

（6）作业现场应配备必要的应急救援器材，并有醒目的指示标志，实行"定置管理"定置区域内不得堆放其他物品，以免紧急情况下应急救援器材难以取用。

（7）储罐发生高低液位报警时，应到现场检查确认，发现问题及时采取措施，严禁随意消除报警。

（8）自备发电机每周至少启动一次，每次运转时间不应小于 15min。

（9）严禁使用塑料桶或绝缘材料制作的容器灌装或输送油品等易产生静电的物料。当采用金属管嘴或金属漏斗向金属桶装油时，这些设施之间必须保证良好连接，并可靠接地。

（10）经常检查储罐基础是否变形，罐体有无变形、渗漏，保温层、防火涂层是否完整，发现问题及时整改，保持完好。

（11）禁止对装过高挥发性产品的储罐切换注入低挥发性油品。储罐变更注入油品时必须进行惰性气体置换，使气相中油气的浓度符合安全规定的范围。

禁止用压缩空气对甲、乙类物料吹扫置换；也不得向油气储罐或与储罐连接管道中直接添加性质不明或能发生剧烈反应的物质。

（12）对储存时易发生聚合的物质在储存过程中应采取防止聚合发生的措施：例如储罐内使用氮气保护，防止氧气进入物料中；对储罐和管线设置保冷设施，控制储存温度≯15℃；储罐内加阻聚剂，并每周定期分析检测阻聚剂含量，使之满足规定的要求；按规定进行倒罐循环，以使罐内阻聚剂均匀等。

（13）油气加工、调和过程中添加各种添加剂、助剂时，在添加使用前要了解添加剂、助剂的物化性质，并进行风险评估，制定相应的控制措施和应急预案。

操作过程中要使用专门的添加剂系统，严格履行操作规程。严禁向油气储罐或与储罐连接管道中直接添加性质不明或能发生剧烈反应的物质。

（14）对有切水操作要求的储罐应装设自动切水器；严禁在油气罐区切水、切罐、装卸车时作业人员离开现场；切水、切罐等作业环节应当严格遵守安全作业标准、规程和制度，并在监护人员现场指挥和全程监护下进行。

（15）内浮顶储罐液位在浮盘以下的时候，空气与可燃气混合易形成爆炸性混合物，当静电积聚后放电，会引起爆炸。所以内浮顶罐运行时，其最低液面不应低于浮盘的支撑高度，严禁内浮顶储罐浮盘落底。

（16）在向储罐装卸可燃液体物料时，停泵后应静置一段时间再进行检尺、取样、测温等作业；检尺、取样、测温器应采用导电性能良好，与罐体相碰不产生火花的材料制作。

（17）进入储罐区进行检维修作业，应按《危险化学品储罐区作业安全通则》（AQ 3018）的要求进行，作业前对作业全过程进行风险评估，制定作业方案、安全措施和应急预案，并全过程进行安全监护。

（18）储罐设置的呼吸阀、阻火器应定期清理和检查，以防堵塞；安全阀、压力表应定期校验，安全阀校验后应铅封。

（19）定期检查检测储罐（区）设备设施，确保储罐管线、阀门、机泵等设备设施完好。加强化学品储罐腐蚀监控，定期清罐检查，发现腐蚀减薄及时处理。

4.2.5 仓库储存的安全技术要求

仓库储存危险化学品时应符合《常用化学危险品贮存通则》（GB 15603）、《易燃易爆性商品储存养护技术条件》（GB 17914）、《腐蚀性商品储存养护技术条件》（GB 17915）、《毒害性商品储存养护技术条件》（GB 17916）等规范标准的规定。下面列出部分要求。

1）库房的要求

（1）危险品仓库的建筑及与周边建（构）筑物、设施之间的防火间距应符合《建筑设计防火规范》（GB 50016）的相关要求。

（2）库房应保持干燥、通风良好、密闭和避光。仓库的窗户可用百叶窗或玻璃窗，门窗应严密。库房向阳面的窗户玻璃要有遮挡太阳光的措施。对自然通风不良的库房应设置机械通风系统；通风管道应采用非燃烧材料制作。

（3）库房内应设置温度计、湿度计，各类危险化学品均应按其性质严格控制储存的温度和湿度。国标《易燃易爆性商品储存养护技术条件》（GB 17914）规定易燃易爆物质储存的温湿度条件见表4-17，《腐蚀性商品储存养护技术条件》（GB 17915）规定腐蚀性物质储存的温湿度条件见表4-18。

（4）储存有腐蚀性物品的库房应按《工业建筑防腐蚀设计规范》（GB 50046）的规定做好防腐蚀、防渗漏处理。

（5）仓库区域应设"四牌一图"，即安全责任牌、物料危险特性告知牌、安全操作牌、应急措施牌及应急疏散指示图。

（6）储存场所应根据其储存物质的危险性，安装可燃气体或有毒气体探测器，现场设置声光报警，并将信号引入有人值守的控制室、现场操作室等。

（7）剧毒品、放射性物品仓库应按照《剧毒化学品、放射源存放场所治安防范要求》（GA 1002）的规定，设置安全技术防范措施。易制爆危险化学品的专用仓库也应设置技术防范设施。

（8）火灾事故时的照明和疏散指示标志，应符合《建筑防火设计规范》（GB 50016）、《消防安全标志》（GB 13495）和《消防应急照明和疏散指示系统》（GB 17945）的规定。

（9）在具有毒性、化学灼伤、刺激性等危害的作业场所，应设冲淋洗眼器，其服务半径不大于15m；设置在室外的冲洗喷淋洗眼器应采取防冻措施。

表 4-17　易燃易爆性物质储存温度和湿度条件

类　别	品　名	温度/℃	相对湿度/%
爆炸品	黑火药、化合物	≤32	≤80
	水作稳定剂的	≥1	<80
压缩气体和液化气体	易燃、不燃、有毒	≤30	—
易燃液体	低闪点	≤29	—
	中高闪点	≤37	—
易燃固体	易燃固体	≤35	—
	硝酸纤维素酯	≤25	≤80
	安全火柴	≤35	≤80
	红磷、硫化磷、铝粉	≤35	<80
自燃物品	黄磷	>1	—
	烃基金属化合物	≤30	≤80
	含油制品	≤32	≤80
遇湿易燃物品	遇湿易燃物品	≤32	≤75
氧化剂和有机过氧化物	氧化剂和有机过氧化物	≤30	≤80
	过氧化钠、镁、钙等	≤30	≤75
	硝酸锌、钙、镁等	≤28	≤75
	硝酸铵、亚硝酸钠	≤30	≤75
	盐的水溶液	>1	—
	结晶硝酸锰	<25	—
	过氧化苯甲酰	2~25	—
	过氧化丁酮等有机氧化剂	≤25	—

表 4-18　腐蚀性物质储存温度和湿度条件

类　别	主要品种	适宜温度/℃	适宜相对湿度/%
酸性腐蚀品	发烟硫酸、亚硫酸	0~30	≤80
	硝酸、盐酸及氢卤酸、氟硅(硼)酸、氯化硫、磷酸等	≤30	≤80
	磺酰氯、氯化亚砜、氧氯化磷、氯磺酸、溴乙酰、三氯化磷等多卤化物	≤30	≤75
	发烟硝酸	≤25	≤80
	溴素、溴水	0~28	—
	甲酸、乙酸、乙酸酐等有机酸类	≤32	≤80
碱性腐蚀品	氢氧化钾(钠)、硫化钾(钠)	≤30	≤80
其他腐蚀品	甲醛溶液	10~30	—

（10）为防止车辆与设备设施、建筑物相撞，在库区内重要部位应设置防撞柱，并涂刷黄色警示标志。

（11）有车辆通行的厂内道路在弯道、交叉路口的横净距范围内，不得有妨碍驾驶员视线的障碍物。库房周围无杂草和易燃物。

（12）仓库应设置明显的安全警示标志，安全警示标志应定期检查，发现损坏或褪色、模糊不清，应及时整修或更换。

（13）剧毒品仓库应当取得属地公安治安部门的技防验收意见书。

2）储存堆放的要求

（1）危险化学品应储存在专用仓库、专用场地或者专用储存室（以下统称专用仓库）。

（2）各类危险化学品包装应严密，堆放时应做到稳固、整齐、通风良好，便于搬运，不至于稍受外力即跌落或因搬运不便而造成事故。仓库堆垛的高度不超过3m。包装物、容器必须使用有定点生产证书的专业生产企业生产的产品，并经国务院质量监督检验检疫部门认定的检验机构检验合格。

（3）危险化学品应根据其危险特性，按隔离储存、隔开储存、分离储存三种储存方式储存。

隔离储存是指在同一个房间或同一个区域内，不同的物料之间分开一定的距离，非禁忌物料间用通道保持空间的储存方式；隔开储存是指在同一建筑或同一区域内，用隔板或墙，将其与禁忌物料分离开的储存方式；分离储存是指在不同的建筑物或远离所有建筑的外部区域内的储存方式。

（4）限量储存，根据《常用化学危险品贮存通则》的规定，每个库房的储存总量不得超过表4-19规定的量。

表4-19 危险品仓库允许的储存量

储存要求 \ 储存类别	露天储存	隔离储存	隔开储存	分离储存
平均单位面积储存量/（t/m²）	1.0~1.5	0.5	0.7	0.7
单一储存区最大贮量/t	2000~2400	200~300	200~300	400~600

（5）仓储企业宜制定《定置管理手册》，制定每座仓库、每个防火分区的储存物品配存计划。按照《定置管理手册》初步确定的配存计划，定品名、定数量、定货位，并将每个防火分区配存计划的定置管理平面布置图张贴于每个防火分区的主要入口处。

（6）为便于通风、散潮、安全检查、高温设备烘烤物品以及火灾时消防队员便于进出，物品堆码时应留有作业通道、检查走道和垛距、墙距、柱距、顶距、灯距，即"五距"。根据现行《仓储场所消防安全管理通则》（GA 1131）规定，库房内主通道宽度不应小于2m，堆垛上部与楼板、平屋顶之间的距离不小于0.3m（人字屋架从横梁算起），堆垛与墙和照明灯之间距离不小于0.5m，堆垛与柱之间的距离不小于0.3m，垛与垛之间不小于1m。

储存物品与风管、供暖管道、散热器的距离不应小于0.5m，与供暖机组、风管炉、烟道之间的距离在各个方向上都不应小于1m。

（7）化学性质相抵触或灭火方法不同的禁忌物料，严禁混合储存，应分间、分库储存。

所谓性质相抵触是指相互接触后会互相作用发生火灾、爆炸或产生有毒气体等危险情况的那些物质。例如高氯酸、双氧水、高锰酸钾等强氧化剂与硫磺、乙醇、丙酮等有机物接触能发生剧烈反应而引起火灾、爆炸；氰化钾等氰化物与酸性物质接触会产生剧毒的氰化氢气体，次氯酸钠与盐酸接触能产生有毒气体氯气等。

消防方法不同的物质也不能同库储存，如电石、金属钾、氢化钠、二硼氢等遇水会发生剧烈反应放出可燃气体和大量热量，这些热量能成为点火源引燃产生的可燃气体而发生火灾爆炸事故；保险粉遇水分解较快，产生氢气和硫化氢气体，同时发热，引起火灾。所以这些物质起火不能用水扑灭，也不能用泡沫扑灭，而有些物质发生火灾可用泡沫或水灭火，如果这两种灭火方法不同的物质储存在一起，灭火时将顾此失彼，甚至产生更大的危险。

（8）受日光照射能发生化学反应引起燃烧、爆炸、分解、化合或能产生有毒气体的危险化学品应贮存在一级建筑物中，储存时应采取避光的措施，防止阳光直射。

（9）危险化学品露天堆放，应符合防火、防爆的安全要求；爆炸品、氧化性物质和有机过氧化物、易于自燃的物质、遇水放出易燃气体的物质、剧毒品、腐蚀品都不得露天堆放。桶装的甲、乙类液体闪点较低，夏季气温高时露天存放会发生超压爆炸、着火等事故，所以桶装甲、乙类液体不应露天存放。

（10）遇潮能引起燃烧、爆炸或发生化学反应，产生有毒气体的危险化学品不得在潮湿、积水的建筑物中储存。

（11）剧毒危险化学品应当储存在专用剧毒品仓库中，不得与易燃易爆、腐蚀性物品等一起存放；实行双人收发、双人验收、双人保管、双把锁、双本账的"五双"管理制度。

（12）易燃液体、遇湿易燃物品、易燃固体不得与氧化剂混合贮存。具有还原性氧化剂应单独存放。

（13）甲类自燃物品、甲类遇湿易燃物品、硝化棉（硝化纤维素）、硝酸钠、硝酸铵、硝酸钾、溴素和溴水等必须储存在独立的仓库中，不得与其他危险化学品储存在同一幢仓库内。储存该类物品的仓库应安装有泄压、抑爆、自动灭火、降温、防雨、防曝晒、防腐和防流散等安全设施。

（14）爆炸品不准和其他类物品同储，必须专库专柜限量储存。放射性物质不可与其他危险化学品储存在同一个库房，应按放射性物质的有关规定存放。

（15）压缩气体和液化气体必须与爆炸品、氧化剂、易燃物品、自燃物品、腐蚀性物品隔离贮存。氧气不得与油脂混合储存；盛装液化气体的容器属压力容器的，必须有压力表、安全阀、紧急切断装置，并定期检查，不得超装。

（16）毒性物质应贮存在阴凉、通风、干燥的场所，不要露天存放，不要接近酸类物质。腐蚀性物质严禁与液化气体和其他禁忌物品共存。

（17）储存有机过氧化物的仓库应当配置有温控系统。

（18）储存堆放的危险化学品应有中文安全标签，包装标志应向外，便于查看核对。

（19）禁止在危险化学品储存区域内堆积可燃性废弃物，使用过的油棉纱、油手套等沾油纤维物品以及可燃包装材料应存放在指定的地点，并定期处理。

（20）为便于通风、防潮、降温，除气瓶外，各种危险品的包装不应直接落地存放，一般应垫高 15cm 以上；遇湿易燃物品，易吸潮熔化和吸潮分解的危险品应适当增加下垫高度。包装的垫高可采用枕木或垫板，易燃易爆物质不能用撞击摩擦容易发火的石块、水泥或钢材等铺垫。下垫的物质应专物专用，不得互相挪用替代，防止相互抵触的物质接触引起火灾爆炸。

（21）发现有泄漏或渗漏危险化学品的包装容器应迅速转移至安全区域。

（22）各类危险化学品库内不得分装、改装、开箱(桶)检查等，这些作业应在库房外安全地点进行。

（23）根据危险品的性质，经常进行以感官为主的质量检查，如对易吸潮物品查看是否潮解溶化；对含结晶水的物品查风化变质情况；对遇水放出易燃气体的物质查雨雪天有无遇雨水的可能；对怕热物质夏季气温高时应查是否有鼓桶情况；对怕冻的物质冬季要查是否有凝结、冻冰(以防冻破容器)现象；对压缩、液化、溶解气体的钢瓶检查是否漏气；对易燃液体检查包装是否渗漏、挥发；对剧毒品检查包装是否完整，数量是否短缺等，发现有问题及时处理。

（24）对有稳定剂或润滑剂的危险品要经常检查，重点检查其包装和所含稳定剂或润滑剂是否渗漏、变干；如苦味酸(三硝基苯酚)含水 35%，以减少和消除爆炸性，若包装不严水分蒸发，则很危险；黄磷浸没在水中，金属钾、钠浸没在煤油中，若容器破损，水、煤油渗漏而减少或裸露在空气中，有发生自燃的危险；硝化棉在常温下极易分解燃烧，所以需加 35%以上的水或乙醇作为湿润剂，防止分解。但若湿润剂挥发，硝化棉变干即会发生快速燃烧。

（25）仓库保管员应每日对库区进行安全检查，并做好检查记录。查看地面有无散落物、货垛牢固程度和异常现象等，发现问题及时处理。库房内设置的温湿度计，应按规定时间进行观测和记录。

（26）坚持盘点，清查危险物品的数量是否相符，有无溢缺，规格是否相互串错等。

（27）储存危险品库房内应在醒目地方标明储存物品的名称、性质和灭火方法。

3）出入库的要求

（1）危险品仓库应建立严格的危险化学品出入库核查、登记制度，对出入库的危险化学品应及时、准确记录。

（2）危险化学品出入库前均应按合同及安全技术说明书、安全标签进行检查、登记、验收。验收内容包括：数量、包装、危险标志等；包装是否有残破、锈蚀、渗漏、封口不严、钢瓶漏气、包装不牢固、包装外表黏附杂质、油污和遭受水湿、雨林等情况；气瓶还应检查使用期限是否符合要求。

验收时应执行双人复核制。验收后应有记录，进口物品还应有中文安全技术说明书和安全标签。当商品性质未弄清时不准入库。

（3）验收时若发现包装不良、有破损、残漏受潮或污染等情况不得入库，应存入隔离、观察间。如需要维修包装，应在库外的安全地点进行，并不准使用能因撞击产生火花的工具。

（4）装卸、搬运危险化学品时应按有关规定进行，做到轻装、轻卸，严禁震动、撞击、重压、摩擦和倒置。装卸作业结束后，应对仓库周边、室内储存场所进行安全检查，确认安全后作业人员方可离开。

（5）装卸对人身有毒害及腐蚀性的物品时，操作人员应根据危险性，穿戴相应的防护用品。

（6）危险化学品出库要坚持先进先出的原则；出库时要对出库物品进行复核。产品出库时，应依据发货单上的内容逐项核对，逐个清点，严防多发、少发或错发物品。发货时，用户代表与保管员共同清点产品，并在提货单上签字确认，以示交接完毕。

（7）存放剧毒化学品、易制爆危险化学品，应采用电子标签等自动识别技术手段，实现危险化学品出入库信息动态管理。

4）气瓶储存的要求

气瓶按规定充装后，在储存过程中若环境温度升高，会发生体积膨胀，内压增加，当压力超过气瓶承受压力时就会发生破裂。气瓶破裂爆炸后会有大量可燃或有毒气体泄漏，进而引发火灾、爆炸或中毒事故。另外，气瓶若发生倾倒，撞坏阀门，高压气体迅速冲出，产生的静电火花会点燃可燃气体；气瓶阀门即使发生缓慢渗漏，若仓库通风不良，气体在库房内积聚与空气形成爆炸性混合物，遇撞击等火花也能引起空间爆炸。所以气瓶储存时应注意以下主要几点：

（1）气瓶应专仓专储，根据其储存物质的性质分室储存。易燃气体不得与助燃气体、剧毒气体同贮，例如氢气、甲烷等不得与氧气、氯气同储；氯和氨虽然同属有毒气体，但性质互相抵触，若钢瓶发生泄漏，两种气体会发生化学反应生成三氯化氮则具有爆炸性，也应分开储存；盛装有毒气体的气瓶应单独储存。

（2）气瓶进库一律不得用电磁起重机搬运，以防电源中断或电路系统发生故障时失去电磁作用气瓶从空中摔下，造成危险。

（3）进仓的气瓶应旋紧瓶帽，气瓶应套上两个防震圈。

（4）存放气瓶的仓库应阴凉，通风良好，以免气瓶渗漏时气体在库内积聚，可燃气体形成爆炸性混合物，有毒气体达到中毒浓度。库内不得有热源，严禁明火，装满气瓶不得在阳光下暴晒，也不宜长期雨淋；露天放置要用不燃材料搭建遮阳棚，夏季应有降温的措施。

（5）气瓶搬运时，严禁抛、摔、碰、撞、击、拖拉、倾倒和滚动。不应使用叉车搬运、装卸气瓶。

（6）气瓶仓库的地坪宜为不燃材料，并应平整，以免气瓶放置时歪斜，容易倾倒。

（7）气瓶应直立整齐存放，并用栏杆或支架加以固定，防止倾倒，周围留有通道；气瓶卧放时应防止滚动，头部朝同一方向，高压气瓶堆放不应超过5层。

（8）盛装易于聚合反应的气体，必须规定储存期限，并应做到先进先出，以免久储。根据气体的性质控制储存点的最高温度，并应避开放射源。气瓶存放到期后，应及时处理。

（9）退库的气瓶不得全部放空，应留有余压，气压不应低于0.05MPa，高压气瓶最好为0.2MPa。退库空瓶应逐个检查瓶阀，旋紧后再装好瓶帽，方可入库。空瓶与实瓶应分开存放。

（10）氧气瓶嘴、瓶身严禁沾染油脂类物质，如有油渍，应立即用四氯化碳揩拭干净，否则不得入库。

（11）如果气瓶漏气，首先应根据气体性质做好相应的个体防护，在保证安全的前提下，关闭瓶阀。如果瓶阀失控或漏气点不在瓶阀上，应采取堵漏或其他相应紧急处理措施。气瓶的储存场所应配备堵漏设施。

（12）气瓶入库时应检查其检验标志，超期的气瓶应退回供货单位。查看气瓶的漆色与充装的气体是否相符。

气瓶的漆色见现行国标 GB 7144，部分气瓶的漆色如表 4-20 所示。

表 4-20　部分气瓶的漆色

气瓶名称		化学式	瓶色	字样	字色	色环
氢		H_2	淡绿	氢	大红	$p=20$，淡黄色单环 $p=30$，淡黄色双环
乙炔		$CH\equiv CH$	白	乙炔不可近火	大红	
氧		O_2	淡(酞)蓝	氧	黑	$p=20$，白色单环 $p=30$，白色双环
氮		N_2	黑	氮	淡黄	
空气			黑	空气	白	
氨		NH_3	淡黄	液氨	黑	
氯		Cl_2	深绿	液氯	白	
氟		F_2	白	氟	黑	
液化石油气	工业用		棕	液化石油气	白	
	民用		银灰	液化石油气	大红	
丙烯		$CH_3CH\equiv CH_2$	棕	液化丙烯	淡黄	
氩		Ar	银灰	氩	深绿	$p=20$，白色单环 $p=30$，白色双环
氦		He	银灰	氦	深绿	
氯化氢		HCl	银灰	液化氯化氢	黑	
一氧化碳		CO	银灰	一氧化碳	大红	
硫化氢		H_2S	银灰	液化硫化氢	大红	
砷化氢		AsH_3	白	液化砷化氢	大红	
磷化氢		PH_3	白	液化磷化氢	大红	

注：1. 色环栏内的 p 是气瓶的公称工作压力，MPa。

2. 民用液化石油气瓶上的字样应排成 2 行，"家用燃料"居中的下方为"(LPG)"。

4.2.6　储存场所点火源的控制

储存可燃可爆物质的场所若遇点火源会引发火灾爆炸事故，所以应严格控制一切点火源。

（1）爆炸危险场所设置的电气设备必须符合《爆炸危险环境电力装置设计规范》（GB 50058）的规定，并注意整体防爆，包括可燃/有毒气体报警仪、火灾报警装置(电话、电铃、报警器等)、灯具、冰箱、空调、通风机等都必须使用相应的防爆型。敷设的电气线路必须符合防火防爆要求，不准乱拉乱接临时电线。

严禁在甲、乙类罐区和危险品仓库的爆炸危险区域内使用非防爆照明、电气设施和电子器材，禁止使用非防爆移动通信工具等。

（2）进入厂区的机动车辆的尾气排放管应加装火星熄灭器。车辆进入库区的入口应设置限速牌、警示牌和行驶指示标识。机动车装卸货物后，不准在库区、库房、货场内停放和修理。

（3）储罐区和库房必须按《石油化工企业设计防火规范》（GB 50160）、《石油库设计规范》（GB 50074）、《建筑物防雷设计规范》（GB 50057）等的规定设置防雷设施。防雷设施投入使用后应定期检测，一般场所防雷装置每年检测一次，爆炸危险环境的防雷装置应每半年检测一次。

（4）对爆炸、火灾危险场所内可能产生静电危险的储罐、管道等均应按照《防止静电事故通用导则》（GB 12158）、《石油化工静电接地设计规范》（SH 3097）、《化工企业安全卫生设计规范》（HG 20571）等标准要求采取静电接地措施。

储存易燃易爆物质的储罐组防火堤入口和仓库入口处均应设置导除人体静电的设施；作业人员作业时应穿防静电工作服、防静电工作鞋，在爆炸危险区域内不应穿脱衣服、鞋靴，不可梳头，防止人体产生和积聚静电引燃可燃气体。

（5）涉及装卸易燃易爆液体的汽车装卸站，应设置固定的槽车静电接地装置，接地装置宜具有接地断开报警和联锁功能。接地线的连接应在油罐开盖以前进行，接地线的拆除应在装卸完毕，罐盖盖好后进行。

（6）输送易燃可燃流体时应控制流速使之在安全流速范围内；向储罐输送油品时需静置一段时间后才能进行检尺、取样等作业。根据中石化集团公司规定，储罐中液体需最少静置时间见表4-21。

表4-21　储罐中液体需最少静止时间表

电导率/（S/m）	储油设备容积/m³			
	<10	10~50	50~500	500~1000
	静置时间/min			
$>10^{-6}$	1	1	1	2
10^{-12} ~ 10^{-6}	2	3	10	30
10^{-14} ~ 10^{-12}	4	5	60	120
$<10^{-14}$	10	15	120	240

静电危害人身安全的作业区内所有金属用具及门窗零部件、移动式车辆、梯子等均应静电接地。仓库的通排风系统亦应设有导除静电的接地装置。

（7）寒冷地区库区需要采暖，应根据储存危险化学品的性质确定适宜的采暖措施，甲、乙类仓库内严禁采用明火和电热散热器供暖。采用热媒供暖，热媒温度不应过高，热水采暖不应超过80℃。采暖管道和设备的保温材料，必须采用非燃烧材料制作。

（8）汽车、拖拉机不准进入甲、乙、丙类物品库房。进入甲、乙类物品储罐区和库房的电瓶车、铲车应是防爆型的；进入丙类物品库房的电瓶车、铲车，应装有防止火花溅出的安全装置。

（9）储存危险化学品的建筑物、区域内严禁吸烟、使用明火，严禁携带火柴、打火机、香烟。

（10）储存易燃易爆危险化学品的仓库上空，不准架设任何电线或电缆。仓库安装的照明灯必须采用防爆型的，若库内未安装照明灯，需要时可用手提式防爆灯。

（11）进入易燃易爆危险场所的操作人员禁止穿带钉子的鞋。对能产生静电的装卸设备应采取防静电的措施；应使用不产生火花的工具。

（12）库房内的照明不准使用碘钨灯、卤钨灯，采用白炽灯等照明时功率不得大于60W，宜使用低温照明灯具；电灯应安装在库房走道的上方，并固定在库房的顶部；不准将灯头线随意延长，到处悬挂。

（13）仓库的配电箱及开关应设置在仓库外，保管人员离库时应切断场所的非必要电源。

4.2.7　消防设施

储存场所消防设施的配置可参见《石油化工企业设计防火规范》（GB 50160）、《石油库设计规范》（GB 50074）、《建筑设计防火规范》（GB 50016）、《仓储场所消防安全管理通则》（GB 1131）、《建筑灭火器配置设计规范》（GB 50140）、《消防给水及消火栓系统技术规范》（GB 50974）、《自动喷水灭火系统设计规范》（GB 50084）、《火灾自动报警系统设计规范》（GB 50116）等标准规定，在工程项目建设时应予以落实。部分要求如下：

（1）危险化学品储存企业应根据现行国家标准《消防给水及消火栓系统技术规范》（GB 50974）的规定设置消防水源及消防水量。

（2）根据《石油化工企业设计防火规范》规定，消防水泵应设有双动力源，当采用柴油机作为动力源时，柴油机的油料储备量应能满足机组连续运转 6h 的要求。

（3）大型储罐区应设置独立的稳高压消防给水系统，其压力宜为 0.7~1.2MPa。其他场所采用低压消防给水系统时，其压力应确保灭火时最不利消火栓的水压不低于 0.15MPa（自地面算起）。

（4）可能发生可燃液体火灾的场所宜采用低倍数泡沫灭火系统。

甲、乙类和闪点等于或小于 90℃ 的丙类可燃液体的固定顶罐及浮盘为易熔材料的内浮顶罐：单罐容积等于或大于 10000m³ 的非水溶性可燃液体储罐及单罐容积等于或大于 500m³ 的水溶性可燃液体储罐；甲、乙类和闪点等于或小于 90℃ 的丙类可燃液体的浮顶罐及浮盘为非易熔材料的内浮顶罐：单罐容积等于或大于 50000m³ 的非水溶性可燃液体储罐；移动消防设施不能进行有效保护的可燃液体储罐，应采用固定式泡沫灭火系统。

（5）罐区的消火栓应在其四周道路边设置，消火栓的间距不宜超过 60m。仓库占地面积大于 300m² 应设置室内消火栓。

（6）液化烃罐区应设置消防冷却水系统，并应配置移动式干粉等灭火设施。液化烃罐区的消防用水延续时间按 6h 计算。

（7）《建筑设计防火规范》（GB 50016）规定，甲、乙、丙类液体储罐（区）内的储罐应设移动水枪或固定水冷却设施。高度大于 15m 或单罐容积大于 2000m³ 的甲、乙、丙类液体地上式储罐，宜采用固定水冷却设施。

总容积大于 50m³ 或单罐容积大于 20m³ 的液化石油气储罐（区）应设置固定水冷却设施，埋地的液化石油气储罐可不设置固定喷水冷却装置；总容积不大于 50m³ 或单罐容积不大于 20m³ 的液化石油气储罐（区）应设移动式水枪。

（8）甲、乙、丙类液体储罐，当单罐容量大于 1000m³ 的固定顶罐应设置固定式泡沫灭火系统；罐壁高度小于7m或容量不大于200m³的储罐可采用移动式泡沫灭火系统；其他储罐宜采用半固定式泡沫灭火系统。

（9）在甲、乙、丙类物品储罐区及重要建筑内的火灾危险场所，应按《火灾自动报警系统设计规范》（GB 50116）规定设置火灾自动报警系统或具有消防联动功能的火灾自动报警系统。

罐组四周道路边应设置手动火灾报警按钮，其间距不宜大于100m。

（10）危险化学品仓库应设有消防、治安报警装置，有可供报警、联络的通信设备，并设置明显的标志。根据仓库条件安装自动监测和火灾报警系统。

（11）甲、乙、丙类仓库应在各层设置室内消火栓，消火栓的间距不应超过30m。

（12）储罐区和仓库内灭火器的配置，应满足《建筑灭火器配置设计规范》（GB 50140）的规定。

（13）消防器材应设置消防安全标志，放置在明显和便于取用的地点，周围不准堆放物品和杂物。消防设施、器材应当有专人管理，负责检查、保养、更新和添置，确保完好有效。对于各种消防设施、器材严禁圈占、埋压和挪用。

（14）灭火器的摆放应稳固，其铭牌应朝外。手提式灭火器宜设置在灭火器箱内或挂钩、托架上，其顶部离地面高度不应大于1.50m；底部离地面高度不宜小于0.08m。灭火器箱不得上锁。

（15）通向消防设施的道路应保持畅通。

（16）对消防设施应请有资质单位每年至少进行一次全面检测，确保完好有效，检测记录应当完整准确，存档备查。

4.3 危险化学品储存的安全管理

危险化学品储存单位的安全管理要求，与危险化学品生产单位的安全管理要求基本相同，第3.3节所列危险化学品生产企业安全管理要求对危险化学品储存单位也都适用。如：建立健全安全生产管理组织机构，设置安全生产管理部门或配备专职安全生产管理人员，单位负责人和安全生产管理人员必须具备相应的专业知识和安全管理能力；健全和强化落实各部门、各类人员安全生产责任制；制定完善的危险化学品储存安全管理规章制度和安全操作规程并严格执行；新建、扩建、改建的建设项目严格执行"三同时"的规定，储存危险化学品的建设项目以及伴有危险化学品产生的化工建设项目（包括危险化学品长输管道建设项目），应经安全生产监督管理部门安全条件审查和安全设施设计审查；注重各类人员的安全教育培训，企业的主要负责人、分管安全负责人、安全生产管理人员、仓库管理人员及特种作业人员，需经有关单位培训合格，取得安全合格证书，新上岗的要进行"三级"安全教育，每年还要安排一定时间再培训；开展经常性安全检查和事故隐患的排查，并定期进行安全评价，对查出的问题及时整改、治理，消除隐患；加大安全生产投入，确保企业安全生产条件符合法律法规、规章标准的要求；加强重大危险源辨识和评估，完善安全监测监控体系和其他安全设施；制定具有真实性和实用性的应急预案并定期演练，配备相应应急物资、装备与器材，提高突发事件应急响应和处置能力；按规定为从业人员配备相应的劳防用品，并定期进行体检，保证从业人员的身体健康；定期对强检设备、设施进行检验检测，保证其性能始终良好；规范动火、进入受限空间等特殊作业管理及检维修管理；建立完整、系统的安全管理档案等，详细安全管理要求参见第3.3节。

另外，危险化学品储存单位，对罐区作业实行升级管理，逐级审批确认，实行双人操作，1人作业、1人监督。

储存剧毒化学品或者易制爆危险化学品的单位，应当如实记录其储存的剧毒化学品、易制爆危险化学品的数量、流向，并采取必要的安全防范措施，防止剧毒化学品、易制爆危险化学品丢失或者被盗；发现剧毒化学品、易制爆危险化学品丢失或者被盗的，应当立即向当地公安机关报告。

对剧毒物品应按"三专、三严、五双、六对头"进行安全管理，即：专库贮存、专车运输、专人保管；严格制度，严格手续，严格管理；双把锁、双本帐、双人保管、双人发货、双人验收；购进、发货、退回、领用、库存、销毁与账目对头。剧毒化学品购销量、流向、储存量如实记录，防止剧毒化学品被盗、丢失或者误售、误用。

储存剧毒化学品、易制爆危险化学品的单位，应当设置治安保卫机构，配备专职治安保卫人员。

对剧毒化学品以及储存数量构成重大危险源的其他危险化学品，储存单位应当将其储存数量、储存地点以及管理人员的情况，报所在地县级人民政府安全生产监督管理部门(在港区内储存的，报港口行政管理部门)和公安机关备案。

第5章 危险化学品装卸运输安全

危险化学品主要运输方式有：铁路运输、公路运输、航空运输、水路运输、管道运输等。在危险化学品的运输和装卸过程中存在散落、倾倒、溢散等潜在风险，一旦事故发生，会对人员、财产及周围环境造成极大的威胁。本章对危险化学品在装卸和运输过程中的危险性进行分析，提出了危险化学品装卸运输的安全技术要求，总结了危险化学品装卸运输的安全管理规定。

5.1 危险化学品装卸运输过程中的危险性

5.1.1 装卸过程中的危险性

易燃易爆危险化学品在装卸过程中，由于人员操作不当、设备故障或安全防护措施不当可能引起泄漏；在有明火、电气火花、静电火花、撞击火花、雷电等点火源或高温条件下，易发生火灾、爆炸事故。有毒危险化学品在装卸过程中引起泄漏，由于防护不当可能会发生中毒事故。有些危险化学品在一定的外界条件下，如摩擦、撞击、振动、日光暴晒、温度变化等，会酿成火灾、爆炸等严重事故。危险化学品应在指定的地点进行装卸作业，运输部门、物资部门和装卸部门必须密切配合。在运输车辆、装卸器具、各种人员选派、运输路线选择等环节都应全面考虑，保证整个运输环节的安全。

5.1.2 铁路运输危险性

危险化学品铁路运输过程中，可能存在以下危险性：

（1）铁路列车在解列和编组时，需要人工摘、挂勾作业；车体推进或溜放后，需对车辆进行制动作业；站场内需要对车辆、信号设施、线路进行检查维修作业等。在这些作业过程中，人与机车接触频繁，有与运动中的车辆交叉作业的可能，存在人员车辆伤害的可能。

（2）铁路列车在行进过程中，由于机械故障、信号失实、制动失灵、指挥和操作失误等，出现车辆交通事故，引起承载的危险化学品散落、倾倒、溢散，从而导致火灾、爆炸、中毒等次生灾害事故。铁路列车的承载量大，一旦发生事故，造成的后果一般都比较严重。

5.1.3 公路运输危险性

危险化学品公路运输过程中，可能存在以下危险性：

（1）由于司机情绪不好，睡眠不足，驾驶时精神不集中，强行超车，开车闲谈，开车饮食或吸烟，开赌气车，开快车，酒后开车，驾驶技术不佳，非司机开车，疲劳驾驶，判断错误，误操作等因素造成道路交通事故，引发火灾、爆炸、中毒事故。

（2）由于车辆灯光不好，制动不灵，方向失控等车辆状况不好等因素造成道路交通事故，引发火灾、爆炸、中毒事故。

（3）由于管理规章制度不严，安全教育不落实，安全事项交代不清楚，管理者管理不善等因素造成道路交通事故，引发火灾、爆炸、中毒事故。

（4）由于气候不良，路面不好，山区险道，闹市区人多，行人违章，遇有违章车等环境因素造成道路交通事故，引发火灾、爆炸、中毒事故。

5.1.4 水路运输危险性

根据货物包装形式、船舶运输方式的不同，水路危险化学品可分为包装危险化学品和散装危险化学品。其中，包装危险化学品可分为以下几类：爆炸品、气体、易燃液体、易燃固体、易自燃物质、遇水放出易燃气体的物质、氧化物质和有机过氧化物、有毒和感染性物质、放射性材料、腐蚀性物质、杂类。液体散装危险化学品如从洗舱或卸载作业中排放入海，将对海洋资源或人类健康产生危害；固体散装危险化学品的水分含量超过该物质的适运水分极限时可能会流态化，运输时会使船舶产生危险，发生火灾、爆炸、中毒事故。

5.1.5 管道运输危险性

危险化学品在管道运输过程中，由于管道材料缺陷、管道腐蚀、地壳移动或由人为导致的，或由其他设施导致的撞击等物理作用，导致其保护、支撑设施失效以致管道失效破裂，造成危险化学品泄漏，甚至引起火灾、爆炸、中毒等事故，致使周围财产损失，人员发生伤亡，并导致生产终止。导致管道泄漏的原因主要有以下几个方面：

（1）管道质量因素泄漏，如设计不合理，管道的结构、管件与阀门的连接形式不合理或螺纹制式不一致，未考虑管道受热膨胀问题；材料本身缺陷，管壁太薄、有砂眼，代材不符合要求；加工不良，冷加工时，内外壁有划伤；焊接质量低劣，焊接裂纹、错位、烧穿、未焊透、焊瘤和咬边等；阀门、法兰等处密封失效。

（2）管道工艺因素泄漏，如管道中高速流动的介质冲击与磨损；反复应力的作用；腐蚀性介质的腐蚀；长期在高温下工作发生蠕变；低温下操作材料冷脆断裂；老化变质；高压物料窜入低压管道发生破裂等。

（3）外来因素破坏，如外来飞行物、狂风等外力冲击；设备与机器的振动、气流脉动引起振动、摇摆；施工造成破坏；地震，地基下沉等。

（4）操作失误引起泄漏，如错误操作阀门使可燃物料漏出；超温、超压、超速、超负荷运转；维护不周，不及时维修，超期和带病运转等。

5.2 危险化学品装卸运输的安全技术要求

5.2.1 危险化学品装卸过程的安全技术要求

1）公路运输装卸过程中的安全技术要求

（1）用于装卸危险货物的机械及工具、属具的技术状况应当符合行业标准《汽车运输危险货物规则》(JT 617)规定的技术要求。

(2)各种装卸机械、工具、属具,应有可靠的安全系数;装卸易燃易爆危险货物的机械及工具、属具,应有消除产生火花的措施。

(3)根据装运危险货物性质和包装形式的需要,应配备相应的捆扎、防水和防散失等用具。

(4)危险货物的装卸作业,应当在装卸管理人员的现场指挥下进行。

(5)在危险货物装卸过程中,应当根据危险货物的性质和保管要求,轻装轻卸、分区存放,防止混杂、撒漏、破损,不得与普通货物混合存放。

2)铁路运输装卸过程中的安全技术要求

(1)危险货物装卸前,应对车辆和仓库进行必要的通风和检查。车内、仓库内必须清扫干净。

(2)装卸危险货物严禁使用明火灯具照明。照明灯具应具有防爆性能,装卸作业使用的机具应能防止产生火花。

(3)作业前货运员应向装卸工组详细说明货物的品名、性质,布置装卸作业安全注意事项和需准备的消防器材及安全防护用品。作业时要轻拿轻放,堆码整齐牢固,防止倒塌,要严格按规定的安全作业事项操作,严禁货物倒放、卧装(钢瓶及特殊容器除外)。破损的包装件不准装车。

(4)在同一车内配装数种危险货物时,应符合危险货物配装表的规定。铁路局认为有必要时,可按配装表组织沿途零担危险货物分组运输。

3)水路运输装卸过程中的安全技术要求

(1)船舶载运危险货物,承运人应按规定向港务(航)监督机构办理申报手续,港口作业部门根据装卸危险货物通知单安排作业。

(2)装卸危险货物的泊位以及危险货物的品种和数量,应经港口管理机构和港务(航)监督机构批准。

(3)装卸危险货物应选派具有一定专业知识的装卸人员(班组)担任。装卸前应详细了解所装卸危险货物的性质、危险程度、安全和医疗急救等措施,并要按照有关操作规程作业。

(4)装卸危险货物,应根据货物性质选用合适的装卸机具。装卸易燃、易爆货物,装卸机械应安置火星熄灭装置,禁止使用非防爆型电器设备。装卸前应对装卸机械进行检查,装卸爆炸品、有机过氧化物、一级毒害品、放射性物品。装卸机具应按额定负荷降低25%使用。

(5)装卸危险货物,应根据货物的性质和状态,在船与岸、船与船之间设置安全网,装卸人员应穿戴相应的防护用品。

(6)夜间装卸危险货物,应有良好的照明;装卸易燃、易爆货物应使用防爆型的安全照明设备。

(7)船方应向港口经营人提供安全的在船作业环境。如货舱受到污染,船方应说明情况。对已被毒害品、放射性物品污染的货舱,船方应申请卫生防疫部门检测,采取有效措施后方可作业。起卸包装破损的危险货物和能放出易燃、有毒气体的危险货物前,应对作业场所进行通风，必要时应进行检测。如船舶确实不具备作业环境，港口经营人有权停止作业，并书面通知港务（航）监督机构。

（8）船舶装卸易燃、易爆危险货物期间，不得进行加油、加水（岸上管道加水除外）、拷铲等作业；装卸爆炸品时，不得使用和检修雷达、无线电电报发射机。所使用的通讯设备应符合有关规定。

（9）装卸易燃、易爆危险货物，距装卸地点 50m 范围内为禁火区。内河码头、泊位装卸上述货物应划定合适的禁火区，在确保安全的前提下，方可作业。作业人员不得携带火种或穿铁掌鞋进入作业现场，无关人员不得进入。

（10）没有危险货物库场的港口，一级危险货物原则上以直接换装方式作业。特殊情况，需经港口管理机构批准，采取妥善的安全防护措施并在批准的时间内装上船或提离港口。

（11）装卸危险货物时，遇有雷鸣、电闪或附近发生火警，应立即停止作业，并将危险货物妥善处理。雨雪天气禁止装卸遇湿易燃物品。

（12）装卸危险货物，现场应备有相应的消防、应急器材。

（13）装卸危险货物，装卸人员应严格按照计划积载图装卸，不得随意变更。装卸时应稳拿轻放，严禁撞击、滑跌、摔落等不安全作业。堆码要整齐、稳固，桶盖、瓶口朝上，禁止倒放。包装破损、渗漏或受到污染的危险货物不得装船，理货部门应做好检查工作。

（14）爆炸品、有机过氧化物、一级易燃液体、一级毒害品、放射性物品，原则上应最后装最先卸。装有爆炸品的舱室内，交中途港不应加载其他货物，的确需加载时，应经港务（航）监督机构批准并按爆炸品的有关规定作业。

（15）对温度较为敏感的危险货物，在高温季节，港口应根据所在地区气候条件确定作业时间，并不得在阳光直射处存放。

（16）装卸可移动罐柜，应防止罐柜在搬运过程中因内装液体晃动而产生静电等不安全因素。

（17）危险货物集装箱在港区内拆、装箱，应在港口管理机构批准的地点进行，并按有关规定采取相应的安全措施后方可作业。

（18）对下列各种情况，港口管理机构有权停止船舶作业，并责令有关方面采取必要的安全处置措施：

① 船舶设备和装卸机具不符合要求；

② 货物装载不符合规定；

③ 货物包装破损、渗漏、受到污染或不符合有关规定。

4）毒害品装卸过程中的安全技术要求

（1）装卸毒害品的人员应具有操作毒品的一般知识。操作时轻拿轻放，不得碰撞、倒置，防止包装破损、商品外溢。

（2）作业人员应佩戴手套和相应的防毒口罩或面具，穿防护服。

（3）作业中不得饮食，不得用手擦嘴、脸、眼睛。每次作业完毕，应及时用肥皂（或专用洗涤剂）洗净面部、手部，用清水漱口，防护用具应及时清洗，集中存放。

5）易燃易爆品装卸过程中的安全技术要求

（1）装卸易燃易爆品的人员应穿工作服、戴手套、口罩等必需的防护用具，操作中轻搬轻放、防止摩擦和撞击。

（2）各项操作不得使用能产生火花的工具，作业现场应远离热源和火源。

（3）装卸易燃液体必须穿防静电工作服，禁止穿带钉鞋。

（4）大桶不得在水泥地面滚动，桶装各种氧化剂不得在水泥地面滚动。

6）腐蚀品装卸过程中的安全技术要求

（1）装卸腐蚀品的人员应穿工作服、戴护目镜、胶皮手套、胶皮围裙等防护用具。

（2）操作时，应轻搬轻放，严禁背负肩扛，防止摩擦震动和撞击。

（3）不能使用沾染异物和能产生火花的机具，作业现场须远离热源和火源。

5.2.2　公路运输过程的安全技术要求

现有公路危险货物运输规则，包含交通运输部颁发的《道路危险货物运输管理规定》（2013年第2号）、国家标准《道路运输危险货物车辆标志》（GB 13392）和行业标准《汽车危险货物运输规则》（JT 617）等，对加强道路运输危险化学品货物的管理，提供了法律依据。

1）运输车辆和设备

（1）运输车辆和设备的基本要求

① 车辆安全技术状况应符合《机动车运行安全技术条件》（GB 7258）的要求。

② 车辆技术状况应符合《营运车辆技术等级划分和评定要求》（JT/T 198）规定的一级车况标准。

③ 车辆应配置符合《道路运输危险货物》（GB 13392）的标志，并按规定使用。

④ 车辆应配置运行状态记录装置（如行驶记录仪）和必要的通讯工具。

⑤ 车辆易燃易爆危险货物车辆的排气管，应安装隔热和熄灭火星装置，并配装符合《汽车导静电橡胶拖地带》（JT 230）规定的导静电橡胶拖地带装置。

⑥ 车辆应有切断总电源和隔离电火花装置，切断总电源装置应安装在驾驶室内。

⑦ 车辆车厢底板应平整完好，周围栏板应牢固；在装运易燃易爆危险货物时，应使用木质底板等防护衬垫措施。

⑧ 运输危险货物的车辆应配备消防器材并定期检查、保养，发现问题应立即更换或维修。

（2）运输车辆和设备的特定要求

① 运输爆炸品的车辆，应符合国家爆破器材运输车辆安全技术条件规定的有关要求。

② 运输爆炸品、固体剧毒品、遇湿易燃物品、感染性物品和有机过氧化物时，应使用厢式货车运输，运输时应保证车门锁牢；对于运输瓶装气体的车辆，应保证车厢内空气流通。

③ 运输液化气体、易燃液体和剧毒液体时，应使用不可移动罐体车，拖挂罐体车或罐式集装箱应符合《系列1：液体、气体加压干散货罐式集装箱技术要求和试验方法》（GB/T 16563）的规定。

④ 运输危险货物的常压罐体，应符合《道路运输危险货物罐式车辆》（GB 18564.1~2）规定的要求。

⑤ 运输危险货物的压力罐体，应符合《压力容器》(GB 150.1~4)规定的要求。

⑥ 运输放射性物品的车辆，应符合《放射性物质安全运输规程》(GB 11806)规定的要求。

⑦ 运输需控温危险货物的车辆，应有有效的温控装置。

⑧ 运输危险货物的罐式集装箱，应使用集装箱专用车辆。

（3）运输专用车辆的维护、审验和使用

① 道路危险货物运输企业或者单位应当按照《道路货物运输及站场管理规定》中有关车辆管理的规定、维护、检测、使用和管理专用车辆，确保专用车辆技术状况良好。

② 设区的市级道路运输管理机构应当定期对专用车辆进行审验，每年审验一次。审验按照《道路货物运输及站场管理规定》进行，并增加以下审验项目：

a. 专用车辆投保危险货物承运人责任险情况；

b. 罐式专用车辆罐体质量检验情况；

c. 必须的应急处理器材和安全防护设施设备的配备情况。

③ 禁止使用报废的、擅自改装的、检测不合格的、车辆技术等级不到一级的和其他不符合国家规定的车辆从事道路危险货物运输。

④ 除铰接列车、具有特殊装置的大型物件运输专用车辆外，严禁使用货物列车从事危险货物运输；倾卸式车辆只能运输散装硫磺、萘饼、粗蒽、煤焦沥青等危险货物。

⑤ 禁止使用移动罐体(罐式集装箱除外)从事危险货物运输。

⑥ 专用车辆应当由具备道路危险货物运输车辆维修条件的企业进行维修。

2）危险货物运输和托运

（1）危险货物运输的相关规定

① 道路危险货物运输企业或者单位应当严格按照道路运输管理机构决定的许可事项从事道路危险货物运输活动，不得转让、出租道路危险货物运输许可证件。

② 不得使用罐式专用车辆或者运输有毒、腐蚀、放射性危险货物的专用车辆运输普通货物。

③ 道路危险货物运输企业或者单位应当采取必要措施，防止危险货物脱落、扬散、丢失以及燃烧、爆炸、辐射、泄漏等。

④ 危险货物不得与普通货物混装。

⑤ 危险货物运输车辆严禁超范围运输。严禁超载、超限。

⑥ 运输危险货物时应随车携带"道路运输危险货物安全卡"。

⑦ 运输危险货物应根据货物性质，采取相应的遮阳、控温、防爆、防静电、防火、防震、防水、防冻、防粉尘飞扬、防撒漏等措施。

⑧ 运输危险货物的车辆不得在居民聚居点、行人稠密地段、政府机关、名胜古迹、风景游览区停车。如需在上述地区进行装卸作业或临时停车，应采取安全措施。

⑨ 运输爆炸品、易燃易爆化学物品以及剧毒、放射性等危险物品，应事先根据当地公安部门批准，按指定路线、时间、速度行驶。

（2）危险货物托运的相关规定

① 危险货物托运人在办理托运时必须做到：

a. 必须向已取得道路危险货物运输经营资格的运输单位办理托运;

b. 必须在托运单上填写危险货物品名、规格、件重、件数、包装方法、起运日期、收发货人详细地址及运输过程中的注意事项;

c. 货物性质或灭火方法相抵触的危险货物,必须分别托运;

d. 对有特殊要求或凭证运输的危险货物,必须附有相关单证,并在托运单备注栏内注明;

e. 托运未列入《危险货物品名表》(GB 12268—2012)的危险货物新品种,必须提交危险货物鉴定表。

凡未按以上规定办理危险货物运输托运,由此发生运输事故,由托运人承担全部责任。

② 危险货物承运人在受理托运和承运时必须做到:

a. 根据托运人填写的托运单和提供的有关资料,予以查对核实,必要时应组织承托双方到货物现场和运输线路进行实地勘察,其费用由托运人负担;

b. 承运爆炸品、剧毒品、放射性物品及需控温的有机过氧化物、使用受压容器罐(槽)运输烈性危险品,以及危险货物月运量超过 100t,均应于起运前 10 天,向当地道路运政管理机关报送危险货物运输计划,包括货物品名、数量、运输线路、运输日期等;

c. 在装运危险货物时,要按《汽车运输危险货物规则》(JT 617)规定的包装要求,进行严格检查。凡不符合规定要求,不得装运。危险货物性质或灭火方法相抵触的货物严禁混装;

d. 运输危险货物的车辆严禁搭乘无关人员,运行中司乘人员严禁吸烟,停车时不准靠近明火和高温场所;

e. 运输结束后,必须清扫车辆,消除污染,其费用由货主负担。

凡未按以上规定受理托运和承运,由此发生运输事故,由承运人承担全部责任。

凡装运危险货物的车辆,必须按国家标准《道路运输危险货物车辆标志》(GB 13392—2005)悬挂规定的标志和标志灯。

全挂汽车列车、拖拉机、三轮机动车、非机动车(含有力车)和摩托车不准装运爆炸品、一级氧化剂、有机过氧化物;拖拉机还不准装运压缩气体和液化气体、一级易燃物品;自卸车辆不准装运除二级固体危险货物(指散装硫磺、萘饼、粗蒽、煤焦沥青等)之外的危险货物。未经道路运政管理机关检验合格的常压容器,不得装运危险货物。

营业性危险货物运输必须使用交通运输部统一规定的运输单证和票据,并加盖危险货物运输专用章。

凡运输危险货物的单位,必须按月向当地道路运政管理机关报送危险货物运输统计报表。

专门从事危险货物运输的单位,要加强基础设施建设,逐步设置危险货物专用停车场及专用仓库、向专业化、专用化方向发展。

5.2.3 铁路运输过程的安全技术要求

2014 年 3 月 1 日起施行的《铁路危险货物运输管理暂行规定》(铁总运〔2014〕57 号),对加强铁路运输危险化学品货物的管理,提供了法律依据。

1）包装和标志

（1）危险货物包装根据其内装物的危险程度划分为 3 种包装类别：

① Ⅰ类包装——具有较大危险性；

② Ⅱ类包装——具有中等危险性；

③ Ⅲ类包装——具有较小危险性。

（2）危险货物的运输包装和内包装应按铁路危险货物品名表及危险货物包装表的规定确定包装方法，同时还需符合下列要求：

① 包装材料的材质、规格和包装结构应与所装危险货物的性质和重量相适应。包装容器与所装货物不得发生危险反应或削弱包装强度；

② 充装液体危险货物，容器应至少留有 5% 的空隙；

③ 液体危险货物要做到液密封口；对可产生有害蒸气及易潮解或遇酸雾能发生危险反应的应做到气密封口。对必须装有通气孔的容器，其设计和安装应能防止货物流出和杂质、水分进入，排出的气体不致造成危险或污染。其他危险货物的包装应做到严密不漏；

④ 包装应坚固完好，能抗御运输、储存和装卸过程中正常的冲击、振动和挤压，并便于装卸和搬运；

⑤ 包装的衬垫物不得与所装货物发生反应而降低安全性，应能防止内装物移动和起到减震及吸收作用；

⑥ 包装表面应清洁，不得黏附所装物质和其他有害物质。

（3）危险货物包装，需做包装性能试验。试验方法、要求和合格标推，可比照铁路危险货物运输包装性能试验方法办理。盛装液体危险货物的金属桶、金属罐、塑料桶、塑料罐及钢塑复合桶，每桶（罐）每次使用前都必须做气密试验。

钢瓶的机械强度试验应符合劳动部《气瓶安全监察规程》（TSG R0006—2014）规定的要求；放射性物品包装《放射性物质安全运输规程》（GB 11806—2004）的要求进行设计和试验。

铁路局可指定包装检测机构根据规定，对危险货物的包装性能、质量和材质进行检查和测试，保证包装符合安全要求。

（4）托运人要求改变包装时，应填写改变运输包装申请表，并应首先向发站提出经县级以上（不包括县）主管部门审查同意的包装方法、产品理化特性及经包装检测机构出具的包装试验合格证明。

发站对托运人提出的改变包装的有关文件确认后，报铁路分局批准［爆炸品、氧化剂和有机过氧化物、一级毒害品（剧毒品）报铁路局批准］，在指定的时间和区段内组织试运。跨局试运时由主管铁路局通知有关铁路局、分局和车站。危险性较大的货物，应进行可行性研究后，方可试运。

试运前承运人、托运人双方应商定安全运输协议。

试运时，托运人应在运单"托运人记载事项"栏内注明"试运包装"字样。试运时间 1~2 年。试运结束时车站应会同托运人将试运结果报主管铁路分局和铁路局。铁路局对试运结果进行研究后，提出试运报告报铁路总公司和交通运输部。铁路总公司和交通运输部根据试运报告进行必要的复验，达到要求后正式批准。未经批准或超过试运期限未总结上报的，必须立即中止试运。

（5）对于进出口危险货物，按下列要求办理：

① 托运的货物，在《国际海运危险货物规则》《国际铁路联运危险货物运送特定技术条件》等有关国际运输组织的规定中属危险货物，而我国铁路按非危险货物运输时，可继续按非危险货物运输，但包装和标志应符合上述有关国际运输组织的规定。托运人应在货物运单"托运人记载事项"栏内注明"转海运进（出）口"或"国际联运进（出）口"字样。

② 托运的货物，国内《铁路危险货物运输管理暂行规定》规定为危险货物，而《国际海运危险货物规则》《国际铁路联运危险货物运送特定技术条件》等有关国际运输组织的规定中属非危险货物时，按我国《铁路危险货物运输管理暂行规定》办理。

③ 同属危险货物但包装方法不同时，进口的货物，经托运人确认原包装完好，符合安全运输要求，并在运单"托运人记载事项"栏内注明"进口原包装"字样，经请示铁路分局同意后，可按原包装方法运输。

（6）使用旧包装容器装运危险货物时，必须符合要求，托运人应在运单"托运人记载事项"栏内注明"使用旧包装，符合安全运输要求"后方可承运。

（7）性质或消防方法相互抵触，以及配装号或类项不同的危险货物不得混装在同一包装内。

采用集装化运输的危险货物集合包装必须有足够的强度，能够经受堆码和多次搬运，并便于机械装卸。

（8）每件货物的包装应牢固、清晰地标明规定的危险货物包装标志和包装储运图示标志，并有与货物运单相同的危险货物品名。

2）托运和承运

（1）托运人托运危险货物时，应在货物运单"货物名称"栏内填写危险货物品名索引表内列载的品名和编号，并在运单的右上角，用红色戳记标明类项。

允许混装在同一包装内运输的危险货物，托运人应在货物运单内分别写明货物名称和编号。

（2）性质或消防方法相互抵触，以及配装号或类项不同的危险货物不能按批托运。

（3）禁止运输过度敏感或能自发反应而引起危险的物品。

凡性质不稳定或由于聚合、分解在运输中能引起剧烈反应的危险货物，托运人应采用加入稳定剂或抑制剂等方法，保证运输安全。

对危险性大，如易于发生爆炸性分解等反应或需控温运输的危险货物，托运人应提出安全运输办法，报铁路总公司和交通运输部审批。

（4）托运爆炸品时，托运人应提出危险货物品名表内规定的许可运输证明（公安机关的运输证明应是收货单位所在地县、市、公安部门签发的爆炸物品运输证），同时在货物运单"托运人记载事项"栏内注明名称和号码。发站应确认品名、数量、有效期和到达地是否与运输证明记载相符。

（5）装过危险货物的空容器，口盖必须封闭严密。装过有毒、易燃气体的空钢瓶和装过黄磷、一级毒害品（剧毒品）、一级酸性腐蚀品的空容器必须按原装危险货物运输条件办理。其他危险货物空容器，经车站确认已卸空、倒净，可按普通货物运输。但托运人应在货物运单"货物名称"栏内注明"原装×××，已经安全处理，无危险"字样。

（6）托运危险货物品名索引表未列载的危险货物时，托运人在托运前向发站提出经县级以上（不包括县）主管部门审查同意的"危险货物运输技术说明书"，铁路部门据以确定运输条件组织试运。爆炸品、氧化剂和有机过氧化物、一级毒害品（剧毒品）由铁路局批准，其他品类由铁路分局批准。

"危险货物运输技术说明书"经批准后，发站、铁路分局、铁路局各存查一份，一份交托运人，一份随货物运单交收货人。

（7）发站受理和承运危险货物时，应认真做到：

① 确认货物运单内品名、编号、类项、包装等填写是否正确、完整；

② 核查托运人提供的证明文件是否符合规定；

③ 检查包装是否符合规定，各项标志是否清晰、齐备、牢固。

3）危险化学品按普通货物运输

（1）手续办理。危险货物按普通货物条件运输时，经铁路分局批推并可在非危险货物办理站发运。托运人应在货物运单"托运人记载事项"栏内注明"×××，可按普通货物运输"（如"易燃液体，可按普通货物运输"或"放射性物品，可按普通货物运输"）。

（2）可按普通货物运输的必备条件：

① 危险货物品名表内有规定的；

② 危险货物品名索引表内品名之前注有"＊"符号，货物的包装、标志符合规定，每件货物净重不超过 10kg，箱内每小件净重不超过 0.5kg，一批货物净重不超过 100kg，每车不得超过 5 批；

③ 成套货物的部分配件或货物的部分材料属于危险货物。

（3）放射性物品的包装件外表面最大辐射水平不超过 0.005mSv/h（0.5mrem/h），包装件外表面放射性污染不超过表 5-1 中的最大限值。

表 5-1　包装件放射性污染最大限值

污染表示	β、γ 和低毒性 α 发射体 Bq/cm^2（μCi/cm^2）	其他 α 发射体 Bq/cm^2（μCi/cm^2）
包装件外表面或包装件外层辅助包装及运输工具表面	0.4（10^{-5}）	0.04（10^{-6}）

每个包装件放射性内容物不超过表 5-2 中所列限值。

表 5-2　包装件的放射性活度限值

内容物性质		仪表或制成品		放射性物品包装件限值
		物品限值	包装件限值	
固态	特殊形式	$10^{-2}A_1$	A_1	$10^{-3}A_1$
	其他形式	$10^{-2}A_2$	A_2	$10^{-3}A_2$
液态		$10^{-3}A_2$	$10^{-1}A_2$	$10^{-4}A_2$
气态	氚	$2\times10^{-2}A_2$	$2\times10^{-1}A_2$	$2\times10^{-2}A_2$
	特殊形式	$10^{-3}A_1$	$10^{-2}A_1$	$10^{-3}A_1$
	其他形式	$10^{-3}A_2$	$10^{-2}A_2$	$10^{-3}A_2$

其中，A_1 指 A 型货包中容许装入的特殊形式放射性物质的最大活度。A_2 指 A 型货包中容许装入的除特殊形式放射性物质以外的其他形式放射性物质的最大活度。

含有放射性物质的仪表和工业制成品，但距该仪表或工业制成品外表面 10cm 处任何一点的辐射水平都不超过 0.1mSv/h（10mrem/h）；同时每件仪表或物件应贴有放射性标志。

4）危险货物的运输

（1）危险货物限使用棚车（包括毒品专用车）装运，危险货物品名表内有特殊规定的除外。整车发送的毒害品和放射性矿石、矿砂必须使用毒品专用车。如棚车、毒品专用车不足，经发送铁路局批推在采取安全和防止污染措施的条件下，可以使用全钢敞车运输。

爆炸品（爆炸品保险箱除外）、氯酸钠、氯酸钾、黄磷和铁桶包装的一级易燃液体应选用木底棚车装运，如使用铁底棚车时，须经铁路局批准。

使用木底棚车装运爆炸品，如危险货物品名表中未限定"停止制动作用"时应使用有防火板的木底棚车。

铁路局应指定毒品专用车保（备用）站，加强运用管理和维修工作。毒品专用车回送时，使用"特殊货车及运送用具回送清单"。

（2）托运人、收货人有专用铁路、专用线的，整车危险货物的装车和卸车必须在专用铁路、专用线办理。托运人、收货人提出专用铁路、专用线共用时，需由铁路分局批准。

（3）整车运输的爆炸品以及另有规定的货物品名，托运人应派人押运。押运人员应熟悉货物性质，掌握押运人须知的有关要求，随带必要的工具、备品和防护用品，保证全程押运。

（4）有调车作业限制、编组隔离限制和需要停止制动作用的货车，应按表 5-3 规定办理。

在同一车内装有编组隔离不同要求的危险货物时，应按隔离车辆数最多的危险货物作为隔离标准。整装零担车应在封套上记明其类项。

有关禁止溜放、溜放时限速连挂、停止制动作用或编组隔离事项，应均按规定在列车编组顺序表上做出相应的记载。

表 5-3　特殊防护事项表

特别防护事项	货车上的标识	运输单据上的标识
禁止溜放或溜放时限速连挂的车辆	在货车两侧插挂"禁止溜放"或"限速连挂"的货车标识牌	在货物运单右上角、票据封套、装载清单上用红色记明"禁止溜放"或"限速连挂"字样
车辆编组隔离表规定编组需要隔离的货车	在货车表示牌上记明规定的三角标记，对无"禁止溜放"或"限速连挂"的货车应记在货车标识牌背面并在货车两侧反插货车标识牌	在货物运单右上角、票据封套、装载清单上用红色记明规定的三角标记

（5）装运爆炸品（爆炸品保险箱除外）需要使用停止制动作用的货车时，应通知车辆部门对所用货车进行检查，确认技术状态良好后，关闭制动机。到站卸车后并应通知车辆部门恢复制动作用。有关关闭制动机或恢复制动作用的通知及办理情况，车站及车辆部门应认真登记做成记录。有关交接办法，各局可制定具体管理措施。

（6）车站应及时组织危险货物的发送和中转。对装有危险货物的车辆应快送、快取优先编组挂运。停放装有危险货物的车辆时，车站应严格掌握，注意安全防护。

5）放射性物品运输

（1）凡放射性比活度大于 70kBq/kg（2Ci/kg）的物质属放射性物品。

（2）托运人托运放射性物品或放射性物品的空容器时，应提供经铁路卫生防疫部门核查签发的"铁路运输放射性物品包装件表面污染及辐射水平检查证明书"或"铁路运输放射性物品空容器检查证明书"一式两份，一份随货物运单交收货人，一份留发站存查。

对辐射水平相等、重量固定、包装件统一的放射性物品（如化学试剂、化学制品、矿石、矿砂等）可以一次核定辐射水平和污染程度。托运人应将"铁路运输放射性物品包装件表面污染及辐射水平检查证明书"提交发站，再次托运时，可提出证明书复印件。

托运封闭型固体块状辐射源，如果当地无核查单位时，托运人可凭原有辐射水平检查证明书托运。

铁路防疫部门应对放射性物品的表面污染水平、辐射和放射性总活度等安全指标进行核查监测，不符合上述要求时，不予承运。

（3）放射性物品的包装除应符合上述有关规定外，还必须满足下列要求：

① 包装件应有足够的强度，保证放射性物质不泄漏和散失，并能有效地减弱放射线强度至允许水平、保证放射性内容物始终处于次临界状态。内、外容器必须封严、盖紧。

② 便于搬运、装卸和堆码。质量在 5kg 以上的包装件应有提手；袋装矿石、矿砂袋口两角应扎结抓手；30kg 以上应有提环、挂钩；50kg 以上的包装件应清晰耐久地标明总重。

③ 应在包装件两侧分别粘贴、喷涂或拴挂放射性货物包装标志。

（4）托运 B 型包装件、易裂变物质、国家管制的核材料、气体放射性物品以及危险货物品名索引表内未列载的放射性物品时，须由托运人的主管部门与铁路总公司和交通运输部商定运输条件。

国家管制的核材料是：

① 铀-235，含铀-235 的材料和制品；

② 铀-233，含铀-233 的材料和制品；

③ 钚-239，含钚-239 的材料和制品；

④ 氚，含氚的材料和制品；

⑤ 锂-6，含锂-6 的材料和制品；

⑥ 其他需要管制的核材料和制品。

（5）包装件和运输工具外表面放射性污染和外表面的辐射水平不得超过以下限值：

① 包装件和运输工具外表面放射性污染不得超过表 5-4 所列限值。

表5-4 包装件和运输工具外表面放射性污染最大限值

污染表示	β、γ 和低毒性 α 发射体 Bq/cm²（μCi/cm²）	其他 α 发射体 Bq/cm²（μCi/cm²）
包装件外表面或包装件外层辅助包装及运输工具表面	4（10⁻⁴）	0.4（10⁻⁵）

② 装运放射性物品时，运输工具或包装件外表面的辐射水平不得大于 2mSv/h（200mrem/h），运输指数不得大于 10；在距运输工具 2m 处的任何一点辐射水平不得大于

0.1mSv/h(10mrem/h)；装车后，车内各包装件的运输指数总和不得大于50，但Ⅰ类低比活度放射性物质，运输指数总和不受限制。

（6）放射性包装件按其外表面辐射水平和运输指数分为三个运输等级，见表5-5。

表5-5　放射性包装件的运输等级

运输等级（标志颜色）	包装件外表面任意一点的最大辐射水平 $H/$ [mSv/h(mrem/h)]	运输指数 TI
Ⅰ级（白色）	$H \leq 0.005(0.5)$	$TI=0$
Ⅱ级（黄色）	$0.005(0.5) < H \leq 0.5(50)$	$0 < TI \leq 1$
Ⅲ级（黄色）	$0.5(50) < H \leq 2(200)$	$1 < TI \leq 10$

注：对于 $TI \leq 0.05$ 的包装件均认为 $TI=0$；其他情况 TI 都应取一位小数。

包装件的运输指数和表面辐射水平等级不一致时，按较高一级的确定运输等级。

运输指数确定原则见《铁路危险货物运输管理规则》第七类。

（7）低比活度放射性物质和表面污染物体的运输条件：

① 每一辆车中装运的Ⅰ类低比活度放射性物质和非易燃固体的Ⅱ、Ⅲ类低比活度放射性物质的放射性活度不受限制；

② 表面污染物体和可燃性固体和液体的Ⅱ、Ⅲ类低比活度放射性物质的放射性总活度不得超过 $100A_2$。

③ 无包装的Ⅰ类低比活度放射件物质和Ⅰ类表面污染物体必须使用企业自备敞车苫盖、自备篷布装运，保证运输途中不撒漏、不飞扬。装卸作业限在专用铁路、专用线。

（8）托运 A 型包装件时，若内容物为不弥散的固体放射性物质或装有放射性物质的密封小容器，其放射性内容物活度不得大于 A_1 值；若内容物为粉末状、晶粒或液体的放射性物质则不得大于 A_2。

（9）放射性物品按零担托运时，必须遵守下列条件：

① 仅限办理固体和液体的放射性物品，A 型包装的化学试剂和化工制成品，以及一批质量不超过 5kg 的放射性矿石、矿砂样品。

② 一车内Ⅱ级包装件不超过 50 件，或Ⅲ级包装件不超过 5 件（Ⅰ级包装件的件数不受限制）。Ⅱ、Ⅲ级包装件同车装运时，按一件Ⅲ级等于 10 件Ⅱ级折算。

③ 包装件的最大放射性活度、低比活度放射性物质和表面污染物体应按上述第(5)条①、②项的规定，放射性同位素应符合表5-6的规定。

表5-6　零担车内装载包装件最大放射性活度值

运输包装等级	物理状态	每一包装间最大放射性活度 GR2
一级	块状固体	A_1
	粉末、晶粒或液体	A_2
二级	块状固体	A_1
	粉末、晶粒或液体	A_2
三级	块状固体	A_1
	粉末、晶粒或液体	A_2

（10）按客运包裹运输的放射性物品仅限Ⅰ级和辐射水平 $H \leqslant 1$ mrem/h 的Ⅱ级放射性同位素（气体放射性物质除外），托运的包装件表面放射性污染不得超过表5-1限值，其内容物的放射性活度不超过表5-2的限值。每辆行李车最多只能装20件，每件质量不得超过40kg。

（11）质量超过1t的放射性包装件，限按整车办理，托运人或收货人应事先与到站联系，取得同意后才能向发站托运。

托运"短寿命"放射性物品时，应在货物运单"托运人记载事项"栏内注明货物容许运输期限。容许运输期限需大于铁路货物运到期限3天。

（12）放射性物品在同一车内与其他货物配装时，应符合表5-7的要求。

表 5-7　放射性物品与其他货物配装表

项　　目	Ⅰ级	Ⅱ级	Ⅲ级
感光材料以及活动物	不能配装	不能配装	不能配装
其他危险货物	不能配装	不能配装	不能配装
各种食品、粮食、饲料、药品、药材、食用油脂	0.5m	2m	不能配装
其他行李、包裹	不隔离	2m(客运除外)	不能配装
普通货物	不隔离	不隔离	1.5m

放射物品与人员最小安全距离应符合表5-8的要求。

表 5-8　放射物品最小安全距离表

运输指数	照射时间/h(d)							
TI	1	2	4	10	24(1)	48(2)	120(5)	240(10)
0.2	0.5	0.5	0.5	0.5	1	1	2	3
0.5	0.5	0.5	0.5	1	1	2	3	5
1	0.5	0.5	1	1	2	3	5	7
2	0.5	1	1	1.5	3	4	7	9
4	1	1	1.5	3	4	6	9	
8	1	1.5	2	4	6	8		
10	1	1.5	2	4	7	9		

（13）装车时，放射性包装件应合理摆放，运输包装等级小的包装件应摆放在运输包装等级大的包装件周围；零担运输的二级、三级包装件应摆放在车体纵中心线上，距车辆两端板应在0.5m以上。每人每天装卸放射性货物的时间不得超过容许作业时间表5-9的限值。

（14）放射性包装件破损时，不得继续运输，需修复后并确认包装已恢复原设计性能，符合安全运输标准，方可继续运输。

当放射性容器破损内容物泄漏时，必须立即报告铁路和地方的公安、环保和卫生防疫部门，除要求有关部门协助处理外，事故地点应按辐射水平 0.005mSv/h(0.5mrem/h) 为依据划出警戒区并悬挂警告牌，派人看护。

表 5-9 装卸放射性货物容许作业时间表

包装件运输等级	包装件表面辐射水平		运输指数 TI	徒手作业	简单工具(距包装件表面约0.5m)	半机械化操作(距包装件表面1m)	机械化操作(距包装件表面1.5m)
	mSv/h	mrem/h					
Ⅰ级	≤0.005	≤0.5		8h	—	—	—
Ⅱ级	0.01	1	—	7h	8h	—	—
	0.05	5	0.05	1.5h	7h	—	—
	0.1	10	0.1	50min	6h	—	—
	0.2	20	0.3	20min	2h	8h	—
	0.3	30	0.6	15min	1.5h	7h	—
	0.4	40	0.8	10min	1h	6h	—
	0.5	50	1	7min	50min	5.5h	—
Ⅲ级	0.6	60	1.5	6min	45min	5h	7h
	0.8	80	2	5min	40min	4h	6h
	1.0	100	3	4min	35min	2.5h	5h
	1.2	120	4	3min	30min	2h	4h
	1.4	140	5	2min	24min	1.5h	3h
	1.8	180	7	1min	20min	1h	2h
	2.0	200	10	不容许	12min	30min	1h

注：表中"—"表示不加限制。

6）危险货物罐车运输

（1）原油、汽油、煤油、柴油可以使用铁路罐车装运。液体危险货物(包括上述品名)使用自备罐车装运时，应符合危险货物品名表中的规定。未做规定的应由发送铁路局对有关资料审查并提出意见后报铁路总公司和交通运输部制定运输条件后进行试运。

罐车试运时，应按符合包装和标志要求，但在运单"托运人记载事项"栏内注明"自备罐车试运"。

（2）托运人申请使用自备罐车装运危险货物时，须出具下列技术文件：

① 装运第二类危险货物时须出具：产品理化特性说明；压力容器使用登记证；液化气体铁路罐车(罐体)安全运输许可证；罐体检定证书；车辆验收记录；车辆定期检修证明；押运证书；其他有关资料。

② 装运其他类液体危险货物时须出具：产品理化特性说明；罐体检定证书；车辆验收记录；车辆定期检修证明；其他有关资料。

（3）托运人应与过轨站签订过轨运输合同，报所属的铁路分局批准。第二类危险货物应报所属的铁路局批准。

铁路局、铁路分局批准过轨合同时应认真审查合同中的各项内容，特别是装卸地点的作业能力及安全防护措施等是否符合有关规定。

铁路局和铁路分局应建立和健全危险货物自备罐车技术档案，检查危险货物自备罐车的运用状况，保证过轨运输的危险货物自备罐车符合安全要求。

（4）凡散装进口的第二类、第三类危险货物采用自备罐车运输的及整车运输的放射性物品，到达口岸后经铁路运输时，应报铁路总公司和交通运输部批准。其他散装进口的液体危险货物报入境口岸所在地的铁路局批准。

进口的爆炸品、毒害品（剧毒品）、氧化剂和过氧化物以整车运输时，报铁路分局批准。

进口单位向上述部门报批时，必须在货物到港前一个月，持申请报告和有关技术文件进行报批。

（5）自备罐车罐体的设计、制造、使用、充装、检修及故障处理应符合主管部门制定的技术规程，用于装运液化气体的罐车，需符合《液化气体铁路罐车安全管理规程》及铁路有关的技术规定。

（6）自备罐车罐体纵向中部应涂刷一条宽300mm表示货物主要特性的水平环形色带，红色表示易燃性，绿色表示氧化性，黄色表示毒性，黑色表示腐蚀性，蓝色与其他颜色分层涂刷表示液化气体（上层200mm宽涂蓝色，下层100mm宽分别涂红色，表示易燃液体气体，涂黄色表示有毒液化气体，涂蓝色表示不燃液化气体）。

罐体两侧的环形色带中部应以分子、分母形式涂打专用货物名称及其危险性，企业的危险货物自备罐车应按铁路总公司和交通运输部规定统一编号。

（7）发站承运自备液化气体罐车时，应审查以下内容：

① 收货人必须与罐车产权单位一致（液化气体的生产企业除外）；

② "铁路罐车充装记录"填写是否完整；

③ 货物运单内是否注明押运人的姓名和有关证明文件的名称和号码；

④ 其他有关规定。

对定检过期、车况不良、罐盖不严、罐体标记文字不清以及有碍安全运输的自备罐车，一律不予承运。

承运液化气体罐车后，"铁路罐车充装记录"一份由发站存查，单送至到站交收货人。

（8）危险货物罐车的装卸作业必须在专用铁路或专用线办理。第二类、第三类危险货物采用罐车的装卸地点，距铁路正线、房屋建筑的防火间距不少于45m和30m。距其他铁路线路不少于35m和20m。装卸地点应严格控制火源，所有设备应具有防火、防爆和导除静电性能。装卸罐车时散发的易燃、有毒和有害气体，不得超过国家规定允许的浓度标准。

（9）充装第二类以外的液体危险货物时，托运人应根据液体货物的密度、罐车载重、容积以及货温、气温变化，按规定确定充装量，不得超重。对密度低于1的液体危险货物，罐体有效容积的膨胀余量上限为8%，下限为20%。凡充装后下限超过20%的，罐体内部应安装隔板，以保持运输的稳定性。

充装液化气体时，还必须用轨道衡对空、重罐车分别检衡，确定罐内余液及实际充装量。充装量应符合《液化气体铁路罐车安全管理规程》，严禁超装超载。

（10）装车前，托运人应确认罐车是否良好。罐体有漏裂，阀、盖、垫及仪表等附件、配件不完整或作用不良的罐车禁止使用。

装卸罐车必须在货物装注前或卸空后及时将阀件关严，严禁混入杂质。卸车时必须将罐车卸净。装卸车后应认真关闭阀门，盖好人孔盖，拧紧螺栓。罐体外表应保持清洁，上面涂打的标记文字应能清晰易辨。车站对罐车上盖关闭状态应进行检查，关闭不严的禁止编入列车。

（11）液化气体罐车充装单位应建立健全充装制度并认真贯彻执行。充装前必须有专人检查罐车，进行规定的试验，不具备充装条件的罐车严禁充装。罐车充装完毕后，充装单位应复检充装量，对各密封面进行泄漏检查，检查封车压力。检查情况必须详细填记于"铁路罐车充装记录"内，符合规定才能向铁路办理托运。罐车卸后应留有不低于0.05MPa的余压。

（12）液化气体罐车运输时，托运人应派人押运（空罐车不需押运）。押运人应熟悉货物的物理、化学性质，了解罐车的构造及附件性能以及发生故障的处理方法，经主管部门考试合格并取得铁路认可的押运证后方可担任押运工作。押运人应坚守岗位、全程押运，并就沿途温度（外温）、压力变化等作好记录。

发站需认真审查托运人在货物运单内是否注明押运人的姓名、有关证明文件的名称及号码，未按规定填记或无押运人的不予承运。途中各站发现液化气体罐车无人押运或达不到押运人数要求时，应立即甩下，并用电话通知发站转告托运人速派人解决。

液化气体罐车的押运人数应按表5-10的规定配备。

表5-10　液化气体罐车押运人数表

辆或批/辆	1~4	5~10	11~15	16以上
押运人/人	2	3	4	铁路局确定

（13）为保证液化气体运输的安全，液化气体罐车不允许进行运输变更或重新起票办理新到站，如遇特殊情况需要变更或重新起票办理新到站时，需经铁路局批准。

（14）液化气体罐车必须编入有守车及运转车长的货物列车（包括小运转列车），以便押运人乘坐和随车监护。

（15）危险货物罐车在运输途中发生泄漏、火灾及其他行车事故时，车站应立即向铁路主管部门、地方政府、公安消防及环保、卫生防疫部门报告，并速请熟悉货物性质及罐体构造的单位前来处理和抢救。同时设立警戒区，组织人员向逆风方向疏散，防止危险货物流入河川。易燃气体及易燃液体发生泄漏时，应迅速隔断火源。如已发生火灾应立即摘下着火罐车，并尽快转移到安全地点，用干粉扑救，同时用大量水冷却罐车，以防爆炸。对标有"禁水"标记的罐车，严禁用水施救。对有毒气体施救时应站在上风方向，防止中毒事故。

7）爆炸品保险箱

（1）用爆炸品保险箱（以下简称保险箱）运输的爆炸品，可在铁路零担货运营业站（不办理武器、弹药及爆炸品的车站除外）按零担办理。

（2）用保险箱装爆炸品时，装箱后箱内空隙要填充紧密。同一保险箱内只限装同一品名的货物，每箱总重不得超过200kg。保险箱两端应有"向上"、"防潮"、"爆炸品"标志。

（3）托运装有爆炸品的保险箱时，托运人需在货物运单的"货物名称"栏内填写货物品名、编号，在运单右上角及封套上标明危险货物类项，在运单"托运人记载事项"栏内注明保险箱的统一编号。

保险箱编号、标志应清晰，箱体不得破损、变形。托运人应对箱内货物品名的真实性、包装及衬垫的完好性负责。

（4）装在同一车内或在同一仓库内作业及存放的保险箱，箱内危险货物编号必须一致（配装表第1、2号内所列品名除外）。装有爆炸品的保险箱可比照普通货物配装，但不得与放射性物品同装一车。装车时，保险箱应放在底层，摆放整齐稳固，并尽量装在车门附近。装卸搬运时要稳起稳落，严禁摔碰、撞击、拖拉、翻滚。

（5）调动装有爆炸品保险箱的车辆时，禁止溜放和由驼峰上解散作业。发站应在货物运单、封套、货车装载清单、列车编组顺序表上记明"禁止溜放"字样，并插挂"禁止溜放"货车标识牌。

（6）装有爆炸品的保险箱，车站应及时发送、中转和交付。保险箱应存放在车站指定的仓库内妥善保管。如遇火灾应及时将保险箱或车辆送至安全地带。

（7）保险箱的设计、制造应由生产单位的主管部门（省、部级）与铁路总公司和交通运输部商定后按《爆炸品保险箱》（GB 2702）的标准生产。

保险箱外部应按国家标准涂打使用单位代号。各使用单位需提出爆炸品保险箱编号申请表一式四份，及生产厂出具的爆炸品保险箱合格证到所在地的铁路局编号。如，上-B0001，京-B0001。铁路局编号后，一份存查，其他三份分别交保险箱使用单位、铁路分局及发站。

（8）保险箱在使用过程中发生损坏，使用单位应及时检修处理，保持完好状态。保险箱每隔两年需由指定单位检验一次。技术状态良好，符合使用要求的由检验单位在箱体两端涂打检验年、月、单位。使用单位应持检验合格证到铁路局进行重新登记，未经登记者不得使用。

5.2.4　水路运输过程的安全技术要求

1996年11月由交通运输部颁布，并于1996年12月起施行的《水路危险货物运输规则》，为加强水路危险货物运输管理，保障运输安全，提供了法律依据。要求水路运输危险货物有关托运人、承运人、作业委托人、港口经营人以及其他各有关单位和人员，严格执行。

1）包装和标志

（1）除爆炸品、压缩气体、液化气体、感染性物品和放射性物品的包装外，危险货物的包装按其防护性能分为：

Ⅰ类包装：适用于盛装高度危险性的货物；

Ⅱ类包装：适用于盛装中度危险性的货物；

Ⅲ类包装：适用于盛装低度危险性的货物；

各类包装应达到其防护性能要求，各种危险货物所要求的包装类别见该货物明细表。

（2）危险货物的包装（压力容器和放射性物品的包装另有规定）应按规定进行性能试验。申报和托运危险货物应持有交通运输部认可的包装检验机构出具的"危险货物包装检验证明书"，符合要求后，方可使用。

（3）盛装危险货物的压力容器和放射性物品的包装应符合国家主管部门的规定，压力容器应持有商检机构或锅炉压力容器检测机构出具的检验合格证书；放射性物品应持有卫生防疫部门出具的"放射性物品包装件辐射水平检查证明书"。

（4）根据危险货物的性质和水路运输的特点，包装应满足以下基本要求：

① 包装的规格、型式和单件质量（重量）应便于装卸或运输；

② 包装的材质、型式和包装方法（包括包装的封口）应与拟装货物的性质相适应。包装内的衬垫材料和吸收材料应与拟装货物性质相容，并能防止货物移动和外漏；

③ 包装应具有一定强度，能经受住运输中的一般风险。盛装低沸点货物的容器，其强度须具有足够的安全系数，以承受住容器内可能产生的较高的蒸气压力；

④ 包装应干燥、清洁、无污染，并能经受住运输过程中温、湿度的变化；

⑤ 容器盛装液体货物时，必须留有足够的膨胀余位（预留容积），防止在运输中因温度变化而造成容器变形或货物渗漏；

⑥ 盛装下列危险货物的包装应达到气密封口的要求：

a. 产生易燃气体或蒸气的货物；

b. 干燥后成为爆炸品的货物；

c. 产生毒性气体或蒸气的货物；

d. 产生腐蚀性气体或蒸气的货物；

e. 与空气发生危险反应的货物。

（5）采用其他包装方法（包括新型包装），应符合①、②和④的规定，由起运港的港务（航）监督机构和港口管理机构共同依据技术部门的鉴定审核同意并报交通运输部批准后，方可作为等效包装使用。

（6）危险货物包装重复使用时，应完整无损、无锈蚀。

（7）危险货物的成组件应具有足够的强度，并便于用机械装卸作业。

（8）使用可移动罐柜盛装危险货物，可移动罐柜应符合"可移动罐柜"的要求。对适用于集装箱条款定义的罐柜还应满足船检部门《集装箱检验规范》（2012）的有关要求。

（9）每一盛装危险货物的包装上均应标明所装货物的正确运输名称，名称的使用应符合"危险货物明细表"的规定。包装明显处、集装箱四侧、可移动罐柜四周及顶部应粘贴或刷印符合"危险货物标志"的规定。

具有两种或两种以上危险性的货物，除按其主要危险性标贴主标志外，还应标贴危险货物明细表中规定的副标志（副标志无类别号）。

标志应粘贴、刷印牢固，在运输过程中清晰、不脱落。

（10）除因包装过小只能粘贴或刷印较小的标志外，危险货物标志不应小于100mm×100mm；集装箱、可移动罐柜使用的标志不应小于250mm×250mm。

（11）集装箱内使用固体二氧化碳（干冰）制冷时，装箱人应在集装箱门上显著标明"危险！内有固体二氧化碳（干冰），进入前需彻底通风"字样。

（12）集装箱、可移动罐柜和重复使用的包装，其标志应符合本章的规定，并除去不适合的标志。

（13）按我国规定属于危险货物，但国际运输时不属于危险货物，外贸出口时，在国内运输区段包装件上可不标贴危险货物标志，国内托运人和作业委托人分别在水路货物运单和作业委托单特约事项栏内注明"外贸出口，免贴标志"；外贸进口时，在国内运输区段，按危险货物办理。

国际运输属于危险货物，但按我国规定不属于危险货物，外贸出口时，国内运输区段，托运人和作业委托人应按外贸要求标贴危险货物标志，并应在水路货物运单和作业委托单特约事项栏内注明"外贸出口属于危险货物"；外贸进口时，在国内运输内段，托运人和作业委托人应按进口原包装办理国内运输，并应在水路货物运单和作业委托单特约事项栏内注明"外贸进口属于危险货物"。

如我国对货物的分类与国际运输分类不一致，外贸出口时，在国内运输区段，其包装件上可粘贴外贸要求的危险货物标志；外货进口时，国内运输区段按规定粘贴相应的危险货物标志。

2）托运

（1）危险货物的托运人或作业委托人应了解、掌握国家有关危险货物运输的规定，并按有关法规和港口管理机构的规定，向港务(航)监督机构办理申报并分别同承运人和起运、到达港港口经营人签订运输、作业合同。

（2）办理危险货物运输、装卸时，托运人、作业委托人应向承运人、港口经营人提交以下有关单证和资料：

① "危险货物运输声明"或"放射性物品运输声明"；

② "危险货物包装检验证明书"或"压力容器检验合格证书"或"放射性物品包装件辐射水平检查证明书"；

③ 集装箱装运危险货物，应提交有效的"集装箱装箱证明书"；

④ 托运民用爆炸品应提交所在地县、市公安机关根据《民用爆炸物品安全管理条例》(国务院第466号)核发的"爆炸物品运输证"；

⑤ 除提交上述①、②、③、④的有关单证外，对可能危及运输和装卸安全或需要特殊说明的货物还要提交有关资料。

（3）运输危险货物应使用红色运单；港口作业应使用红色作业委托单。

（4）托运规定未列名的危险货物，托运前托运人应向起运港港口管理机构和港务(航)监督机构提交经交通运输部认可的部门出具的"危险货物鉴定表"，由港口管理机构会同港务(航)监督机构确定装卸、运输条件，经交通运输部批准后，按规定的相应类别中"未另列名"项办理。

（5）托运装过有毒气体、易燃气体的空钢瓶，按原装危险货物条件办理。

托运装过液体危险货物、毒害品(包括有毒害品副标志的货物)、有机过氧化物、放射性物品的空容器，如符合下列条件，并在运单和作业委托单中注明原装危险货物的品名、编号和"空容器清洁无害"字样，可按普通货物办理：

① 经倒净、洗清、消毒(毒害品)，并持有技术检验部门出具的检验证明书、证明：空容器清洁无害。

② 盛装过放射性物品的空容器，其表面清洁无污染，或按可接近非固定污染程度，β 或 γ 发射体低于 $4Bq/cm^2$，α 发射体低于 $0.4Bq/cm^2$，并持有卫生防疫部门出具的"放射性物品空容器检查证明书"。

托运装过其他危险货物的空容器，经倒净、洗清，并在运单中和作业委托单中注明原装危险货物的品名和编号和"空容器，清洁无害"字样，可按普通货物办理。

（6）符合下列条件之一的危险货物，可按普通货物条件运输：

① 成套设备中的部分配件或部分材料属于危险货物（只限不能单独包装），托运人确认在运输中不致发生危险，经起运港港口管理机构和港务（航）监督机构认可后，并在运单和作业委托单中注明"不作危险货物"字样。

② 危险货物品名索引中注有 ＊ 符号的货物，其包装、标志符合规定，且每个包装件不超过10kg，其中每一小包件内货物净重不超过0.5kg，并由托运人在运单和作业委托单中注明"小包装化学品"字样；但每批托运货物总净重不得超过100kg，并按有关规定办理申报或提交有关单证。

（7）性质相抵触或消防方法不同的危险货物应分票托运。

（8）个人托运危险货物，还须持本人身份证件办理托运手续。

3）承运

（1）装运危险货物时，承运人应选派技术条件良好的运载船舶。船舶的舱室应为钢质结构。电气设备、通风设备、避雷防护、消防设备等技术条件应符合要求。

500总吨以下的船舷以及乡镇运输船舶、水泥船、木质船装运危险货物，按国家有关规定办理。

（2）客船和客渡船禁止装运危险货物。

客货船和客渡船载客时，原则上不得装运危险货物。确需装运时，船舶所有人（经营人）应根据船舶条件和危险货物的性能制定限额要求，部属航运企业报交通运输部备案，地方航运企业报省、自治区、直辖市交通主管部门和港务（航）监督机构备案。并严格按限额要求装载。

（3）船舶装运危险货物前，承运人或其代理应向托运人按规定收取有关单证。

（4）载运危险货物的船舶，在航行中要严格遵守避碰规则。停泊、装卸时应悬挂或显示规定的信号。除指定地点外，严禁吸烟。

（5）装运爆炸品、一级易燃液体和有机过氧化物的船舶，原则上不得与其他船舶混合编队、拖带。如必须混合编队、拖带时，船舶所有人（经营人）要制定切实可行的安全措施，经港务（航）监督机构批准后，报交通运输部备案。

（6）装载易燃、易爆危险货物的船舶，不得进行明火、烧焊或易产生火花的修理作业。如有特殊情况，应采用相应的安全措施。在港时，应经港务（航）监督机构批准并向港口公安消防监督机关备案；在航时应经船长批准。

（7）除客货船外，装运危险货物的船舶不准搭乘旅客和无关人员。若需搭乘押运人员时，需经港务（航）监督机构批准。

（8）船舶装载危险货物应严格按规定要求合理积载、配装和隔离。积载处所应清洁、阴凉、通风良好。

遇有下列情况，应采用舱面积载：

① 需要经常检查的货物；

② 需要近前检查的货物；

③ 能生成爆炸性气体混合物；

④ 有机过氧化物；

⑤ 发生意外事故时必须投弃的货物。

（9）船舶危险货物的积载，要确保其安全和应急消防设备的正常使用及过道的畅通。

（10）发生危险货物落入水中或包装破损溢漏等事故时，船舶应立即采取有效措施并向就近的港务（航）监督机构报告详情并做好记录。

（11）滚装船装运"只限舱面"积载的危险货物，不应装在封闭和开敞式车辆甲板上。

（12）纸质容器（如瓦楞纸箱和硬纸板桶等）应装在舱内。如装在舱面，应妥加保护，使其在任何时候都不会因受潮湿而影响其包装性能。

（13）危险货物装船后，应编制危险货物清单，并在货物积载图上标明所装危险货物的品名、编号、分类、数量和积载位置。

（14）承运人及其代理人应按规定做好船舶的预、确报工作，并向港口经营人提供卸货所需的有关资料。

（15）对不符合承运要求的船舶，港务（航）监督机构有权停止船舶进、出港和作业，并责令有关单位采取必要的安全措施。

4）消防和泄漏处理

（1）港口经营人、承运船舶应建立健全危险货物运输安全规章制度，制订事故应急措施，组织建立相应的消防应急队伍，配备消防、应急器材。

（2）承运船舶、港口经营人在作业前应根据货物性质配备《船舶载运危险货物应急措施》有关应急表中要求的应急用具和防护设备，并应符合"各类危险货物引言和明细表"中的特殊要求。作业过程中（包括堆存、保管）发现异常情况，应立即采取措施，消除隐患。一旦发生事故，有关人员应按《危险货物事故医疗急救指南》的要求在现场指挥员的统一指挥下迅速开展施救，并立即报告公安消防部门、港口管理机构和港务（航）监督机构等有关部门。

（3）船舶在港区、河流、湖泊和沿海水域发生危险货物泄漏事故，应立即向港务（航）监督机构报告，并尽可能将泄漏物收集起来，清除到岸上的接收设备中去，不得任意倾倒。

船舶在航行中，为保护船舶和人员安全，不得不将泄漏物倾倒或将冲洗水排放到水中时，应尽快向就近的港务（航）监督机构报告。

（4）泄漏货物处理后，对受污染处所应进行清洗，消除危害。船舶发生强腐蚀性货物泄漏，应仔细检查是否对船舶造成结构上的损坏，必要时应申请船舶检验部门检验。

（5）危险货物运输中有关防污染要求，应符合我国有关环境保护法规的规定。

5.2.5 航空运输过程的安全技术要求

2004 年 5 月由中国民用航空总局颁布，并于 2004 年 9 月 1 日起施行的《中国民用航空危险品运输管理规定》（CCAR-276），对民用航空危险品运输的安全管理，提供了法律依据。危险化学品属于危险品的管理范围。

1）危险品航空运输的基本要求

（1）使用民用航空器（以下简称航空器）载运危险品的运营人，应先行取得局方的危险品航空运输许可。

（2）实施危险品航空运输应满足下列要求：

① 国际民用航空组织发布的现行有效的《危险品航空安全运输技术细则》（Doc9284 - AN/905），包括经国际民用航空组织理事会批准和公布的补充材料和任何附录（以下简称技术细则）；

② 局方的危险品航空运输许可中的附加限制条件。

（3）中国民用航空总局（以下简称民航总局）对危险品航空运输活动实施监督管理；民航地区管理局依照授权，监督管理本辖区内的危险品航空运输活动。局方应当根据管理权限，对危险品航空运输活动进行监督检查。局方实施监督检查，不得妨碍被检查单位正常的生产经营活动，不得索取或者收受被许可人财物，不得谋取其他利益。

（4）从事航空运输活动的单位和个人应当接受局方关于危险品航空运输方面的监督检查，对违反规定的行为追究其法律责任。

2）危险品航空运输的限制

（1）除符合规定和技术细则规定的规范和程序外，禁止危险品航空运输。下列危险品禁止装上航空器：

① 技术细则中规定禁止在正常情况下运输的物品和物质；

② 被感染的活体动物。

（2）技术细则中规定的在任何情况下禁止航空运输的物品和物质器均不得载运。

（3）有下列情形之一的，民航总局可给予豁免：

① 情况特别紧急；

② 不适于使用其他运输方式；

③ 公众利益需要。

（4）除技术细则中另有规定外，不得通过航空邮件邮寄危险品或者在航空邮件内夹带危险品。不得将危险品匿报或者谎报为普通物品作为航空邮件邮寄。

3）危险品的运输准备

（1）一般要求

航空运输的危险品应根据技术细则的规定进行分类和包装，提交正确填制的危险品航空运输文件。

（2）包装容器的要求

① 航空运输的危险品应当使用优质包装容器，该包装容器应当构造严密，能够防止在正常的运输条件下由于温度、湿度或压力的变化，或由于振动而引起渗漏。

② 包装容器应当与内装物相适宜，直接与危险品接触的包装容器不能与该危险品发生化学反应或其他反应。

③ 包装容器应当符合技术细则中有关材料和构造规格的要求。

④ 包装容器应当按照技术细则的规定进行测试。

⑤ 对用于盛装液体的包装容器，应当承受技术细则中所列明的压力而不渗漏。

⑥ 内包装应当进行固定或垫衬，控制其在外包装容器内的移动，以防止在正常航空运输条件下发生破损或渗漏。垫衬和吸附材料不得与内装物发生危险反应。

⑦ 包装容器应当在检查后证明其未受腐蚀或其他损坏时，方可再次使用。当包装容器

再次使用时，应当采取一切必要措施防止随后装入的物品受到污染。

⑧ 如由于先前内装物的性质，未经彻底清洗的空包装容器可能造成危害时，应当将其严密封闭，并按其构成危害的情况加以处理。

⑨ 包装件外部不得黏附构成危害数量的危险物质。

（3）标签

除技术细则另有规定外，危险品包装件应当贴上适当的标签，并且符合技术细则的规定。

（4）标记

除技术细则另有规定外，每一危险品包装件应当标明货物的运输专用名称。如有指定的联合国编号，则需标明此联合国编号以及技术细则中规定的其他相应标记。除技术细则另有规定外，每一按照技术细则的规格制作的包装容器，应当按照技术细则中有关的规定予以标明；不符合技术细则中有关包装规格的包装容器，不得在其上标明包装容器规格的标记。

（5）使用的文字

国际运输时，除始发国要求的文字外，包装上的标记应加用英文。

5.3 危险化学品装卸运输的安全管理

《中华人民共和国安全生产法》（中华人民共和国主席令第 13 号）第二十一条、第二十四条、第二十九条、第三十条、第三十一条、第三十四条、第三十六条、第六十二条、第七十九条、第九十七条等明确提出危险化学品装卸运输的安全管理要求。

危险化学品道路运输单位，应当设置安全生产管理机构或者配备专职安全生产管理人员；危险物品道路运输单位的主要负责人和安全生产管理人员，应当由主管的负有安全生产监督管理职责的部门对其安全生产知识和管理能力考核合格，考核不得收费。生产经营单位使用的危险物品运输工具，必须按照国家有关规定，由专业生产单位生产，并经具有专业资质的检测、检验机构检测、检验合格，取得安全使用证或者安全标志，方可投入使用。检测、检验机构对检测、检验结果负责；生产、经营、运输、储存、使用危险物品或者处置废弃危险物品的，由有关主管部门依照有关法律、法规的规定和国家标准或者行业标准审批并实施监督管理。

生产经营单位生产、经营、运输、储存、使用危险物品或者处置废弃危险物品，必须执行有关法律、法规和国家标准或者行业标准，建立专门的安全管理制度，采取可靠的安全措施，接受有关主管部门依法实施的监督管理；对有根据认为不符合保障安全生产的国家标准或者行业标准的设施、设备、器材以及违法生产、储存、使用、经营、运输的危险物品予以查封或者扣押，对违法生产、储存、使用、经营危险物品的作业场所予以查封，并依法作出处理决定；危险物品的生产、经营、储存、运输单位以及矿山、金属冶炼、城市轨道交通运营、建筑施工单位应当配备必要的应急救援器材、设备和物资，并进行经常性维护、保养，保证正常运转；未经依法批准，擅自生产、经营、运输、储存、使用危险物品或者处置废弃危险物品的，依照有关危险物品安全管理的法律、行政法规的规定予以处罚；构成犯罪的，依照刑法有关规定追究刑事责任；矿山、金属冶炼建设项目和用于生产、储存、装卸危险物品的建设项目，应当按照国家有关规定进行安全评价；矿山、金属冶炼建设项目和用于生产、储存、装卸危险物品的建设项目的安全设施设计应当按照国家有关规定报经有关部门审查，审查部门及其负责审查的人员对审查结果负责；矿山、金属冶炼建设项目和用于生产、储存、装卸危险物品的建设项目的施工单位必须按照批准的安全设施设计施工，并对安全设施的工程质量负责。

《危险化学品安全管理条例》(国务院令第591号)第三十五条、第三十六条、第三十七条、第三十八条、第三十九条、第四十条、第四十二条、第六十六条对危险化学品装卸运输安全管理也做出相关规定。

危险化学品运输企业，应当对其驾驶员、船员、装卸管理人员、押运人员进行有关安全知识培训；驾驶员、船员、装卸管理人员、押运人员必须掌握危险化学品运输的安全知识，并经所在地设区的市级人民政府交通运输部门考核合格(船员经海事管理机构考核合格)，取得上岗资格证，方可上岗作业。危险化学品的装卸作业必须在装卸管理人员的现场指挥下进行；运输危险化学品的驾驶员、船员、装卸人员和押运人员必须了解所运载的危险化学品的性质、危害特性、包装容器的使用特性和发生意外时的应急措施。运输危险化学品，必须配备必要的应急处理器材和防护用品；运输、装卸危险化学品，应当依照有关法律、法规、规章的规定和国家标准的要求并按照危险化学品的危险特性，采取必要的安全防护措施；运输危险化学品的槽罐以及其他容器必须封口严密，能够承受正常运输条件下产生的内部压力和外部压力，保证危险化学品在运输中不因温度、湿度或者压力的变化而发生任何渗(洒)漏。

有下列行为之一的，由交通运输部门处2万元以上10万元以下的罚款；触犯刑律的，依照刑法关于危险物品肇事罪或者其他罪的规定，依法追究刑事责任：(1)从事危险化学品公路、水路运输的驾驶员、船员、装卸管理人员、押运人员未经考核合格，取得上岗资格证的；(2)利用内河以及其他封闭水域等航运渠道运输剧毒化学品和国家禁止运输的其他危险化学品的；(3)托运人未按照规定向交通运输部门办理水路运输手续，擅自通过水路运输剧毒化学品和国家禁止运输的其他危险化学品以外的危险化学品的；(4)托运人托运危险化学品，不向承运人说明运输的危险化学品的品名、数量、危害、应急措施等情况，或者需要添加抑制或者稳定剂，交付托运时未添加的；(5)运输、装卸危险化学品不符合国家有关法律、法规、规章的规定和国家标准，并按照危险化学品的特性采取必要安全防护措施的；通过公路运输危险化学品的，托运人员只能委托有危险化学品运输资质的运输企业承运。

生产、经营、储存、运输、使用危险化学品和处置废弃危险化学品的单位(以下统称危险化学品单位)，其主要负责人必须保证本单位危险化学品的安全管理符合有关法律、法规、规章的规定和国家标准的要求，并对本单位危险化学品的安全负责；危险化学品单位从事生产、经营、储存、运输、使用危险化学品或者处置废弃危险化学品活动的人员，必须接受有关法律、法规、规章和安全知识、专业技术、职业卫生防护和应急救援知识的培训，并经考核合格，方可上岗作业；国家对危险化学品的运输实行资质认定制度；未经资质认定，不得运输危险化学品。危险化学品运输企业必须具备的条件由国务院交通运输部门规定；用于危险化学品运输工具的槽罐以及其他容器，由专业生产企业定点生产，并经检测、检验合格，方可使用；通过公路运输危险化学品的，托运人员只能委托有危险化学品运输资质的运输企业承运。

通过公路运输剧毒化学品的，托运人应当向目的地的县级人民政府公安部门申请办理剧毒化学品公路运输通行证；办理剧毒化学品公路运输通行证，托运人应当向公安部门提交有关危险化学品的品名、数量、运输始发地和目的地、运输路线、运输单位、驾驶人员、押运人员、经营单位和购买单位资质情况的材料；剧毒化学品公路运输通行证的式样和具体申领办法由国务院公安部门制定；禁止利用内河以及其他封闭水域等航运渠道运输剧毒化学品以及国务院交通运输部门规定的禁止运输的其他危险化学品。

利用内河以及其他封闭水域等航运渠道运输前款规定的外的危险化学品的，只能委托有危险化学品运输资质的水运企业承运，并按照国务院交通运输部门的规定办理手续，接受有关交通运输部门(港口部门、海事管理机构，下同)的监督管理；运输危险化学品的船舶及其配载的容器必须按照国家关于船舶检验的规范进行生产，并经海事管理机构认可的船舶检验机构检验合格，方可投入使用；运输、装卸危险化学品，应当依照有关法律、法规、规章的规定和国家标准的要求并按照危险化学品的危险特性，采取必要的安全防护措施；运输危险化学品的槽罐以及其他容器必须封口严密，能够承受正常运输条件下产生的内部压力和外部压力，保证危险化学品在运输中不因温度、湿度或者压力的变化而发生任何渗(洒)漏；从事危险化学品道路运输、水路运输的，应当分别依照有关道路运输、水路运输的法律、行政法规的规定，取得危险货物道路运输许可、危险货物水路运输许可，并向工商行政管理部门办理登记手续。危险化学品道路运输企业、水路运输企业应当配备专职安全管理人员。危险化学品道路运输企业、水路运输企业的驾驶人员、船员、装卸管理人员、押运人员、申报人员、集装箱装箱现场检查员应当经交通运输主管部门考核合格，取得从业资格。具体办法由国务院交通运输主管部门制定。

危险化学品的装卸作业应当遵守安全作业标准、规程和制度，并在装卸管理人员的现场指挥或者监控下进行。水路运输危险化学品的集装箱装箱作业应当在集装箱装箱现场检查员的指挥或者监控下进行，并符合积载、隔离的规范和要求；装箱作业完毕后，集装箱装箱现场检查员应当签署装箱证明书；运输危险化学品，应当根据危险化学品的危险特性采取相应的安全防护措施，并配备必要的防护用品和应急救援器材。运输危险化学品的驾驶人员、船员、装卸管理人员、押运人员、申报人员、集装箱装箱现场检查员，应当了解所运输的危险化学品的危险特性及其包装物、容器的使用要求和出现危险情况时的应急处置方法。

5.3.1 危险化学品运输单位资质的审批与管理

国家对危险化学品的运输实行资质认定制度，未经资质认定，不得运输危险化学品。危险化学品运输企业必须具备的条件由国务院交通主管部门规定。通过公路运输危险化学品的，只能委托有危险化学品运输资质的运输企业承运。对利用内河以及其他封闭水域等航运渠道运输剧毒化学品以外危险化学品的，只能委托有危险化学品运输资质的水运企业承运。运输危险化学品的船舶及其配载的容器必须按照国家关于船舶检验的规范进行生产，并经海事管理机构认可的船舶检验机构检验合格，方可投入使用。

交通运输部门要按照《危险化学品安全管理条例》和运输企业资质条件的规定，从源头抓起，对从事危险货物运输的车辆、船舶、车站和港口码头及其工作人员实行资质管理，严格执行市场准入和持证上岗制度，保证符合条件的企业及其车辆或船舶进入危险化学品运输市场。针对当前从事危险化学品运输的单位和个人参差不齐、市场比较混乱的情况，要通过开展专项整治工作，对现有市场进行清理整顿，进一步规范经营秩序和提高安全管理水平。同时，要结合对现有企业进行资质评定，采取积极的政策措施，鼓励那些符合资质条件的单位发展高度专业化的危险化学品运输。对那些不符合资质条件的单位要限期整改或请其出局。交通运输部门已颁发有关管理规定，要求经营危险化学品运输的企业应具备相应的企业经营规模、承担风险能力、技术装备水平、管理制度、员工素质等条件。从事水路危险货物运输的企业要求具备一定的资金条件、安全管理能力、自有适航船舶和适任船员等，另外还有船龄要求；对从事公路危险货物运输的企业单位要求有相应的资金条件、车辆设备应符合《汽车危险货物运输规则》规定的条件，作业人员和营运管理人员应经过培训合格方可上岗，有健全的管理制度以及危险品专用仓库等。

在开展的危险化学品专项整治工作中，结合贯彻《危险化学品安全管理条例》精神，从加强管理入手，以实现危险化学品运输安全形势明显好转为目标，全面整治现行危险化学品运输市场。交通运输部门要按照《危险化学品安全管理条例》规定，认真履行职责，严格各种资质许可证的审核发放。同时加强监督，严格把关，严禁使用不符合安全要求的车辆、船舶运输危险化学品，严禁个体业主从事危险化学品的运输。要加强与安全管理综合部门以及公安、消防、质量监督等部门的协作与配合，加大对危险化学品非法运输的打击力度。通过对包括装卸和储存等环节在内的危险化学品运输全过程的严格管理和突击整治，全面落实有关危险化学品安全管理的法规和制度。还要积极研究、探讨利用 ITS、GPS 等高新技术对剧毒化学品运输实行全过程跟踪管理的方法和措施。

5.3.2 现场监督管理

企业、单位托运危险化学品或从事危险化学运输，应按照《危险化学品安全管理条例》和国务院交通主管部门的规定办理手续，并接受交通、港口、海事管理等其他有关部门的监督管理和检查。各有关部门应加强危险化学品运输、装卸、储存等现场的安全监督，严格把好危险货物申报关和进出口关，并根据实际情况需要实施监督工作。督促有关企业、单位认真贯彻执行有关法律、法规和规章的规定以及国家标准的要求，重点做好以下现场管理工作：

（1）加强运输生产现场科学管理和技术指导，并根据所运输危险化学品的危险特殊性，采取必要有针对性的安全防护措施；

（2）搞好重点部位的安全管理和巡检，保证各种生产设备处于完好和有效状态；

（3）严格执行岗位责任制和安全管理责任制；

（4）坚持对车辆、船舶和包装容器进行检验，做到不合格、无标志的一律不得装卸和启运；

（5）加强对安全设施的检查，制定本单位事故应急救援预案，配备应急救援人员和设备器材，定期演练，提高对各种恶性事故的预防和应急反应能力。

通过公路运输危险化学品，《危险化学品安全管理条例》第四十八条规定必须配备押运人员，并保证所运输的危险化学品处于押运人员的监控之下。车辆不得超载或进入危险化学品运输车辆禁止通行的区域。确需进入禁行区域的，应当事先向当地公安部门报告，并由公安部门为其指定行车时间和路线，运输车辆必须严格遵守。运输危险化学品车辆中途停留住宿或者遇有无法正常运输情况时，应当及时向当地公安部门报告，以便加强安全监管。

5.3.3　剧毒化学品运输的管理

1）《危险化学品安全管理条例》对剧毒品的运输的规定

通过道路运输剧毒化学品的，托运人应当向运输始发地或者目的地县级人民政府公安机关申请剧毒化学品道路运输通行证。

申请剧毒化学品道路运输通行证，托运人应当向县级人民政府公安机关提交下列材料：

（1）拟运输的剧毒化学品品种、数量的说明；

（2）运输始发地、目的地、运输时间和运输路线的说明；

（3）承运人取得危险货物道路运输许可、运输车辆取得营运证以及驾驶人员、押运人员取得上岗资格的证明文件；

（4）依法取得危险化学品安全生产许可证、危险化学品安全使用许可证、危险化学品经营许可证等相关许可证件，或者海关出具的进出口证明文件。

县级人民政府公安机关应当自收到前款规定的材料之日起 7 日内，作出批准或者不予批准的决定。予以批准的，颁发剧毒化学品道路运输通行证；不予批准的，书面通知申请人并说明理由。

剧毒化学品道路运输通行证管理办法由国务院公安部门制定。

剧毒化学品、易制爆危险化学品在道路运输途中丢失、被盗、被抢或者出现流散、泄漏等情况的，驾驶人员、押运人员应当立即采取相应的警示措施和安全措施，并向当地公安机关报告。公安机关接到报告后，应当根据实际情况立即向安全生产监督管理部门、环境保护主管部门、卫生主管部门通报。有关部门应当采取必要的应急处置措施。

禁止通过内河封闭水域运输剧毒化学品以及国家规定禁止通过内河运输的其他危险化学品。

禁止通过内河运输的剧毒化学品以及其他危险化学品的范围，由国务院交通运输主管部门会同国务院环境保护主管部门、工业和信息化主管部门、安全生产监督管理部门，根据危险化学品的危险特性、危险化学品对人体和水环境的危害程度以及消除危害后果的难易程度等因素规定并公布。

2）《铁路剧毒品运输跟踪管理暂行规定》对剧毒品的运输的规定

（1）必须在铁路总公司和交通运输部批准的剧毒品办理站或专用线，专用铁路办理。

（2）剧毒品仅限采用毒品专用车、企业自备车和企业自备集装箱运输。

（3）必须配备 2 名以上押运人员。

（4）填写运单一律使用黄色纸张印刷，并在纸张上印有骷髅图案。

（5）铁路总公司和交通运输部运输局负责全路剧毒品运输跟踪管理工作。

（6）铁路不办理剧毒品的零担发送业务。

第6章 危险化学品经营安全

企业经营危险化学品主要有以下几种类型：剧毒化学品经营、易制爆化学品经营、一般危险化学品经营。具体经营形式包括加油站(点)经营、仓储经营、分装充装或混配后经营、有储存经营、无储存经营(如批发经营)等。企业在经营危险化学品的过程中存在危险化学品泄漏、燃烧、爆炸等潜在风险，一旦意外发生，会对人员、财产和周围环境造成极大的威胁。本章针对危险化学品经营过程中存在的风险，详细介绍经营危险化学品的企业应达到的安全技术要求和安全管理的相关要求。

6.1 危险化学品经营过程中的危险性

(1) 无证非法经营

企业没有经营许可证或者经营许可证过期，主要负责人和安全管理人员没有持证上岗是危险化学品经营单位最普遍的情况。虽然危险化学品经营实行了许可制度，但由于危险化学品涉及到日常生活，用途较广，因此非法经营硫酸、盐酸等的现象屡禁不止。企业超范围经营，甚至私自贩卖剧毒品。危险化学品经营企业量大面广，没有严格的申报、审查、许可程序擅自经营，难以避免各类事故的发生。

(2) 不具备经营条件

企业的装备条件、技术条件、管理条件、建筑耐火等级等没有达到基本要求，经营和储存场所、设施、建筑物不符合相关标准的规定，建筑物没有经公安消防机构验收合格。运输、废弃物处理以及组织操作等不符合要求。零售业务的店面内显著位置没有设置"禁止明火"等警示标志。不具备经营条件的企业从事危险化学品经营可能发生事故，造成人员伤亡和财产损失。

(3) 经营者和操作者没有经过严格的培训和考核

企业主要负责人和主管人员、安全管理人员以及操作人员没有进行相关法律法规、安全管理、安全技术等方面的理论培训和考核，业务素质不高，缺乏必要的危险化学品经营和事故防范措施的基本知识，不具备实际危险化学品经营企业管理能力。大量事故说明，人的操作失误既是造成事故隐患的直接原因，也是事故危害扩大化的直接原因。

(4) 没有事故应急处理措施

企业没有配备事故应急救援设施，没有制订事故应急救援预案，一旦发生事故，就有可能盲目应对，甚至出现指挥失误或操作错误，增加人员伤亡，扩大事故后果。

(5) 违法储存经营

经营单位吃、住、经营同在一处，动火行为不可避免；有的经营场所危险化学品混放或不按规定、不按性能分开存放，没有灭火器、应急灯等安全设施。零售业务的店面内危险化学品超量存放。

（6）没有健全的安全管理制度和安全操作规程

危险化学品经营单位没有健全的安全管理制度或安全操作规程，没有确保危险化学品经营单位达到基本要求。没有完善的安全管理制度和安全操作规程，危险化学品经营过程中就有可能出现安全隐患甚至发生事故。

6.2 危险化学品经营企业的技术要求

6.2.1 危险化学品经营企业的开业条件

《危险化学品经营企业开业条件和技术要求》(GB 18265)规定：

（1）危险化学品经营企业的经营场所应坐落在交通便利、便于疏散处。

（2）危险化学品经营企业的经营场所的建筑物应符合《建筑防火设计规范》(GB 50016)的要求。

（3）从事危险化学品批发业务的企业应将危险化学品存放在经政府管理部门批准的专用危险化学品仓库(自有或租用)。所经营的危险化学品不得存放在业务经营场所。

（4）零售业务只许经营除爆炸品、放射性物品、剧毒物品以外的危险化学品。并满足如下条件：

① 零售业务的店面应与繁华商业区或居住人口稠密区保持 500m 以上距离。

② 零售业务的店面经营面积(不含库房)应不小于 60㎡，其店面内不得有生活设施。

③ 零售业务的店面内只许存放民用小包装的危险化学品，其存放总质量不得超过 1t。

④ 零售业务的店面内危险化学品的摆放应布局合理，禁忌物料不能混放。综合性商场(含建材市场)所经营的危险化学品应有专柜存放。

⑤ 零售业务的店面内显著位置应没有"禁止明火"等警示标志。

⑥ 零售业务的店面内应放置有效的消防、急救安全设施。

⑦ 零售业务的店面与存放危险化学品的库房(或罩棚)应有实墙相隔；单一品种存放量不能超过 500kg，总质量不能超过 2t。

⑧ 零售店面备货库房应根据危险化学品的性质与禁忌分别采用隔离储存或隔开储存或分离储存等不同方式进行储存。

⑨ 零售业务的店面备货库房应报公安、消防部门批准。

（5）经营易燃易爆品的企业，应向县级以上(含县级)公安、消防部门申领易燃易爆品消防安全经营许可证。

（6）危险化学品经营企业，应向供货方索取并向用户提供《化学品安全技术说明书内容和项目顺序》(GB/T 16483—2008)第 5 章 SDS 的内容和一般形式所规定的 16 个项目的有关信息。

《危险化学品经营企业开业条件和技术要求》(GB 18265)明确零售业务的范围：零售业

务只许经营除爆炸品、放射性物品、剧毒物品以外的危险化学品。

（1）零售业务的店面内显著位置应设有"禁止明火"等警示标志。

（2）零售业务的店面内应放置有效的消防、急救安全没施。

（3）零售业务的店面备货库房应报公安、消防部门批准。

（4）运输危险化学品的车辆应专车专用（按《危险化学品安全管理条例》只能委托有危险化学品运输资质的运输企业承运），并有明显标志。

6.2.2　危险化学品经营企业的技术要求

1）储运要求

（1）地点设置

① 危险化学品仓库按其使用性质和经营规模分为三种类型：大型仓库（库房或货场总面大于9000m²）；中型仓库（库房或货场总面积在550~9000m²之间）；小型仓库（库房或货场总面积小于550m²）；

② 大中型危险化学品仓库应选址在远离市区和居民区的当在主导风向的下风向和河流下游的地域；

③ 大中型危险化学品仓库应与周围公共建筑物、交通干线（公路、铁路、水路）、工矿企业等距离至少保持1000m；

④ 大中型危险化学品仓库内应设库区和生活区，两区之间应有2m以上的实体围墙，围墙与库区内建筑的距离不宜小于5m，并应满足围墙建筑物之间的防火距离要求；

⑤ 危险化学品专用仓库应向县级以上（含县级）公安、消防部门申领消防安全储存许可证。

（2）建筑结构

① 危险化学品的库房建筑应符合GB 50016的要求；

② 危险化学品仓库的建筑屋架应根据所存危险化学品的类别和危险等级采用木结构、钢结构或装配式钢筋混凝土结构。砌砖墙、石墙、混凝土墙及钢筋混凝土墙；

③ 库房门应为钛门或木质外包铁皮，采用外开式。设置高侧窗（剧毒物品仓库的窗房应加高铁护栏）；

④ 毒害性、腐蚀性危险化学品库房的耐火等级不得低于二级。易燃易爆性危险化学品库房的耐火等级不得低于三级。爆炸品应储存于一级轻顶耐火建筑内，低、中闪点液体、一级易燃固体、自燃物品、压缩气体和液化气体类应储存于一级耐火建筑的库房内。

（3）储存管理

① 危险化学品仓库储存的危险化学品应符合GB 15603、GB 17915、GB 17916的规定。

② 入库的危险化学品应符合产品标准，收货保管员应严格按GB 190的规定验收内外标志、包装、容器等，并做到账、货、卡相符。

③ 库存危险化学品应根据其化学性质分区、分类、分库储存，禁忌物料不能混存。灭火方法不同的危险化学品不能同库储存。

④ 库存危险化学品应保持相应的垛距、墙距、柱距。垛与垛间距不小于0.8m，垛与

墙、柱的间距不小0.3m。主要通道的宽度不小于1.8m。

⑤ 危险化学品仓库的保管员应经过岗前和定期培训，持证上岗，做到一日两检，并做好检查记录。检查中发现危险化学品存在质量变质、包装破损、渗漏等问题应及时通知货主或有关部门，采取应急措施解决。

⑥ 危险化学品仓库应设有专职或兼职的危险化学品养护员，负责危险化学品的技术养护、管理和监测工作。

⑦ 各类危险化学品均应按其性质储存在适宜的温湿度内。

2) 安全设施要求

(1) 危险化学品仓库应根据经营规模的大小设置、配备足够的消防设施和器材，应有消防水池、消防管网和消防栓等消防水源设施。大型危险物品仓库应设有专职消防队，并配有消防车。消防器材应当设置在明显和便于取用的地点，周围不准放物品和杂物。仓库的消防设施、器材应当有专人管理，负责检查、保养、更新和添置，确保完好有效。对于各种消防设施、器材严禁圈占、埋压和挪用。

(2) 危险化学品仓库应设有避雷设施，并每年至少检测一次，使之安全有效。

(3) 对于易产生粉尘、蒸气、腐蚀性气体的库房，应使用密闭的防护措施，有爆炸危险的库房应当使用防爆型电气设备。剧毒物品的库房还应安装机械通风排毒设备。

(4) 危险化学品仓库应设有消防、治安报警装置。提供对报警、联络的通讯设备。

3) 其他要求

(1) 易燃、易爆品不能装在铁帮、铁底车、船内运输；

(2) 易燃液体闪点在28℃以下的，气温高于28℃时应在夜间运输；

(3) 禁止无关人员搭乘运输危险化学品的车、船和其他运输工具；

(4) 运输危险化学品的车、船应有消防安全设施；

(5) 在操作各类危险化学品时，企业应在经营店面和仓库，针对各类危险化学品的性质，准备相应的急救药品和制定急救预案；

(6) 储存危险化学品的建筑物、区域内严禁吸烟和使用明火。

6.2.3　加气站的安全技术要求

加气站的主要安全技术要求有：

(1) 天然气必须净化，硫含量(H_2S)应小于20mg/m³，天然气水露点应低于-40℃，否则应进行脱硫脱水。

(2) 加气站应按照国家防爆、防火的有关规定和标准进行设计。

(3) 加气站应装有低压调压装置，以适应CNG压缩机对进气压力的要求，确保压缩机的排量和压缩机工作过程中不超压。

(4) 压缩机的自动化程度要高，操作简单，应确保发生故障时和达到额定压力时能自动停车。低于额定压力时能自动启机。有异常现象时能紧急停机等全功能的安全保障系统。

(5) 加气站应装备有足够储量的储气瓶组，以满足加气高峰时的需要，并安装安全缺气装置。

（6）加气站的售气机应能自动计量、计价。加气到规定压力时（20MPa）能自动切断气源，停止加气。

（7）加气站应具备取气顺序控制装置，以便充分地取出储存在储气瓶内的 CNG，最高为 58%，达到安全节能的效果。

（8）压缩机排污、卸载、安全阀放气和各管线排放的天然气应回收利用，不准外排，只能密闭储存再用，以确保站内的安全。

（9）需加气的汽车进入加气站前应在发动机排气管上加装防火罩。

（10）加气站内应按照规范规定要求，齐全配备防火消防工具及有关材料。

6.2.4 加油站的安全技术要求

加油站重点部位安全技术要求主要有：

1）加油场地及加油机

加油场地及加油机是直接对用户加油的部位，也是直接散发弥漫油气的主要场所。油罐泄漏、汽车油箱漏油、加油机泄漏等都会在加油站区域内形成爆炸性气体混合物，静电、电器火花、明火以及用塑料桶装油、都可能诱发加油站的火灾爆炸事故。

（1）加油场地的面积除应遵守现行的《建筑设计防火规范》和《汽车加油加气站设计与施工规范（2014 年版）》外。还应满足同时加油车辆最多时，任何一辆车着火的紧急撤离疏散的要求。

（2）场地的地面坡度应不小于 0.25%，坡向比较安全一侧围墙附近的水封井。

（3）在靠近管理室外墙处，按每 1 台加油机配 1 只 8kg 手提式干粉或二氧化碳灭火器、石棉毯 2 块、砂箱 0.5m³。加油岛上设置 8kg 干粉或二氧化碳灭火器 2 只。

（4）加油机应牢固地安装在加油岛上，穿过基础的进油管、电线预留孔应用细砂填实，使用的电线电缆必须耐油，接线盒应符合防爆要求并严密牢固。

（5）为避免油气在加油机内积聚，加油机内不宜封闭。

（6）加油机的油泵、流量计、计数器、照明灯等电器设备，都应符合防火防爆要求，并做到及时检查、调整和修理，不留隐患。

（7）加油机的接地应和地下油管、油罐接地相连，形成共同接地网。要经常检查软管的金属屏蔽线和机体之间的静电连接，确认可靠性。

（8）加油机运行时应无异常声响和颤动等现象。

2）管理室

管理室一般与加油场地及加油机隔离，但是油气还是极易窜入管理室，室内明火、值班人员吸烟等，都可能引起火灾爆炸事故。

（1）应有切实可行的明火、用电管理制度，并严格监督执行。

（2）管理室内不应有朝向加油机和卸油口的采暖锅炉间、明火加热的热水间或热饭间。

（3）使用微机控制和管理的加油站，传感及控制线路应埋设填实。

（4）每个房间都要配备 1 只 8kg 干粉手提灭火器。

3）油罐及管道

加油站的各类事故中，油罐和管道发生事故占很大比例。油罐泄漏、向油罐卸油时油气外逸都会使区域内的爆炸性混合气体浓度超过爆炸下限，此时若遇明火、静电火花或遇雷击，都可能引起火灾爆炸事故。

（1）油罐宜采用根据土壤性质做防腐处理后，直接埋设地下的卧式钢制油罐。

（2）呼吸放散管应高出地面4m以上，并设金属波纹板阻火器，如呼吸管引到管理室屋顶安装时，应在离外墙3m处设防雷接地。

（3）油罐的接地电阻不大于10Ω，并按防雷接地要求进行埋设。

（4）当油罐埋设在汽车道路下面时，上面要采取钢筋混凝土承压保护措施，其面积和厚度应按保护范围和承压能力计算决定，施工时要确保承压能力满足要求。

（5）埋设油罐的操作孔的上口边缘应高出周围地面20cm。要确保最大暴雨时，地面水不会流进油罐。操作孔的盖板可用铝板包制。如用钢板时，必须有可靠的衬贴耐油胶垫。翻起式盖的转动轴，采用铝棍或铜轴，以避免因摩擦或撞击产生火花。

（6）出油管宜采用镀锌钢管直埋，如用普通无缝钢管时，应按土壤电阻率大小做防腐绝缘保护后直埋。并按规定进行保护性防雷接地。

（7）采用油气平衡措施的加油站，油罐进气管管径应大于出油管管径的1.2倍以上。

（8）向站内供应灌装油品的汽车的停车部位应距离操作孔5m以外，并按规定设可靠的接地极。

（9）罐区附近应按规范要求配置干粉推车式灭火器。

4）装卸油过程

装卸油过程不按规章制度要求进行，如，送油车静电没有消除就卸油、汽车不熄火加油、雷雨天往油罐卸油、卸油时速度过快以及加油操作失误、对明火管理不严等，都会引起火灾和人身伤亡事故。

（1）油罐车卸油前，应连通静电接地，发动机熄火，车头朝向道路出口处。

（2）在出油孔没有淹没之前，卸油速度要保持在0.7～10m/s之间，淹没之后可提高速度，但不宜超过4m/s。卸油时应有专人监守操作孔液位，防止冒罐跑油。

（3）雷雨天气禁止进行卸油作业。

（4）车辆加油时，客车内的乘客应在站外下车，加油车辆到限定位置熄火后加油。

（5）不准给塑料和橡胶容器加油。

（6）送油车卸油时加油站应暂停加油。

（7）卸油后静置5min以上的时间后，方可进行计量操作。

（8）不得用化纤织物擦拭加油机和洒落在地面的油晶。

（9）微机控制和管理的加油站，必须有可靠的安全联锁和显示报警装置。液位超高、票卡不符、未进行可靠的静电接地、加油超量时，都应有拒绝付油措施，并有声光报警显示。

（10）微机控制和管理的加油站，应设可靠的防雷接地、防静电接地、工作接地、保护接地共同接地网，以防止雷电流或产生的感应电流损坏设备、仪表。

6.3　危险化学品经营的安全管理

《危险化学品安全管理条例》第二十七条规定：国家对危险化学品经营销售实行许可制度。未经许可，任何单位和个人都不得经营销售危险化学品。

《危险化学品安全管理条例》第二十八条规定，危险化学品经营企业，必须具备下列条件：

(1) 经营场所和储存设施符合国家标准；

(2) 主管人员和业务人员经过专业培训，并取得上岗资格；

(3) 有健全的安全管理制度；

(4) 符合法律、法规规定和国家标准要求的其他条件。

《危险化学品安全管理条例》第三十一条规定：危险化学品生产企业不得向未取得危险化学品经营许可证的单位或者个人销售危险化学品。

6.3.1　危险化学品经营从业人员安全管理要求

(1) 危险化学品经营企业的法定代表人或经理应经过国家授权部门的专业培训，取得合格证书方能从事经营活动。

(2) 企业业务经营人员应经国家授权部门的专业培训，取得合格证书方能上岗。

(3) 经营剧毒物品企业的人员，除满足(1)、(2)要求外，还经过县级以上(含县级)公安部门的专门培训，取得合格证书方可上岗。

《安全生产法》第二十一条规定：矿山、金属冶炼、建筑施工、道路运输单位和危险物品的生产、经营、储存单位，应当设置安全生产管理机构或者配备专职安全生产管理人员。

《安全生产法》第二十四条规定：生产经营单位的主要负责人和安全生产管理人员必须具备与本单位所从事的生产经营活动相应的安全生产知识和管理能力。

危险物品的生产、经营、储存单位以及矿山、金属冶炼、建筑施工、道路运输单位的主要负责人和安全生产管理人员，应当由主管的负有安全生产监督管理职责的部门对其安全生产知识和管理能力考核合格。考核不得收费。

6.3.2　危险化学品经营许可证的审批与管理

2012年5月，国家安全生产监督管理总局局长办公会议审议通过《危险化学品经营许可证管理办法》(以下简称《许可证管理办法》)自2012年9月1日起实施。

《许可证管理办法》明确规定：本办法施行前已取得经营许可证的企业，在其经营许可证有效期内可以继续从事危险化学品经营；经营许可证有效期届满后需要继续从事危险化学品经营的，应当依照本办法的规定重新申请经营许可证。

《许可证管理办法》根据《安全生产法》《危险化学品安全管理条例》的规定，对危险化学品经营许可证的适用范围、发证机构、经营许可证的申请与审批、经营许可证的监督管理、罚则等作了具体规定。

1）申领范围

在中华人民共和国境内从事列入《危险化学品目录》的危险化学品的经营(包括仓储经营)活动,适用本办法。民用爆炸品、放射性物品、核能物质和城镇燃气的经营不适用本办法。

2）危险化学品经营许可证是危险化学品经营单位的合法经营凭证

国家对危险化学品经营实行许可制度。经营危险化学品的企业,应当依照本办法取得危险化学品经营许可证(以下简称经营许可证)。未取得经营许可证,任何单位和个人不得经营危险化学品。

从事下列危险化学品经营活动,不需要取得经营许可证:

(1)依法取得危险化学品安全生产许可证的危险化学品生产企业在其厂区范围内销售本企业生产的危险化学品的;

(2)依法取得港口经营许可证的港口经营人在港区内从事危险化学品仓储经营的。

3）危险化学品经营许可证施行原则

经营许可证的颁发管理工作实行企业申请、两级发证、属地监管的原则。

4）发证机关

国家安全生产监督管理总局指导、监督全国经营许可证的颁发和管理工作。

省、自治区、直辖市人民政府安全生产监督管理部门指导、监督本行政区域内经营许可证的颁发和管理工作。

设区的市级人民政府安全生产监督管理部门(以下简称市级发证机关)负责下列企业的经营许可证审批、颁发:

(1)经营剧毒化学品的企业;

(2)经营易制爆危险化学品的企业;

(3)经营汽油加油站的企业;

(4)专门从事危险化学品仓储经营的企业;

(5)从事危险化学品经营活动的中央企业所属省级、设区的市级公司(分公司);

(6)带有储存设施经营除剧毒化学品、易制爆危险化学品以外的其他危险化学品的企业。

县级人民政府安全生产监督管理部门(以下简称县级发证机关)负责本行政区域内本条第(3)款规定以外企业的经营许可证审批、颁发;没有设立县级发证机关的,其经营许可证由市级发证机关审批、颁发。

5）申请经营许可证的条件

(1)从事危险化学品经营的单位应当具备的基本条件

从事危险化学品经营的单位(以下统称申请人)应当依法登记注册为企业,并具备下列基本条件:

① 经营和储存场所、设施、建筑物符合《建筑设计防火规范》(GB 50016)、《石油化工企业设计防火规范》(GB 50160)、《汽车加油加气站设计与施工规范(2014年版)》(GB 50156)、《石油库设计规范》(GB 50074)等相关国家标准、行业标准的规定;

② 企业主要负责人和安全生产管理人员具备与本企业危险化学品经营活动相适应的安

全生产知识和管理能力，经专门的安全生产培训和安全生产监督管理部门考核合格，取得相应安全资格证书；特种作业人员经专门的安全作业培训，取得特种作业操作证书；其他从业人员依照有关规定经安全生产教育和专业技术培训合格；

③ 有健全的安全生产规章制度和岗位操作规程；

④ 有符合国家规定的危险化学品事故应急预案，并配备必要的应急救援器材、设备；

⑤ 法律、法规和国家标准或者行业标准规定的其他安全生产条件。

前款规定的安全生产规章制度，是指全员安全生产责任制度、危险化学品购销管理制度、危险化学品安全管理制度(包括防火、防爆、防中毒、防泄漏管理等内容)、安全投入保障制度、安全生产奖惩制度、安全生产教育培训制度、隐患排查治理制度、安全风险管理制度、应急管理制度、事故管理制度、职业卫生管理制度等。

申请人经营剧毒化学品的，除符合以上规定的基本条件外，还应当建立剧毒化学品双人验收、双人保管、双人发货、双把锁、双本账等管理制度。

申请人带有储存设施经营危险化学品的，除符合以上规定的基本条件外，还应当具备下列条件：

① 新设立的专门从事危险化学品仓储经营的，其储存设施建立在地方人民政府规划的用于危险化学品储存的专门区域内；

② 储存设施与相关场所、设施、区域的距离符合有关法律、法规、规章和标准的规定；

③ 依照有关规定进行安全评价，安全评价报告符合《危险化学品经营企业安全评价细则》的要求；

④ 专职安全生产管理人员具备国民教育化工化学类或者安全工程类中等职业教育以上学历，或者化工化学类中级以上专业技术职称，或者危险物品安全类注册安全工程师资格；

⑤ 符合《危险化学品安全管理条例》《危险化学品重大危险源监督管理暂行规定》和《常用危险化学品贮存通则》(GB 15603)的相关规定。

申请人储存易燃、易爆、有毒、易扩散危险化学品的，除符合本条第①款规定的条件外，还应当符合《石油化工可燃气体和有毒气体检测报警设计规范》(GB 50493)的规定。

(2) 申请经营许可证需要提交的材料

申请人申请经营许可证，应当向所在地市级或者县级发证机关(以下统称发证机关)提出申请，提交下列文件、资料，并对其真实性负责：

① 申请经营许可证的文件及申请书；

② 安全生产规章制度和岗位操作规程的目录清单；

③ 企业主要负责人、安全生产管理人员、特种作业人员的相关资格证书(复制件)和其他从业人员培训合格的证明材料；

④ 经营场所产权证明文件或者租赁证明文件(复制件)；

⑤ 工商行政管理部门颁发的企业性质营业执照或者企业名称预先核准文件(复制件)；

⑥ 危险化学品事故应急预案备案登记表(复制件)。

带有储存设施经营危险化学品的，申请人还应当提交下列文件、资料：

① 储存设施相关证明文件(复制件);租赁储存设施的,需要提交租赁证明文件(复制件);储存设施新建、改建、扩建的,需要提交危险化学品建设项目安全设施竣工验收意见书(复制件);

② 重大危险源备案证明材料、专职安全生产管理人员的学历证书、技术职称证书或者危险物品安全类注册安全工程师资格证书(复制件);

③ 安全评价报告。

（3）经营许可证的申请与颁发

发证机关收到申请人提交的文件、资料后,应当按照下列情况分别作出处理:

① 申请事项不需要取得经营许可证的,当场告知申请人不予受理;

② 申请事项不属于本发证机关职责范围的,当场作出不予受理的决定,告知申请人向相应的发证机关申请,并退回申请文件、资料;

③ 申请文件、资料存在可以当场更正的错误的,允许申请人当场更正,并受理其申请;

④ 申请文件、资料不齐全或者不符合要求的,当场告知或者在 5 个工作日内出具补正告知书,一次告知申请人需要补正的全部内容;逾期不告知的,自收到申请文件、资料之日起即为受理;

⑤ 申请文件、资料齐全,符合要求,或者申请人按照发证机关要求提交全部补正材料的,立即受理其申请。

发证机关受理或者不予受理经营许可证申请,应当出具加盖本机关印章和注明日期的书面凭证。

发证机关受理经营许可证申请后,应当组织对申请人提交的文件、资料进行审查,指派 2 名以上工作人员对申请人的经营场所、储存设施进行现场核查,并自受理之日起 30 日内作出是否准予许可的决定。

发证机关现场核查以及申请人整改现场核查发现的有关问题和修改有关申请文件、资料所需时间,不计算在前款规定的期限内。

发证机关作出准予许可决定的,应当自决定之日起 10 个工作日内颁发经营许可证;发证机关作出不予许可决定的,应当在 10 个工作日内书面告知申请人并说明理由,告知书应当加盖本机关印章。

经营许可证分为正本、副本,正本为悬挂式,副本为折页式。正本、副本具有同等法律效力。

经营许可证正本、副本应当分别载明下列事项:

① 企业名称;

② 企业住所(注册地址、经营场所、储存场所);

③ 企业法定代表人姓名;

④ 经营方式;

⑤ 许可范围;

⑥ 发证日期和有效期限;

⑦ 证书编号;

⑧ 发证机关；

⑨ 有效期延续情况。

已经取得经营许可证的企业变更企业名称、主要负责人、注册地址或者危险化学品储存设施及其监控措施的，应当自变更之日起20个工作日内，向发证机关提出书面变更申请，并提交下列文件、资料：

① 经营许可证变更申请书；

② 变更后的工商营业执照副本（复制件）；

③ 变更后的主要负责人安全资格证书（复制件）；

④ 变更注册地址的相关证明材料；

⑤ 变更后的危险化学品储存设施及其监控措施的专项安全评价报告。

发证机关受理变更申请后，应当组织对企业提交的文件、资料进行审查，并自收到申请文件、资料之日起10个工作日内作出是否准予变更的决定。

发证机关作出准予变更决定的，应当重新颁发经营许可证，并收回原经营许可证；不予变更的，应当说明理由并书面通知企业。

经营许可证变更的，经营许可证有效期的起始日和截止日不变，但应当载明变更日期。

已经取得经营许可证的企业有新建、改建、扩建危险化学品储存设施建设项目的，应当自建设项目安全设施竣工验收合格之日起20个工作日内，向规定的发证机关提出变更申请，并提交危险化学品建设项目安全设施竣工验收意见书（复制件）等相关文件、资料。发证机关应当按照规定进行审查，办理变更手续。

已经取得经营许可证的企业，有下列情形之一的，应当按照规定重新申请办理经营许可证，并提交相关文件、资料：

① 不带有储存设施的经营企业变更其经营场所的；

② 带有储存设施的经营企业变更其储存场所的；

③ 仓储经营的企业异地重建的；

④ 经营方式发生变化的；

⑤ 许可范围发生变化的。

经营许可证的有效期为3年。有效期满后，企业需要继续从事危险化学品经营活动的，应当在经营许可证有效期满3个月前，向规定的发证机关提出经营许可证的延期申请，并提交延期申请书及规定的申请文件、资料。

企业提出经营许可证延期申请时，可以同时提出变更申请，并向发证机关提交相关文件、资料。

符合下列条件的企业，申请经营许可证延期时，经发证机关同意，可以不提交《许可证管理办法》第九条规定的文件、资料：

① 严格遵守有关法律、法规和本办法；

② 取得经营许可证后，加强日常安全生产管理，未降低安全生产条件；

③ 未发生死亡事故或者对社会造成较大影响的生产安全事故。

带有储存设施经营危险化学品的企业，除符合前款规定条件的外，还需要取得并提交危险化学品企业安全生产标准化二级达标证书（复制件）。

发证机关受理延期申请后，应当依照《许可证管理办法》第十条、第十一条、第十二条的规定，对延期申请进行审查，并在经营许可证有效期满前作出是否准予延期的决定；发证机关逾期未作出决定的，视为准予延期。

发证机关作出准予延期决定的，经营许可证有效期顺延3年。

任何单位和个人不得伪造、变造经营许可证，或者出租、出借、转让其取得的经营许可证，或者使用伪造、变造的经营许可证。

6）监督与管理

发证机关应当坚持公开、公平、公正的原则，严格依照法律、法规、规章、国家标准、行业标准和《危险化学品经营许可证管理办法》规定的条件及程序，审批、颁发经营许可证。发证机关及其工作人员在经营许可证的审批、颁发和监督管理工作中，不得索取或者接受当事人的财物，不得谋取其他利益。

发证机关应当加强对经营许可证的监督管理，建立、健全经营许可证审批、颁发档案管理制度，并定期向社会公布企业取得经营许可证的情况，接受社会监督。发证机关应当及时向同级公安机关、环境保护部门通报经营许可证的发放情况。

安全生产监督管理部门在监督检查中，发现已经取得经营许可证的企业不再具备法律、法规、规章、国家标准、行业标准和本办法规定的安全生产条件，或者存在违反法律、法规、规章和本办法规定的行为的，应当依法作出处理，并及时告知原发证机关。

发证机关发现企业以欺骗、贿赂等不正当手段取得经营许可证的，应当撤销已经颁发的经营许可证。

已经取得经营许可证的企业有下列情形之一的，发证机关应当注销其经营许可证：

① 经营许可证有效期届满未被批准延期的；

② 终止危险化学品经营活动的；

③ 经营许可证被依法撤销的；

④ 经营许可证被依法吊销的。

发证机关注销经营许可证后，应当在当地主要新闻媒体或者本机关网站上发布公告，并通报企业所在地人民政府和县级以上安全生产监督管理部门。

县级发证机关应当将本行政区域内上一年度经营许可证的审批、颁发和监督管理情况报告市级发证机关。市级发证机关应当将本行政区域内上一年度经营许可证的审批、颁发和监督管理情况报告省、自治区、直辖市人民政府安全生产监督管理部门。省、自治区、直辖市人民政府安全生产监督管理部门应当按照有关统计规定，将本行政区域内上一年度经营许可证的审批、颁发和监督管理情况报告国家安全生产监督管理总局。

6.3.3　剧毒化学品购买经营许可证管理

《危险化学品安全管理条例》第九条规定：设立剧毒化学品生产、储存企业和其他危险化学品生产、储存企业，应当分别向省、自治区、直辖市人民政府经济贸易管理部门和设区的市级人民政府负责危险化学品安全监督管理综合工作的部门提出申请，并提交下列文件：

（1）可行性研究报告；

（2）原料、中间产品、最终产品或者储存的危险化学品的燃点、自燃点、闪点、爆炸极限、毒性等理化性能指标；

（3）包装、储存、运输的技术要求；

（4）安全评价报告；

（5）事故应急救援措施；

（6）符合本条例第八条规定条件的证明文件。

省、自治区、直辖市人民政府经济贸易管理部门或者设区的市级人民政府负责危险化学品安全监督管理综合工作的部门收到申请和提交的文件后，应当组织有关专家进行审查，提出审查意见后，报本级人民政府作出批准或者不予批准的决定。依据本级人民政府的决定，予以批准的，由省、自治区、直辖市人民政府经济贸易管理部门或者设区的市级人民政府负责危险化学品安全监督管理综合工作的部门颁发批准书；不予批准的，书面通知申请人。

申请人凭批准书向工商行政管理部门办理登记注册手续。

《危险化学品安全管理条例》第十七条规定：生产、储存、使用剧毒化学品的单位，应当对本单位的生产、储存装置每年进行一次安全评价；生产、储存、使用其他危险化学品的单位，应当对本单位的生产、储存装置每两年进行一次安全评价。

《危险化学品安全管理条例》第十九条规定：剧毒化学品的生产、储存、使用单位，应当对剧毒化学品的产量、流向、储存量和用途如实记录，并采取必要的安保措施，防止剧毒化学品被盗、丢失或者误售、误用；发现剧毒化学品被盗、丢失或者误售、误用时，必须立即向当地公安部门报告。

《危险化学品安全管理条例》第二十九条规定：经营剧毒化学品和其他危险化学品的，应当分别向省、自治区、直辖市人民政府经济贸易管理部门或者设区的市级人民政府负责危险化学品安全监督管理综合工作的部门提出申请，并附送本条例第二十八条规定条件的相关证明材料。省、自治区、直辖市人民政府经济贸易管理部门或者设区的市级人民政府负责危险化学品安全监督管理综合工作的部门接到申请后，应当依照本条例的规定对申请人提交的证明材料和经营场所进行审查。经审查，符合条件的，颁发危险化学品经营许可证，并将颁发危险化学品经营许可证的情况通报同级公安部门和环境保护部门；不符合条件的，书面通知申请人并说明理由。

申请人凭危险化学品经营许可证向工商行政管理部门办理登记注册手续。

《危险化学品安全管理条例》第三十三条规定：剧毒化学品经营企业销售剧毒化学品，应当记录购买单位的名称、地址和购买人员的姓名、身份证号码及所购剧毒化学品的品名、数量、用途。记录应当至少保存1年。

剧毒化学品经营企业应当每天核对剧毒化学品的销售情况；发现被盗、丢失、误售等情况时，必须立即向当地公安部门报告。

《危险化学品安全管理条例》第三十四条规定：购买剧毒化学品，应当遵守下列规定：

（1）生产、科研、医疗等单位经常使用剧毒化学品的，应当向设区的市级人民政府公安部门申请领取购买凭证，凭购买凭证购买；

（2）单位临时需要购买剧毒化学品的，应当凭本单位出具的证明（注明品名、数量、用途）向设区的市级人民政府公安部门申请领取准购证，凭准购证购买；

（3）个人不得购买农药、灭鼠药、灭虫药以外的剧毒化学品。

剧毒化学品生产企业、经营企业不得向个人或者无购买凭证、准购证的单位销售剧毒化学品。剧毒化学品购买凭证、准购证不得伪造、变造、买卖、出借或者以其他方式转让，不得使用作废的剧毒化学品购买凭证、准购证。

剧毒化学品购买凭证和准购证的式样和具体申领办法由国务院公安部门制定。

第 7 章　危险化学品废弃物处置安全

随着工业技术和经济建设的快速发展，尤其是化学工业的飞速发展，生产过程排放的危险化学品废物(下面亦称危险废物)日益增多。据估计，全世界每年的危险废物产生量约为 $3\times10^8 \sim 4\times10^8 t$，并有不断上升的趋势。这些废物主要来源于发达的工业国家，其他国家也存在类似情况。我国 2002 年据统计仅工业危险废物的产量就达到 $1000\times10^4 t$，到 2013 年产生量超过 $3000\times10^4 t$，预计 2015 年将超过 $6000\times10^4 t$。大量危险废物的产生对人类的健康和赖以生存的环境造成很大影响。因此，世界各国对危险废物的控制都很重视。由于危险废物都具有危害性，在收集、储存、运输、处置等过程中若未采取有效防治措施或管理不严，不仅会威胁人民的安全健康还可能造成二次污染。因此，危险废物在处理处置过程中必须采取安全措施，包括安全技术措施和安全管理措施。

7.1　危险废物的来源与危害

危险废物一般是指人们在生产、储存、使用、运输、经营等过程中以及工作、生活中直接或间接产生各种具有或可能产生危险化学品成分的废弃物质；或者是列入《国家危险废物名录》或者根据国家规定的危险废物鉴别标准和鉴别方法认定具有危险特性的废物。世界卫生组织定义的危险废物是指生活垃圾和放射性废物之外的，由于数量、物理化学性质或感染性，当未进行适当的处理、储存、运输或处置时，会对人类健康或环境造成重大危害的废物。经济合作发展组织定义的危险废物是指除放射性废物之外，会引起对人和环境的重大危害，这种危害可能来自事故或不适当的运输或处置。危险废物若不经过适当的处理、处置会对人类健康或环境造成重大危害。

7.1.1　危险废物的来源

危险废物主要来源于工业系统，同时还来源于居民生活、商业机构、农业生产、医疗服务以及不完善的环保设施等。

(1) 工业生产过程中产生的危险废物

工业危险废物来源主要有化学工业、造纸、纺织印染、有色金属冶炼、食品、医药制造、金属电子和金属制造业等。危险废物产生的典型行业及产生废物的类别见表 7-1。

(2) 农业生产中产生的危险废物

农业生产过程中主要用到杀虫剂、除草剂等农药。这些农药都具有一定毒害性，不仅能杀死害虫、杂草，残留在植物上达到一定浓度对人体也有毒害性，在环境中积累后还会杀死昆虫、鱼类、鸟类、哺乳动物甚至人类。如果对有毒农药储存或使用不当，包装物不妥善收集、处理就会产生危险废物。

表 7-1 产生危险废物的典型行业和种类

序号	行业	产生危险废物种类
1	采矿	重金属
2	木材防腐	废杂酚油、沾染防腐剂的废弃木材残片、废水处理污泥、含重金属废物(铜、砷、铬等)
3	地板、家具	废油漆、漆渣等染料、涂料废物;废有机溶剂;废活性炭
4	印刷出版业	废显(定)影液、胶片、废像纸、油墨废物、废水处理污泥等
5	各种石化、化工生产	废白土、酸渣、废矿物油(废机油、清罐油、浮渣等)、过滤残渣、过滤母液、蒸馏残液、废有机溶剂、废弃化学品、废催化剂、废活性炭、废弃的离子交换树脂、废的黏稠物、污水处理污泥、含有机卤化物废物、废卤化有机溶剂、重金属废物、爆炸性物质、染料涂料废物、废酸、废碱等
6	印染及皮革加工	含铬废物、废碱、废酸、废卤化有机溶剂、废有机溶剂、废染料等
7	钢铁、有色金属冶炼及表面处理	轧制油、乳化液、焦油渣、废酸、废碱、电镀废渣、石棉废物、含氰热处理废物、含重金属浸出渣、污水处理污泥等
8	机加工及电镀	乳化液、切削液、废机油、淬火油、废油漆及漆渣、污水处理污泥;废显(定)影液、胶片、废像纸;表面处理废物、废碱、石棉废物、无机氰化废物、含铜废物、含锌废物、含铅废物、含汞废物、含镍废物等
9	电子行业	表面处理废物、废酸、废碱、废有机溶剂、有机树脂废物等

（3）医疗过程产生的危险废物

医疗过程中产生的危险废物主要有过期的药品、废显(定)影液等。

（4）居民区垃圾中产生的危险废物

随着生产技术的快速发展，人们生活中使用的合成物质和电子产品逐渐增加。许多日用品都具有易燃性、腐蚀性、浸出毒性和其他毒性等危险有害特性，因此会成为危险废物。例如废弃的家用洗涤剂、个人护理用品、涂料、电池、家用电器及过期的药物等。

（5）商业机构产生的危险废物

商业机构由于从事经营、服务的内容不同，因而产生的危险废物也不完全相同。例如汽车修理单位在给汽车清洗、保养过程中会用到清洗剂、上光剂等，因而产生的危险废物主要是这一类物质。干洗店主要产生的是溶剂危险废物，打印店可能产生油墨废物，颜料商店可能产生颜料和稀释剂等危险废物。

（6）环保设施运行过程中产生的危险废物

环保设备在进行"三废"处理时，特别是废水处理时会产生污泥。污泥是水与固体的混合物，往往含有多种有毒有害物质，如重金属离子、有机合成物、植物营养素(含氮、磷、钾)、有机物等。污泥还易于腐化发臭产生硫化氢有毒气体。因此污泥需要及时处理和处置，避免造成二次污染，对人健康产生危害。

7.1.2　危险废物的危害

危险废物的危害是多方面的，不仅能直接危害人类安全和健康，对环境造成危害，还会发生化学、物理、生化转化后产生危害，最终影响人类赖以生存的生态和健康。

1) 危险废物的直接危害

危险废物的直接危害主要由于具有可燃性、腐蚀性、反应性、传染性、放射性以及浸出毒性、急性毒性等危险危害特性。对这些特性分别简介如下：

（1）可燃性危险废物的可燃性是指在常规储存、处置和运输条件下存在着火危险或者是一旦失火能加剧火情的废物。危险废物中有些闪点较低，遇到火源容易引起火灾，其蒸气与空气形成爆炸性混合物遇火源还会发生爆炸；有的在标准温度和压力下经摩擦、吸潮或自发反应放出热量从而能进行持续的燃烧，还有的物质尽管本身不燃，但能够产生氧气快速促进有机物燃烧，故这些废物都具有可燃性。

（2）腐蚀性危险废物是指有些含水废物的浸出液或不含水废物加入水后的浸出液，能使接触物质发生质变或使人的皮肤、黏膜发生病变，因此这类废物具有腐蚀性。按照美国环保局的规定，浸出液 pH≤2 或 pH≥12.5 的废物；或温度≥55℃时，浸出液对规定的牌号钢材腐蚀速率大于 0.64cm/a 的废物为具有腐蚀性。

（3）反应性危险废物是指有些废物在无引发条件的情况下，由于本身不稳定而易发生猛烈反应或爆炸，如与水能发生猛烈反应，与水生成潜在的爆炸性混合物，与水混合时产生有毒的气体、蒸气、烟雾或臭气，在常温常压下或受热的条件下能爆炸等。此类废物则认为具有反应性。

（4）传染性危险废物指进入环境后会发生各种变化，不少物质变成环境激素，统称为"势因性内分泌干扰物质"，通过食物链又回到人体，扰乱人体内分泌功能，发生传染性疾病。

（5）放射性危险废物主要是核废物、污水处理废物、医疗废物等存在放射性物质成分，从而对人类及自然界生物链造成威胁。

（6）毒性危险废物是指有些危险废物具有一定的毒性，其表现有浸出毒性、急性毒性、其他毒性 3 种类型：

① 浸出毒性　用规定方法对废物进行浸取，在浸取液中若有一种或一种以上有害成分，其浓度超过规定标准，就可认定这些废物具有浸出毒性。

② 急性毒性　指一次投给实验动物一定剂量的毒性物质，在短时间内所出现的毒性。通常用一群实验动物出现半数死亡的剂量即半致死剂量表示。按照摄毒的方式急性毒性又可分口服毒性、吸入毒性和皮肤吸收毒性。

③ 其他毒性　包括生物富集性、刺激性、遗传变异性、水生生物毒性及传染性等。

危险废物的危害性有的表现为短期的急性危害，有的则表现为长期的潜在性危害。短期的急性危害主要指急性中毒、火灾、爆炸等；长期的潜在性危害主要指慢性中毒、致癌、致畸形、致突变、污染地面水或地下水等。这些危害中与安全相关的性质有腐蚀性、爆炸性、可燃性、反应性；与健康相关的性质有致癌性、传染性、刺激性、致突变性、毒性、放射性、致畸性。

2) 危险废物对环境的危害

危险废物中的有害物质不仅能造成直接的危害，还会在土壤、水体、大气等自然环境中迁移、滞留、转化，污染土壤、水体、大气等。

（1）危险废物对土壤的污染

危险废物是伴随生产和生活过程中发生的，如处置不当，任意露天堆放，不仅会占用一定的土地，导致可利用土地资源减少，而且大量的有毒废渣在自然界的风化作用下到处流失，一旦进入土壤，会被土壤吸附，对土壤造成污染。其中的有毒物质会杀死土壤中微生物和原生动物，破坏土壤中的性质和结构，反过来又会降低土壤对污染物的降解能力；其中的酸、碱和盐类等物质会改变土壤的性质和结构，导致土质酸化、碱化、硬化，影响植物根系的发育和生长，破坏生态环境；同时许多有毒的有机物和重金属会在植物体内积蓄，当土壤中种有牧草和食用作物时，由于生物积累作用，会最终在人体内积聚，对肝脏和神经系统造成严重损害，诱发癌症和使胎儿畸形。

（2）危险废物对水域的污染

危险废物可以通过多种途径污染水体，如可随地表径流进入河流、湖泊，或随风迁徙落入水体，特别是当危险废物露天放置时，有害物质在雨水的作用下，很容易流入江河湖海，造成水体的严重污染与破坏。有些企业甚至将危险废物直接倒入河流、湖泊或沿海海域中，会造成更大污染。有毒有害物质进入水体后，首先会导致水质恶化，对人类的饮用水安全造成威胁，危害人体健康；其次会影响水生生物正常生长，甚至杀死水中生物，破坏水体生态平衡。危险废物中往往含有大量的重金属和人工合成的有机物，这些物质大都稳定性极高，难以降解，水体一旦遭受污染就很难恢复。对于含有传染性病原菌的危险废物，如医院的医疗废物等，若进入水体，将会迅速引起传染性疾病的快速蔓延，后果不堪设想。许多有机型的危险废物长期堆放后也会和城市垃圾一样产生渗滤液。渗滤液可进入土壤使地下水受污染，或直接流入河流、湖泊和海洋，造成水资源的水质型短缺。

（3）危险废物对大气的污染

危险废物在堆放过程中，在温度、水分的作用下，某些有机物质会发生分解，产生有害气体；有些危险废物本身含有大量的易挥发的有机物，在堆放过程中会逐渐散发出来。有强烈反应性和可燃性的危险废物，在和其他物质反应过程中或自燃时会放出大量 CO_2、SO_2 等气体污染环境；可燃性废物一旦燃烧火势蔓延，则难以扑救。以微粒状态存在的危险废物，在大风吹动下，将随风飘扬，扩散至远处，既污染环境，影响人体健康，又会污染建筑物、花果树木，影响市容与卫生，扩大危害面积与范围。此外，危险废物在运输与处理的过程中，产生的有害气体和粉尘也常是十分严重的。扩散到大气中的有害气体和粉尘不但会造成大气质量的恶化，一旦进入人体和其他生物群落，还会危害到人类健康和生态平衡。

由于危险废物对土壤、水体、大气等造成危害，最终会影响到人类赖以生存的生态和环境。

3）危险废物转化的危害性

危险废物对健康和环境的危害除了与有害物质的成分、稳定性有关外，还与其在自然条件下的物理、化学和生物转化规律有关。

（1）物理转化

自然条件下危险废物的物理转化主要是指其成分发生相的变化，而相的变化中最主要的形式就是污染物由其他形态转化为气态，进入大气环境，从而对大气产生污染。气态物质产生的主要机理是挥发、生物降解和化学反应，其中属于物理过程的挥发是最为主要的相变化。挥发的数量和速度与污染物的相对分子质量、性质、温度、气压、比表面积、吸附强度等因素有关，通常低分子有机物在较低温度下即能挥发，因而挥发是危险废物污染大气的主要途径之一。

（2）化学转化

危险废物的各种组分在环境中会发生各种化学反应而转化成新的物质。这种化学转化有两种结果：一是理想情况下，反应后的生成物稳定、无害，这样的反应可作为危险废物处理的借鉴；二是反应后的生成物仍然有毒有害，比如不完全燃烧后的产物，不仅种类繁多，而且大都是有害的，甚至某些中间产物的毒性还大大超过了原始污染物（如无机汞在环境中会转化成毒性更大的有机汞等），这也是危险废物受到越来越多关注的原因之一。值得注意的是，在自然的环境中，除反应性物质外，大多数危险废物的稳定性很强，化学转化过程非常缓慢，因此要通过化学转化在短时间内实现危险废物的稳定化、无害化，必须采用人为干扰的强制手段。

（3）生物转化

除化学反应外，危险废物裸露在自然环境中，在迁移的同时还会和土壤、大气及水环境中的各种微生物及动植物接触而发生生物转化。危险废物中的铬、铅、汞等重金属单质和无机化合物能被生物转化成一些剧毒的化合物，例如在厌氧条件下，会产生甲基汞、二甲砷、二甲硒等剧毒化合物；电池的外壳腐烂后，汞被释放出来，在厌氧条件下，经过几年就会发生汞的生物转化。危险有机物同样也具有以上特点，但是降解速率一般很慢。可生物降解的化合物在降解过程中往往会经历以下一个或多个过程：氨化和酯的水解，脱羧基作用，脱氨基作用，脱卤作用，酸碱中和，羟基化作用，氧化作用，还原作用，断链作用。这些作用多数使原化合物失去毒性，但也可能产生新的有毒化合物，有些产物可能会比原化合物毒性更强。

（4）化学和生物转化的协同作用

某些危险废物除了上面提到的会发生化学转化或生物转化外，还可能发生化学转化与生物转化的共同作用。例如1,1,1-三氯乙烷转换成二氧化碳的过程既有生物作用也有化学作用，是二者结合的结果。其转化的途径有两种，一种是三氯乙烷首先在生物作用下分步转换成二氯乙烷、氯乙烷，再经化学转化成乙醇，最后又进一步发生生物转化成为二氧化碳；另一种途径为该物质首先发生化学转化生成乙酸，再由生物转化成二氧化碳。

综上所述，危险废物无论对环境还是对人的危害都很严重，因此必须采取严格措施，进行及时、合理的处理、处置。

由于危险废物具有很大的危险危害性，因此国家制定了许多法律法规、规章标准，对危险废物进行严格管理，包括危险废物的收集、储存、转移和运输等全过程管理，同时人们也开发了多种危险废物的处理处置技术，从管理和技术两个方面控制危险废物可能造成的危害。

7.2 危险废物的处理处置技术简介

我国危险废物污染防治技术政策的基本原则是减量化、资源化和无害化。"减量化"是通过适当的方法减少危险废物的数量和容积，从源头上减少危险废物的产生，即通过经济和政策鼓励企业进行技术改造，实行清洁生产。"资源化"是指采用工艺技术，从危险废物中回收有用的物质与资源。资源化要求已产生的危险废物应首先考虑回收利用，减少后续处理处置的负荷，回收利用过程应达到国家和地方有关规定的要求，避免二次污染；生产过程中产生的危险废物，应积极推行生产系统内的回收利用；生产系统内无法回收利用的危险废物，通过系统外的危险废物交换、物质转化、再加工、能量转化等措施实现回收利用。"无害化"是将不能回收利用资源化的危险废物通过一种或多种物理、化学、生物等手段进行最终处置，将危险废物中对人体或环境有害的物质分解为无害或毒性较小的化学形态，达到不损害人体健康、不污染周围的自然环境的目的。

危险废物的处置按其最终去向分为处理技术和处置技术。处理技术是指危险废物在最终处置之前，可采用不同的技术进行处理。危险废物的处理处置方法有多种，如物理处理法、化学处理法、生物处理法、热处理法及填埋法等，每种方法又有多种处理处置技术。

7.2.1 物理处理法

物理处理法是利用危险废物在物理和化学性质上的不同，将废物中的有害成分进行分离或浓缩，以利于集中处理或综合利用的方法。废物的物理化学性质包括物质的形态、在各种溶剂中的溶解度、密度、挥发性、沸点、氧化还原性等。

物理处理法有相分离法和组分分离法两种。相分离法主要包括重力沉降、过滤、除油、超滤、离心、气浮和混凝等；组分分离法主要有膜分离法（如电渗析、反渗透）、离子交换法、活性炭吸附法、吹提法和气提法、萃取法（液液萃取、超临界萃取）等。

物理处理法的技术方法很多，但每种方法的适用对象不完全相同，也各有优点和局限性。危险废物中的有害组分往往很复杂，干扰因素很多，因此必须根据具体情况选择合适的处理技术。危险废物中大多含有多种危害组分，因此在实际应用中往往一种方法不能达到预期效果，需要采用几种方法组合起来进行处理。表 7-2 列出各种物理处理技术的适用范围、优点及其局限性。

表 7-2　危险废物物理处理方法比较

处理方法	适用范围	优点	局限性
重力沉降法	用于处理含有可沉降颗粒的废水	减少后续处理负荷；应用普遍，成本低；处理效果稳定可靠	处理时可能会产生臭气；废水性质发生变化会对沉降产生影响
气浮法	用于处理含有悬浮物及其他可浮性物质的废水；用于危险废物的分选	处理速度快，效率高；固体物质脱水比沉降快，处理量可大可小	设备和操作都比较复杂，一次性投资高
过滤法	用于含各类悬浮固体，乳浊液，胶体的废水处理	既可作初级处理又可作高级处理，处理效率稳定可靠	易堵塞，滤料要定期冲洗
电渗析法	用于回收金属盐、酸碱、有机电解质等，也用于处理放射性废水	离子交换膜可连续使用，膜对离子有选择性透过，操作方便	不适合处理高浓度废水，能耗大、成本高、膜易发生堵塞现象

处理方法	适用范围	优点	局限性
超滤法	用于分离相对分子质量大于500的大分子，可去除黏土物质、油料、颜料、油漆	设备简单，管理方便，操作压力低，有较大的通水量	浓差极化现象突出，须定期投加防霉剂，电析槽需考虑降温措施
反渗透法	分离小分子溶质，用于去除可溶性固体、有机物和胶状物	设备简单，操作方便，能耗低，处理效率稳定，可靠	操作压力大，一次性投资高，处理流量受限制
活性炭吸附法	用于工业废水的深度处理和城市污水的高级处理	处理效果稳定可靠，可回收副产品，有一定的经济效益	活性炭需要定期解吸，需要有较高标准的预处理，不适用处理高浓度废物
汽提法	用于从液体混合物中将易挥发的组分从难挥发的组分分离出来	工艺简单，设备紧凑，处理效果稳定可靠	要调节 pH 值，并受气温限制，易引起二次污染
萃取法	用于分离在两种溶剂中溶解度有明显差异的溶质	工艺简单，设备紧凑，可实现副产品的回收	运行费用较高，可能造成二次污染，应用范围不广泛
离子交换法	去除低浓度重金属	处理效果稳定，设备简单，便于操作	需要用化学药品进行再生，再生液可能带来二次污染
混凝法	去除重力沉降法难以去除的细小悬浮物及胶体颗粒；去除多种高分子物质，有机物质，某些重金属物质及乳化油	应用范围广，既可作为独立的处理方法也可和其他方法配合使用，维修操作简便	运行费用高，沉渣最大且脱水较为困难，低温水，低浊水对混凝有不利影响

7.2.2 化学处理法

化学处理法是利用化学反应的方法将危险废物中的有毒有害元素发生转化，使之毒性降低或转化为易于处理的形式。化学处理法根据发生的化学变化不同分为氧化法、还原法、中和法、沉淀法。

同样，每种化学处理法也都有其适用范围、优点和局限性，应根据污染物的实际情况进行选用，具体可参见表7-3。

表7-3　危险废物化学处理法比较

处理方法	适应范围	优点	局限性
中和法	酸性、碱性废物处理	为生物和物理化学处理提供了条件，减缓腐蚀和结垢	只能作预处理，建构筑物需要防腐蚀
化学沉淀法	去除溶解性的有毒物质，如重金属离子、碱土金属元素等	可作为生物处理的前处理，效率较高，设备简单	沉渣难处理，须调节 pH，要消耗一定量的化学试剂
化学氧化法	去除氰根离子、硫离子、铁离子等无机离子；降低 BOD、COD 有机物及造成细菌学污染的致病微生物	使有机物、无机物转变形态，有毒有害物质无害化，能够去除难以去除的物质，处理效率高	所需化学试剂费用较高，一次性成本高，需要熟练的操作技术，可能带来二次污染
化学还原法	去除 Cr、Hg 等	能够去除难以去除的 Cr、Hg 等污染物	需要熟练的操作技术，pH需要严格的控制

7.2.3 生物处理法

污染物的生物处理法是利用微生物对污染物的转化、降解、矿化等作用，使污染物的结构发生改变，从而降低或去除毒害物质毒性的方法。微生物对污染物的降解性受多种因素影响，如污染物的种类、有机污染物的化学结构以及环境条件等。有机污染物中的碳水化合物、烃类化合物、醇类化合物在好氧或厌氧状态下可充分降解，而酚、醛、酮等有机物就较难降解；有机污染物的化学结构对微生物降解性影响有取代基种类、取代基数目以及取代基的位置；每个微生物菌株对影响生长和活动的生态因素都有耐受范围，当环境条件超出定居微生物的耐受范围时，降解活动就不会发生。影响微生物生长和繁殖的环境因素除了营养条件外，还与 pH 值、环境温度、供氧条件、光照、氧化还原电位、渗透压等有关。

7.2.4 热处理法

热处理法是在一定温度和压力下改变废物的物理、化学、生物等特性或组成的方法，从而使危险废物无害化、减量化、资源化。在高热的作用下，危险废物中的 C、H 组分转化为 CO_2 和水蒸气，组分 Cl、S 等被转化为无毒的化合物。热处理技术比其他处理法有几个显著优点：

（1）能彻底破坏危险废物的有害组分和结构，可减少环境污染；

（2）最大程度减少废物的体积和质量，特别是对可燃成分高的固体废物，通过焚烧后可使其体积和质量大大减少；

（3）可以回收热量，废物在燃烧过程中产生的高温烟气需要冷却，用水冷却时可产生热水或水蒸气用于生产、生活区供热或发电等；也可用空气冷却，使空气预热到适当温度进入炉内燃烧，带入一部分热量，可节约燃料和提高理论燃烧温度；

（4）消毒。对可燃性的致癌物、病理学污染的物质、有毒的有机物或者对环境造成污染的生物活性物质，通过焚烧废物中的有毒有害成分经过高温氧化分解而除去，病菌病毒亦可在高温条件下被杀死；

（5）有用的化学物质还可作为资源回收利用。

目前用于危险废物的热处理技术有多种，包括焚烧、富氧焚烧、催化焚烧、高温热解、等离子体电弧分解、湿式空气氧化、蒸馏和气提以及微波处理工艺。

7.2.5 填埋处置法

危险废物的处理不管采用何种技术，都会产生残留物，这些残留物仍有危害性需要处置，故应将危险废物最终置于符合环境保护规定要求的场所或者设施并不再回取。填埋是危险废物的最终处置手段，适用于不能回收利用其组分和能量的废物。填埋的目的是使废物与生态环境尽可能隔离开来，阻断填埋场内废物及其产物与环境的联系通道；不使外部环境中水分等物质进入填埋场，引发处置废物产生化学、物理、生物等变化，导致产生渗滤液以及填埋气体；也避免产生的渗滤液与填埋气体释放到环境中，对人体健康、生态环境造成影响。

上述几种废物处理方法中，焚烧法适用范围最广，不仅可以处理固体废物，也可处理液体废物和气体废物。对有机组分较多、本身热值比较高，可不添加辅助燃料即能燃烧实现稳定化；热值低的，通过添加辅助燃料可实现稳定化，如含氰废物可通过焚烧达到无害化，但热值很低，焚烧时要补充一定量的辅助燃料。焚烧法从20世纪30年代就开始应用，技术也很成熟，是对大多数有害物质具有相当高的破坏程度的可靠处理方法，其破坏率有的可达到99.9999%，甚至更高，因而被广泛使用。填埋法是危险废物的最终处置方法，应用也非常广泛。本章只简单介绍危险废物焚烧处置法、填埋处置法以及危险废物收集、储存、运输中的基本安全技术要求和危险废物各环节的基本安全管理要求。

7.3 危险废物处置的安全技术要求

7.3.1 焚烧处理安全技术要求

1）焚烧处理工艺简介

焚烧是将废物置于焚烧炉内，在一定过量空气和高温（850℃以上）条件下，有机组分经过充分氧化反应破坏其原有结构和组分或将其转化为其他稳定物质的过程。但是单纯的燃烧无法保证危险废物无害化处理，还需要一系列配套技术和措施才能达到要求，如焚烧废物的预处理、废物的配伍、烟气处理、废水处理、灰渣处理等。

决定危险废物焚烧完全的关键因素是温度、停留时间、湍流、供氧量和进料条件等。因一次燃烧室在焚烧时间、温度、扰动等方面无法达到废物焚毁去除率的要求，所以焚烧炉都配备二次燃烧室。一次燃烧室的作用是使废物中的有机组分挥发，二次燃烧室的作用是使挥发的有机组分得到完全焚烧。

一般的焚烧系统，通常由废物预处理、焚烧、热能回收、尾气和废水的净化4个基本过程组成。下面以某工业有害废料焚化处理系统为例简单介绍一下工艺流程。

（1）废料装运、储存和预处理

不同废料采取不同装运和储存方法，如废液使用槽罐车运至卸料站经检验检测、称重后卸至相应的储罐；有些废物如异氰酸盐（酯）类、废酸、熔融性废料可直接卸入管线进焚烧炉。为减少废气污染物产生，液体装卸采用槽车和储罐呼吸管联通，气相部分氮保，仪表控制槽车内为正压，污染氮气进焚烧炉；TDI（二异氰酸甲苯酯）焦炭用气流从槽罐车输送至料仓；桶装废物进入桶装卸料区，经开桶、取样、分析、重包装、分类、混合、记录、储存或界区外处理，如中性和碱性废液、易燃含卤素有机物和无卤素废液进储罐，固体大块桶装物须经粉碎处理，与小桶包装物重新包装后进焚烧炉。对不能处理的荧光灯管、放射性物质、矿物、电池等重新包装后送厂外处理。

固体废物的预处理：系统设有固体废物的预处理厂房，内含储存池、混合池、粉碎、泵吸、特殊处理区等。固废由卡车运来后直接放入储存池中，粉碎时配有水喷淋，池中废水由泵抽出，预处理废气采用逆流洗涤处理，洗涤液为氢氧化钠和次氯酸钠，以除去粉尘和挥发性有机物（VOC）。

（2）焚烧和热回收

上述固体和半固体废物经检验、粉碎、热值均衡混合等预处理后，通过不同的传输方式进入焚烧炉，储罐中的液体废物根据不同热值由各管路进入焚烧炉或二级焚烧室。焚烧炉启动升温时或缺少高热值物料时，需要使用天然气作为辅助燃料。废物在焚烧炉保持一定温度、剩余氧含量及停留时间，保证有机物破坏率达到99.99%。

焚烧炉内物料顺流，固体物料前端进入，残渣末端排出，残渣经筛选将金属回收，炉渣桶装外运利用或填埋。气、液态物料前段雾化或鼓风进入，燃烧后烟气进入二级燃烧室。在高温，过剩氧含量下，停留时间2s情况下，二级燃烧室内的有机物破坏率达到99.99%。中高浓度的有机废液在此喷雾燃烧。二级燃烧室完全氧化燃烧后烟气进入废热锅炉，产生蒸气，以达到回收热能的目的。

（3）系统烟气和废水处理

在废热锅炉烟气中，用压缩空气夹带氨溶液喷雾，在高温下使氨与氮氧化物发生氧化还原反应生成氮气，降低烟气氮氧化物的量。烟气经除尘、洗涤达标后进烟囱排放，洗涤水经废水处理合格后排放。

2）焚烧处理的安全技术要求

焚烧法工艺比较复杂，其处理过程中有一定的危险危害性，且处理时可能产生有害物质对人员的健康造成危害。因此必须采取相应的安全技术措施，保证处理装置安全、稳定运行，保障周边环境人身健康不受影响。下面从厂址选择、总平面布置、焚烧场所及设备设施等方面应考虑的基本安全要求做一简介。

（1）焚烧厂选址、总平面布置及建筑

① 各类焚烧厂厂址应符合城市总体发展规划和环境保护专业规划和当地的大气污染防治、水资源保护、自然生态保护要求，还应综合考虑危险废物处置设施的服务区域、交通、土地利用现状、基础设施状况、运输距离及公众意见等因素，最终选定的厂址还应通过环境影响和环境风险评价确定。

② 各类焚烧厂不允许建设在居民区主导风向的上风向地区。

③ 危险废物焚烧厂总平面布置时应分区布置，一般由处置区和生产管理区组成。处置区包括废物接收储存区、废物处置区、附属功能区等，其中废物接收储存区应设置废物接收、储存、分析鉴别、预处理等单元；废物处置区设置废物处置、二次污染防治等单元；附属功能区包括供水、供电、供热等单元。生产管理区设置生产办公和生活等单元。

④ 厂区的人流和物流出入口设置应符合城市交通有关要求，实现人流、物流分离，方便危险废物运输车进出。危险废物物流的出入口以及接受、储存、转运和处置场所等主要设施与焚烧厂的办公和生活服务设施要隔离建设。

⑤ 建筑物的防火分区、建筑物耐火等，各建、构筑物及设施之间的防火间距等应符合《建筑设计防火规范》（GB 50016）或《石油化工企业设计防火规范》（GB 50160）的有关要求。

⑥ 危险废物处置场所应按转运车辆的数量设置转运车停车场和车辆清洗系统，停车场和清洗系统尽量靠近危险废物处置功能区。

⑦ 厂内道路的设置应满足交通运输、消防及各种管线的铺设要求。焚烧区的主要道路宽度、转弯半径等应按照《石油化工企业设计防火规范》（GB 50160）或《建筑设计防火规范》（GB 50016）的有关规定设计；车行道路宜环形设置。

⑧ 使用燃料油点火或助燃的焚烧厂采用的燃油系统应符合《汽车加油加气站设计与施工规范》(GB 50156)的有关规定。使用城镇燃气点火或助燃的焚烧厂采用的燃气系统应符合《城镇燃气设计规范》(GB 50028)的有关规定。

(2) 焚烧场所及焚烧过程中安全技术要求

① 焚烧厂在设计时对有可能产生和积聚易燃易爆气体的场所应按现行《爆炸危险环境电力装置设计规范》(GB 50058)和《爆炸性环境第1部分：设备通用要求》(GB 3836.1)的有关规定划分爆炸危险区域。在爆炸危险区域内应选用与爆炸性物质的类别、级别和组别相应的防爆电气设备。

② 厂区及建、构筑物内应按规定设置完善的消防设施，包括消防水、消火栓等消防水系统和泡沫灭火系统，并配备相应的移动式灭火器材，一旦出现火警立即扑灭。

③ 存放易燃易爆待处理危险废物的仓库应独立设置，不同物化性质的物料应分区存放。室内应有良好通风，防止易燃易爆、有毒有害气体积聚。

④ 所有建构筑物应按《建筑物防雷设计规范》(GB 50057)要求，设置相应的防雷设施。

防雷设施投入使用后应定期请有资质单位检测，一般场所防雷装置每年检测一次，爆炸危险环境每半年检测一次。

⑤ 危险废物处置工程的设施操作(控制)室和工作岗位应采取采暖、通风、防尘、隔声等措施。

⑥ 焚烧炉运行过程中要保证系统处于负压状态，避免有害气体逸出。

⑦ 焚烧炉必须配备自动控制和监测系统，在线显示运行工况和尾气排放参数，并能够自动反馈，对进料速率等工艺参数进行自动调节，确保焚烧炉各项工艺参数符合设计要求。

⑧ 焚烧炉必须有前处理系统、尾气净化系统、报警系统和应急处理装置。尾气处理系统应设置急冷系统，能使烟气温度在1s内下降到200℃以下，并配备酸性气体去除装置、除尘装置和二噁英控制装置。

⑨ 由于液体燃烧时首先要吸热蒸发，吸收大量热量会对燃烧温度稳定性有很大影响，甚至可能出现过度蒸发使温度急剧下降而造成熄火现象，因此燃烧室内应配备点火安全监测系统，实时监控炉内燃烧情况，避免燃料外泄，防止在下次点火时发生爆炸。

⑩ 燃烧室应设有安全泄压装置，以防超压爆炸。要防止废物堵塞燃烧喷嘴的火焰喷出口，以免造成火焰回火或熄火。

⑪ 对含有易燃易爆介质的设备、管道应进行可靠的静电接地，防止静电积聚，在一定条件下发生火花放电而成为点火源，不得使用易积聚静电的绝缘材料。可燃固体和液体废物的处理、储存地点，应严禁一切火源进入。

⑫ 在有可燃/有毒气体、蒸气可能泄漏的场所应按《石油化工可燃气体和有毒气体检测报警设计规范》(GB 50493)的要求设置和安装可燃/有毒气体检测报警仪。报警仪应在现场有声光报警的功能，并将信号接入24h有人值守的控制室、现场操作室。

在爆炸危险场所安装的可燃/有毒气体报警仪必须是防爆型的。报警仪应定期请有资质单位校验，保证性能灵敏、可靠。

⑬ 对处理、储存易燃易爆、有毒有害物质的设备、管道应加强密闭，防止泄漏，减少灰尘、臭气及可燃气体外逸。

⑭ 焚烧烟气中产生的硫氧化物（SO$_x$）和氯化氢（HCl）等气体均对金属材料有腐蚀作用，因此焚烧炉的炉壁、耐火水泥焚烧炉的固定铆钉、排气管线及金属制烟囱等应采用耐腐蚀的材料。

盛装有腐蚀性液体危险废物的容器、储罐、池子等应采取防腐蚀措施，以防止这些储存设施因腐蚀而发生泄漏、渗漏，对人员、环境造成危害。

⑮ 由于焚烧过程温度很高，相应的设备、管道表面处于高温状态下，若在操作、维修等过程中人体接触到高温部位则会导致烫伤。因此，凡表面温度超过60℃的设备和管道均应设置保温层或采取其他有效的隔热措施，防止人员烫伤。

⑯ 可能发生急性职业损伤的有毒、有害工作场所，应当设置报警装置，配置现场急救用品、冲淋洗眼设施、应急撤离通道和必要的泄险区。

⑰ 锅炉、压力容器、压力管道的设计、制造、安装、使用、检验、维修和改造必须分别执行《锅炉安全技术监察规程》（TSG G0001）、《固定式压力容器安全技术监察规程》（TSG R0004）和《压力管道安全技术监察规程—工业管道》（TSG D0001）的有关规定。

⑱ 危险废物处置工程中所有正常不带电的电气设备的金属外壳均应采取接地或接零保护，场区钢结构、排气管、排风管和铁栏杆等金属物应采用等电位连接。

⑲ 危险废物处置工程的各种机械设备裸露传动部分或运动部分应设置防护罩，不能设置防护罩的应设置防护栏杆，周围应保持一定的操作活动空间，以免发生机械伤害事故。

⑳ 新建集中式危险废物焚烧厂焚烧炉排气筒周围半径200m有建筑物时，排气筒高度必须高出最高建筑物5m以上。

㉑ 储存含有可燃液体废液的储罐应按可燃液体储罐的要求设置呼吸阀、阻火器等安全设施，并对呼吸阀、阻火器定期检查，以防堵塞。

㉒ 危险废物在预处理中凡能排出易燃、有害气体的设备、储罐等设施都应将排气口接入焚烧炉，或经处理符合环保现行标准要求后才能排放，不得随意排放。

㉓ 凡容易发生事故危及生命安全的场所和设备，均应按《安全标志及其使用导则》（GB 2894）有关要求设置明显的安全警示标志。

㉔ 距下方相邻地板或地面1.2m及以上的平台、通道或工作面的所有敞开边缘应设置防护栏杆。梯子、平台、栏杆的设计，应按《固定式钢梯及平台安全要求　第1部分：钢直梯》（GB 4053.1）、《固定式钢梯及平台安全要求　第2部分：钢斜梯》（GB 4053.2）、《固定式钢梯及平台安全要求　第3部分：工业防护栏杆及钢平台》（GB 4053.3）有关规定执行。

7.3.2　危险废物填埋的安全技术要求

1）危险废物填埋场的基本结构

填埋的目的是使危险废物与环境隔离开，外部水分等物质不能进入填埋场内，废物产生的渗滤液和气体不释放到环境中，因此危险废物填埋场必须采用封闭式的。封闭型填埋场的基本结构主要有覆盖系统和底层两大部分，具体组成如图7-1所示。

2）填埋场的安全技术要求

为防止危险废物填埋处置过程对环境造成二次污染，国家制定了《危险废物填埋污染控

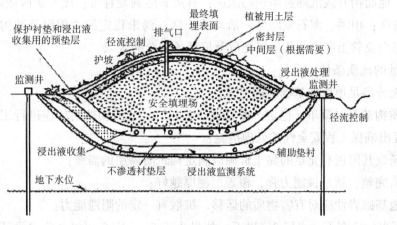

图 7-1 封闭型填埋场的剖面图

制标准》(GB 18598)和《危险废物安全填埋处置工程建设技术要求》环发〔2004〕75 号等。这些标准和文件对危险废物填埋场在建造和运行过程中涉及的环境保护要求，包括填埋场选址、填埋物入场条件、设计、施工、运行、封场及监测等方面都作了明确规定。2014 年我国又发布了《危险废物处置工程技术导则》(HJ 2042)，规定了危险废物处置技术的应用及工程设计、施工、验收、运行管理等过程中应遵守的有关技术要求和管理规定。下面对填埋场选址、填埋物入场要求、填埋场设计与施工的要求、填埋场集排水排气系统、填埋场运行管理要求几个方面进行简单介绍。

（1）填埋场场址选择要求

填埋场是指处置废物的一种陆地处置设施，它由若干个处置单元和构筑物组成，主要包括废物预处理设施、废物填埋设施和渗滤液收集处理设施等。填埋场选址非常重要，场址的自然屏障条件越好，对工程措施和废物屏障要求相对越低。填埋场场址应满足以下条件：

① 应符合国家及地方城乡建设总体规划及危险化学品废物管理规划要求。不应建在城市工农业发展规划区、农业保护区、自然保护区、风景名胜区、生活饮用水保护区、供水远景规划区、矿产资源储备区和其他需要特别保护的区域内。

② 厂址不应位于龙卷风和台风经过的地区，宜设在暴风雨发生频率较低的地区。宜位于具有较好大气混合作业的下风向、白天人口不密集的地区。高寒、潮湿、冰冻气候条件会影响填埋场的作业，要根据具体情况采取相应的措施。

③ 填埋场距飞机场、军事基地的距离应在 3000m 以上；距居民区 800m 以外或更远，并保证位于居民区的下风向，使运输和作业期间废物的飘尘及臭气不影响当地居民，对附近居民区大气环境不产生影响；距地表水域的距离不应小于 150m。

④ 场址应位于百年一遇的洪水标高线以上，并在长远规划中的水库等人工蓄水设施淹没区和保护区之外。若确难以选到百年一遇洪水标高线以上场址，则必须在填埋场周围已有或建筑可抵挡百年一遇洪水的防洪工程。位于地下水饮用水水源地主要补给区范围之外，且下游无集中供水井。

⑤ 应避开破坏性地震及活动构造区；海啸及涌浪影响区；湿地和低洼汇水处；地应力

高度集中、地面抬升或沉降速率快的地区；石灰岩溶洞发育带；废弃矿区或塌陷区；崩塌、岩堆、滑坡区；山洪、泥石流地区；活动沙丘区；尚未稳定的冲积扇及冲沟地区；高压缩性淤泥、泥炭及软土区以及其他可能危及填埋场安全的区域。

⑥ 场址的地质条件应满足：

a. 能充分满足填埋场基础层的要求；

b. 地质构造相对简单、稳定，没有活动性断层。非活动性断层应进行工程安全性分析论证，并提出确保工程安全性的处理措施；

c. 现场或其附近有充足的黏土资源以满足构筑防渗层的需要；

d. 基岩完整，抗溶蚀能力强，覆盖层越厚越好；

e. 场地基础岩性应对有害物质的运移、扩散有一定的阻滞能力；

f. 地下水位应在不透水层 3m 以下。如果小于 3m，则必须提高防渗设计要求，实施人工措施后的地下水水位必须在压实黏土层底部 1m 以下；

g. 天然地层岩性相对均匀、面积广、厚度大、渗透率低。

（2）填埋物入场要求

可以直接入场填埋的废物：

① 根据《固体废物 浸出毒性浸出方法》（GB 5086）和《固体废物 浸出毒性测定方法》（GB/T 15555.1~12）测得的废物浸出液中有一种或一种以上有害成分浓度低于表 7-4 中的允许进入填埋区控制限值的废物；

② 根据《固体废物 浸出毒性浸出方法》（GB 5086）和《固体废物 腐蚀性测定 玻璃电极法》（GB/T 15555.12）测得的废物浸出液 pH 值在 7.0~12.0 之间的废物。

表 7-4　危险废物允许进入填埋区的控制限值

序号	项目	稳定化控制限值/（mg/L）
1	有机汞	0.001
2	汞及其化合物（以总汞计）	0.25
3	铅（以总铅计）	5
4	镉（以总镉计）	0.50
5	总铬	12
6	六价铬	2.50
7	铜及其化合物（以总铜计）	75
8	锌及其化合物（以总锌计）	75
9	铍及其化合物（以总铍计）	0.20
10	钡及其化合物（以总钡计）	150
11	镍及其化合物（以总镍计）	15
12	砷及其化合物（以总砷计）	2.5
13	无机氟化物（不包括氟化钙）	100
14	氰化物（以 CN 计）	5

需经预处理后方能入场填埋的废物：

① 根据《固体废物 浸出毒性浸出方法》（GB 5086）和《固体废物 浸出毒性测定方法》

（GB/T 5555.1~12）测得废物浸出液中任何一种有害成分浓度超过表7-4中允许进入填埋区的控制限值的废物；

② 根据《固体废物　浸出毒性浸出方法》（GB 5086）和《固体废物　腐蚀性测定　玻璃电极法》（GB/T 15555.12）测得的废物浸出液 pH 值小于 7.0 和大于 12.0 的废物；

③ 本身具有反应性、易燃性的废物，含水率高于 85% 的废物，液体废物。

医疗废物及与衬层具有不相容性反应的废物禁止填埋。

（3）填埋场设计与施工要求

填埋场应包括接收与储存系统、分析与鉴别系统、预处理系统、防渗系统、渗滤液控制系统、填埋气体控制系统、监测系统、应急系统及其他公用工程等。

① 填埋场应设预处理站，预处理站包括废物临时堆放、分拣破碎、减容减量处理、稳定化养护等设施。

② 应对不相容性废物设置不同的填埋区，每区之间应设有隔离设施。分区的顺序应有利于废物运输和填埋。每个填埋区能在尽量短的时间内得到封闭。但对于面积过小，难以分区的填埋场，对不相容性废物可分类用容器盛放后填埋，容器材料应与所有可能接触的物质相容，且不被腐蚀。

③ 危险废物暂存库等应尽量密闭，以减少灰尘和臭气外逸。所选用的材料应与所接触的废物相容，并考虑其抗腐蚀特性。

④ 天然基础层（即填埋场防渗层的天然土层）的饱和渗透系数不应大于 $1.0×10^{-5}$ cm/s，且其厚度不应小于 2m。

⑤ 应根据天然基础层的地质情况分别采用天然材料衬层、复合衬层（即包括一层人工合成材料衬层和一层天然材料衬层）或双人工衬层（即包括两层人工合成材料衬层）作为其防渗层。

（4）填埋场集排水排气系统

① 填埋场必须设置渗滤液集排水系统、雨水集排水系统和集排气系统。各个系统在设计时采用的暴雨强度重现期不得低于 50 年。管网坡度不应小于 2%；填埋场底部应以不小于 2% 的坡度坡向集排水管道。

② 采用天然材料衬层或复合衬层的填埋场应设渗滤液主集排水系统，包括底部排水层、集排水管道和集水井；主集排水系统的集水井用于渗滤液的收集和排出。

③ 采用双人工合成材料衬层的填埋场除设置渗滤液主集排水系统外，还应设置辅助集排水系统，包括底部排水层、坡面排水层、集排水管道和集水井；辅助集排水系统的集水井主要用作人工合成衬层的渗漏监测。

④ 排水层的透水能力不应小于 0.1cm/s。

⑤ 填埋场应设置雨水集排水系统，以收集、排出汇水区内可能流向填埋区的雨水、上游雨水以及填埋区域内未与废物接触的雨水。雨水集排水系统排出的雨水不得与渗滤液混排。

⑥ 填埋场必须设置集排气系统以排出填埋废物中可能产生的气体；必须设有渗滤液处理系统，以便处理集排水系统排出的渗滤液。

（5）填埋场运行安全要求

填埋场在投入运行之前，要制订一个不但要满足常规运行，而且要提出应急措施的计划以便保证填埋场的有效利用和安全环保要求。

填埋场的运行应满足下列基本要求：

① 入场的危险废物必须符合《危险废物填埋污染控制标准》(GB 18598)对废物的入场要求。

② 应保证在不同季节气候条件下进出口道路通畅，工作面应尽可能小，使其得到及时覆盖。

③ 通向填埋场的道路应设栏杆和大门，必须设有醒目的标志牌，指示正确的交通路线。

④ 应每个工作日都记录填埋场的运行情况，记录内容包括设备工艺控制参数，入场废物来源、种类、数量，废物填埋位置及环境监测数据等。

⑤ 危险废物填埋场的运行不能露天进行，必须有遮雨设备，以防止雨水与未进行最终覆盖的废物接触。

(6) 个人健康防护

① 接触有毒有害物质的员工应配备防毒面具、防护手套、防护胶靴及防护工作服。进入高噪声区域人员必须佩戴性能良好的防噪声护耳器。

② 有毒、有害岗位操作完毕，要将防护用品按要求清洁、收管，不得随意丢弃，不得转借他人；做好个人安全卫生(洗手、漱口及必要的沐浴)。

③ 严禁携带或穿戴使用过的防护用品离开工作区。报废的防护用品应交专人处理，不得自行处置。

7.3.3　危险废物的收集、储存、运输安全要求

危险废物由于不同于一般废物，具有危险危害性，若收集、储存、运输、处置等过程没有相应的防治措施，很易导致安全事故和环境污染危害，给环境和人民的安全健康造成威胁。所以我国法律法规对危险废物经营单位的收集、储存、运输、处置等过程都提出了明确的安全环保要求。

1) 危险废物收集的安全要求

危险废物的收集，是指危险废物经营单位将危险废物从产生环节集中起来，包装到指定的容器内，并放置在专用的存放场所的过程。

(1) 危险废物的收集

① 收集的危险废物必须按照其危险特性分类进行，禁止混合收集性质不相容而未经安全处置的危险废物。

② 收集危险废物的场所、设施、设备和容器、包装物及其他物品转作他用时，必须经过消除污染的处理方可使用。

③ 收集危险废物的单位，应当制定在发生意外事故时采取的应急措施和防范措施，并向所在地县级以上地方人民政府环境保护行政主管部门报告。

④ 作为危险废物的收集单位其所用的工具、设施和管理必须满足以下要求，即有防雨、防渗的运输工具；有符合国家或者地方环境保护标准和安全要求的包装工具，有中转和临时存放设施、设备。

⑤ 危险废物在收集场所醒目的地方设置危险废物警告标识。

（2）危险废物的收集包装

① 装运危险废物的容器应根据废物的不同特性进行设计，不易破损、变形、老化，能有效防止渗漏、扩散。盛装危险废物的容器必须在醒目位置贴有危险废物标签，在标签上应标明危险废物的主要化学成分或商品名称、数量、物理形态、危险类别、安全措施以及危险废物产生单位名称、单位地址、联系人及联系电话、发生泄漏、扩散、污染事故时的应急措施(注明紧急电话)。

② 液体、半固体的危险废物应使用密闭防渗漏的容器盛装，固态危险废物应采取防扬散的包装物或容器盛装。

③ 危险废物应按规定或按下列方式分类分别包装：易燃液体，易燃固体，可燃性液体，腐蚀性物质(酸、碱等)，特殊毒性物质，氧化物，有机过氧化物。

④ 装载危险废物的容器必须密闭完好无损，具有耐腐蚀、耐压、密封性好。容器的材质和衬垫应考虑废物的特性及化学相容性。表7-5列出一些可参考的容器及衬垫材质。

表7-5　不同危险废物种类与一般容器的化学相容性

化学废物种类	容器或内衬垫的材料							
	塑料				钢			
	高密度聚乙烯	聚丙烯	聚氯乙烯	聚四氟乙烯	软/碳钢	不锈钢304	不锈钢316	不锈钢440
酸(非氧化)如硼酸、盐酸	R	R	A	R	N	*	*	*
酸(氧化)如硝酸	R	N	N	R	R	R	R	*
碱	R	R	A	R	N	*	*	R
铬和非铬氧化剂	R	A*	A*	R	N	A	A	*
废氰化物	R	R	R	A*-N	N	N	N	N
卤化和非卤化溶剂	*	N	N	*	A*	A	A	A
润滑油	R	A*	A*	R	R	R	R	R
金属盐酸液	R	A*	A*	R	A*	A*	A*	A*
金属淤泥	R	R	R	R	*	R	R	*
混合有机化合物	R	N	N	A	R	R	R	R
油腻废物	R	R	R	A*	R	R	R	R
有机淤泥	R	R	R	R	*	R	R	*
废油漆(源于溶剂)	R	N	N	R	R	R	R	R
酚及其衍生物	R	A*	A*	R	N	A*	A*	A*
聚合前驱物及产生的废物	R	N	N	R	R	*	*	*
皮革废料(铬鞣溶剂)	R	R	R	R	N	*	R	*
废催化剂	R	*	*	A*	A*	A*	A*	A*

注：表中 A 表示可接受；N 表示不建议使用；R 表示建议使用；* 表示因变异性质，请参阅个别化学品的安全资料。

2）危险废物储存的安全要求

危险废物的储存，是指危险废物经营单位在危险废物处置前，将其放置在符合环境保护标准的场所或者设施中，以及为了将分散的危险废物进行集中，在自备的临时设施或者场所每批置放重量超过 5000kg 或者置放时间超过 90 个工作日的活动。

（1）危险废物的储存单位应建造专用的危险废物储存设施。储槽应集中布置，储槽区应远离建筑物或处理设施，储存可燃/有毒液体的储槽区配置足够数量的消防设施及可燃/有毒气体报警仪并定期校验。

（2）储存易燃易爆有毒有害液体的储槽顶部应有氮气保护，防止挥发性有机蒸气逸出或空气进入。储罐排出的气体应排至火炬或用活性炭吸附。储槽必须安装液位计及高、低液位报警仪。

（3）在储存、接受前应进行检验和鉴别，对在常温常压下易燃易爆及排出有毒气体的危险废物必须进行预处理，使之稳定后储存。

（4）在常温常压下易水解、挥发的危险废物必须装入容器储存；常温常压下不水解、不挥发的固体危险废物可在储存设施内分别堆放，其他危险废物无法装入常用容器的可用防渗漏胶袋等盛装，能装入容器的必须装入容器内。

（5）禁止将不相容的危险废物在同一容器内混装。包装容器上必须粘贴标签。禁止将危险废物混入非危险废物中储存。

（6）装载危险废物的容器应当使用符合标准并满足相应强度要求的材质，容器材质和衬里要与危险废物相容。容器必须完好无损。

（7）从事危险废物储存的单位，必须得到有资质单位出具的该危险废物样品物理和化学性质的分析报告，认定可以储存后方可接受，并登记注册。

（8）危险废物储存前应进行检验，确保同预定接受的危险废物一致，并登记注册。不得接受未粘贴符合规定的标签或标签没按规定填写的危险废物。盛装在容器内的同类危险废物可以堆叠存放。每个堆间应留有搬运通道。

（9）危险废物的搬运者和危险废物的储存设施经营者均需做好危险废物情况的记录，记录上须注明危险废物的名称、来源、数量、特性和包装容器的类别、入库日期、存放库位、废物出库日期及接收单位名称。

（10）必须定期对危险废物包装容器及储存设施进行检查，发现破损应及时采取措施清理更换。

（11）泄漏液、清洗液、浸出液必须符合《污水综合排放标准》（GB 8978）的要求方可排放，气体导出口排出的气体经处理后，应满足《恶臭污染物排放标准》（GB 14554）和国家、地方制定的《大气污染物综合排放标准》及行业大气污染排放标准的要求。

（12）危险废物储存设施必须按《环境保护图形标志　固体废物储存（处置）场》（GB 15562.2）的规定设置警示标志；设施周围应设置围墙或其他防护栅栏；应配备通讯设备、照明设施、安全防护服装及工具，并设有应急防护设施及物资。设施内清理出来的泄漏物，一律按危险废物处理。平时要按国家污染源管理要求对危险废物储存设施进行监测。

（13）危险废物储存设施经营者在关闭储存设施前应提交关闭计划书，经批准后方可执行。关闭后，储存设施经营者必须采取措施消除污染。对无法消除污染的设备、土壤、墙体等按危险废物处理，并运至正在运营的危险废物处理处置场或其他储存设施中。只有当监测部门的监测结果表明已不存在污染时，方可摘下警示标志，撤离留守人员。

（14）由于工厂搬迁、战争、大火、涝灾、地震等许多原因而产生大量不明废物时，必须先封锁现场，通知环保、消防、卫生等部门派人到现场取样分析，确认废物的物理、化学、生物性质，从而选择适当的运输和无害化处理措施。

（15）储存危险废物必须采取符合国家环境保护标准的防护措施，并不得超过一年；确需延长期限的，必须报经原批准经营许可证的环境保护行政主管部门批准；法律、行政法规另有规定的除外。

3）危险废物运输的安全要求

危险废物运输的安全要求应按照《危险化学品安全管理条例》有关装卸运输的规定执行，具体要求详见第 5 章。

在运输时禁止将危险废物与旅客在同一运输工具上载运。禁止混合运输性质不相容（能相互反应）而未经安全处置的危险废物。

7.4 危险废物处置的安全管理

我国于 20 世纪 80 年代以后，开始重视危险废物的管理工作，制定了一些危险废物管理的行政规章及环境标准。1989 年联合国环境规划署在瑞士巴塞尔召开了"控制危险废物越境转移全球公约全权代表大会"，中国是该公约最早的缔约方之一。《控制危险废料越境转移及其处置巴塞尔公约》的制定，对加强我国的废物管理工作，包括防治废物污染的立法工作，都具有积极的推动作用。1995 年我国首次制订了《中华人民共和国固体废物污染环境防治法》（以下简称《固废法》），至今已做过 3 次修订。《固废法》明确了危险废物防治危害的责任主体，即谁污染谁防治。危险废物的防治主体是工业企业产生的危险废物，收集的主体为企业内部的专业机构；社会源危险废物，其收集的主体为持有环境保护部门颁发的经营许可证的专业公司。禁止中华人民共和国境外的固体废物进境倾倒、堆放、处置等。禁止无经营许可证或者不按照经营许可证规定从事危险废物收集、储存、利用、处置的经营活动。禁止将危险废物提供或者委托给无经营许可证的单位从事收集、储存、利用、处置的经营活动。

根据《中华人民共和国固体废物污染环境防治法》《危险化学品安全管理条例》和有关法律、法规，2005 年国家环境保护部（原国家环境保护总局）发布了《废弃危险化学品污染环境防治办法》，对危险废物的产生、收集、储存、运输、利用、处置各个环节污染环境的防治提出具体要求。

目前我国已制定了一套危险废物管理的法律、法规、标准体系，包括《中华人民共和国宪法》《中华人民共和国环境保护法》《中华人民共和国固体废物污染环境防治法》《危险化学品安全管理条例》等法律、法规及《国家危险废物名录》《危险废物经营许可证管理办法》《危险废物转移联单管理办法》《废弃危险化学品污染环境防治办法》《危险废物焚烧污染控制标准》《危险废物安全填埋污染控制标准》等部门规章、标准、技术导则和规范性文件。

《废弃危险化学品污染环境防治办法》明确指出废弃危险化学品属于危险废物，列入国家危险废物名录。

7.4.1 危险废物名录

为了方便危险废物的管理工作、完善危险废物的管理体系，许多国家和机构对各类危险废物的性质进行了检验和评价，针对其中危险程度高、对环境和健康影响大的危险废物，用列表的形式把这些废物的名称、来源、性质及危害归纳出来，作为危险废物管理工作的依据。根据危险废物名录的内容就可以进行危险废物的判别，这就是危险废物的列表定义鉴别法。《危险废物经营许可证管理办法》中指的危险废物，就是指列入《国家危险废物名录》或者根据国家规定的危险废物鉴别标准和鉴别方法认定的具有危险性的废物。

我国于1998年首次颁布了《国家危险废物名录》（环发〔1998〕89号），此名录共涉及47类废物，标志着我国危险废物名录制度正式实施。2008年环境保护部、国家发展和改革委员会联合发布1号令《国家危险废物名录》，自2008年8月1日起施行，环发〔1998〕89号同时废止。该名录共列出49类400种危险废物。

2016年环境保护部、国家发展和改革委员会、公安部对2008版《国家危险废物名录》又进行了修订，并于6月14日发布，自2016年8月1日起施行。原环境保护部、国家发展和改革委员会发布的《国家危险废物名录》（环境保护部、国家发展和改革委员会令第1号）同时废止。《国家危险废物名录》环境保护部、发展改革委、公安部令〔2016〕第39号将危险废物调整为46大类别479种（362种来自原名录，新增117种）。此次修订将《危险化学品目录》的化学品废弃后都列入危险废物，除调整危险废物名录外，还增加了《危险废物豁免管理清单》，16种列入《危险废物豁免管理清单》中的危险废物，在清单所列的豁免环节且满足相应豁免条件时，可按照豁免内容的规定实行豁免管理。

《国家危险废物名录》（2016版）的发布实施将推动危险废物科学化和精细化管理，对防范危险废物环境风险、改善生态环境质量将起到重要作用。

根据这些法律法规，国家环保主管部门依法对危险废物收集、转运、储存和处置实施全过程监管。

7.4.2 危险废物处置安全管理要求

危险废物具有危险化学品的危险危害性，若管理不当对环境、安全都会带来危害，所以从事危险废物经营活动的单位应按照安全、环保有关法律法规、规章、规范性文件等的规定进行管理。

（1）危险化学品的生产者、销售者、进口者、使用者对危险废物承担污染防治责任，亦即谁污染谁防治。

产生危险废物的单位，应当建立危险化学品报废管理制度，制定废弃危险化学品管理计划并报环境保护部门备案，建立危险废物的信息登记档案。

（2）危险废物的产生、收集、储存、运输、处置单位应按照《安全生产法》等安全生产法律法规、部门规章和规定的要求，设立安全生产管理部门或者配备专职安全生产管理人员。

（3）产生、收集、储存、运输、利用、处置危险废物的单位应当建立、健全污染环境防治和安全生产责任制度，制定完善的安全管理制度及岗位操作规程。

（4）新建、扩建、改建危险废物经营设施的建设项目应严格执行安全、环保、职业卫生"三同时"的规定，即安全、职业卫生及环境保护设施，必须与主体工程同时设计、同时施工、同时投入生产和使用，使安全、环保、职业卫生方面均符合国家、地方相关要求。

（5）产生危险废物的单位应当向所在地县级以上地方环境保护部门申报危险废物的种类、品名、成份或组成、特性、产生量、流向、储存、利用、处置情况以及化学品安全技术说明书等信息。

（6）从事收集、储存、利用、处置危险废物经营活动的单位，应当按照国家有关规定向所在地省级以上环境保护部门申领危险废物经营许可证。

危险化学品生产单位回收利用、处置与其产品同种的废弃危险化学品的，应当向所在地省级以上环境保护部门申领危险废物经营许可证。

（7）按照危险废物经营许可证的规定取得经营许可证，严格按照经营许可证的类别从事危险废物收集、储存、利用、处置的经营活动。

不得将危险废物提供或者委托给无危险废物经营许可证的单位从事收集、储存、利用、处置等经营活动。应委托有相应经营类别和经营规模的持有危险废物经营许可证的单位，对废弃危险化学品进行回收、储存、利用、处置。禁止伪造、变造、转让危险废物经营许可证。

（8）回收、利用、储存、处置危险废物的单位，必须保证其所用的设施、设备和场所符合国家安全、环保有关法律法规及标准的要求，防止产生二次污染和生产安全事故。

（9）产生危险废物的单位委托持有危险废物经营许可证的单位收集、储存、利用、处置危险废物的，应当向其提供危险废物的品名、数量、成分或组成、特性、化学品安全技术说明书等技术资料。

接收单位应当对接收的危险废物进行核实；未经核实的，不得处置；经核实不符的，应当在确定其品种、成分、特性后再进行处置。

（10）危险化学品的生产、储存、使用单位转产、停产、停业或者解散的，应当采取有效措施，及时、妥善处置其危险化学品生产装置、储存设施以及库存的危险化学品，不得丢弃危险化学品；处置方案应当报所在地县级人民政府安全生产监督管理部门、工业和信息化主管部门、环境保护主管部门和公安机关备案。

（11）对危险废物的容器和包装物以及收集、储存、运输、处置废弃危险化学品的设施、场所，必须设置危险废物识别标志和安全标志。

（12）转移危险废物的，应当按照国家有关规定填报危险废物转移联单；跨设区的市级以上行政区域转移的，应当依法报经移出地设区的市级以上环境保护部门批准后方可转移。

（13）产生、收集、储存、运输、利用、处置危险废物的单位，其主要负责人必须保证本单位危险废物的环境、安全管理符合有关法律、法规、规章的规定和国家标准的要求，并对本单位危险废物的环境安全负责。

（14）从事危险废物收集、储存、运输、利用、处置活动的人员，必须接受有关安全生产、环境保护法律法规、专业技术和应急救援等方面的培训，方可从事该项工作。企业主要负责人、安全管理人员、特种作业人员须经培训取证，持证上岗。

（15）产生、收集、储存、运输、利用、处置危险废物的单位，应当制定危险废物突发安全和环境事件应急预案报县级以上环境保护部门和安全生产监督管理部门备案，应急预案应定期组织演练。配备必要的环境、安全事故应急救援人员、物资和器材。

发生危险废物事故时，应立即采取措施消除或者减轻对环境的污染危害，及时通报可能受到污染危害的单位和居民，并向所在地县级以上环境保护部门和有关部门报告。

（16）对从事危险废物处理处置的人员，应根据其岗位存在的危险有害因素配备相适应的个体防护装备。

（17）对所有从事生产作业的人员定期进行体检并建立健康档案卡。

（18）企业应建立档案资料，按规定进行整理与保管，保证完整无缺。档案资料包括单位的情况（如填埋场，从场址选择、勘察、征地、设计、施工、运行管理、封场及封场管理、监测直至验收，以及废物特性、废物倾倒部位等全过程所形成的一切文件资料）、各种批准文件、人员培训、事故资料、应急预案及演练情况、各种记录及台账、特种设备及附件检验检测、防雷及防爆电气定期检测等。

7.4.3　危险废物的经营

《中华人民共和国固体废物污染环境防治法》《废弃危险化学品污染环境防治办法》对危险废物收集、储存和处置的经营活动都有明确管理规定。例如《固体废物污染环境防治法》规定，从事收集、储存、处置危险废物经营活动的单位，必须向县级以上人民政府环境保护行政主管部门申请领取经营许可证；从事利用危险废物经营活动的单位，必须向国务院环境保护行政主管部门或者省、自治区、直辖市人民政府环境保护行政主管部门申请领取经营许可证。《废弃危险化学品污染环境防治办法》则规定，从事收集、储存、利用、处置废弃危险化学品经营活动的单位，应当按照国家有关规定向所在地省级以上环境保护部门申领危险废物经营许可证。危险化学品生产单位回收利用、处置与其产品同种的废弃危险化学品的，应当向所在地省级以上环境保护部门申领危险废物经营许可证。

《废弃危险化学品污染环境防治办法》对申请领取危险废物经营许可证的条件、程序以及许可证的监督管理等做了具体规定。危险废物经营许可证按照经营方式，分为危险废物收集、储存、处置综合经营许可证和危险废物收集经营许可证。

领取危险废物综合经营许可证的单位，可以从事各类别危险废物的收集、储存、处置经营活动；领取危险废物收集经营许可证的单位，只能从事机动车维修活动中产生的废矿物油和居民日常生活中产生的废镉镍电池的危险废物收集经营活动。

1）申请领取经营许可证必须具备的条件

（1）申请领取综合经营许可证必须具备的条件

申请领取危险废物收集、储存、处置综合经营许可证，必须具备下列条件：

① 有3名以上环境工程专业或者相关专业中级以上职称，并有3年以上固体废物污染治理经历的技术人员；

② 有符合国务院交通主管部门有关危险货物运输安全要求的运输工具；

③ 有符合国家或者地方环境保护标准和安全要求的包装工具、中转和临时存放设施、设备以及经验收合格的储存设施、设备；

④ 有符合国家或者省、自治区、直辖市危险废物处置设施建设规划，符合国家或者地方环境保护标准和安全要求的处置设施、设备和配套的污染防治设施；其中，医疗废物集中处置设施，还应当符合国家有关医疗废物处置的卫生标准和要求；

⑤ 有与所经营的危险废物类别相适应的处置技术和工艺；

⑥ 有保证危险废物经营安全的规章制度、污染防治措施和事故应急救援措施；

⑦ 以填埋方式处置危险废物的，应当依法取得填埋场所的土地使用权。

（2）申领危险废物收集经营许可证，应当具备的条件

① 有防雨、防渗的运输工具；

② 有符合国家或者地方环境保护标准和安全要求的包装工具，中转和临时存放设施、设备；

③ 有保证危险废物经营安全的规章制度、污染防治措施和事故应急救援措施。

2）申请领取危险废物经营许可证的程序

（1）国家对危险废物经营许可证实行分级审批颁发。

下列单位的危险废物经营许可证，由国务院环境保护主管部门审批颁发：

① 年焚烧 $1×10^4$t 以上危险废物的；

② 处置多氯联苯、汞等对环境和人体健康威胁极大的危险废物的；

③ 利用列入国家危险废物处置设施建设规划的综合性集中处置设施处置危险废物的。

医疗废物集中处置单位的危险废物经营许可证，由医疗废物集中处置设施所在地设区的市级人民政府环境保护主管部门审批颁发。

危险废物收集经营许可，由县级人民政府环境保护主管部门审批颁发。

上述规定之外的危险废物经营许可证，由省、自治区、直辖市人民政府环境保护主管部门审批颁发。

（2）申请领取危险废物经营许可证的单位，应当在从事危险废物经营活动前向发证机关提出申请，并附具上述规定条件的证明材料。

（3）发证机关应当自受理申请之日起20个工作日内，对申请单位提交的证明材料进行审查，并对申请单位的经营设施进行现场核查。符合条件的，颁发危险废物经营许可证，并予以公告；不符合条件的，书面通知申请单位并说明理由。

发证机关在颁发危险废物经营许可证前，可以根据实际需要征求卫生、城乡规划等有关主管部门和专家的意见。申请单位凭危险废物经营许可证向工商管理部门办理登记注册手续。

（4）危险废物经营单位变更法人名称、法定代表人和住所的，应当自工商变更登记之日起15个工作日内，向原发证机关申请办理危险废物经营许可证变更手续。有下列情形之一的，危险废物经营单位应当按照原申请程序，重新申请领取危险废物经营许可证：

① 改变危险废物经营方式的；

② 增加危险废物类别的；

③ 新建或者改建、扩建原有危险废物经营设施的；

④ 经营危险废物超过原批准年经营规模 20%以上的。

3）危险废物经营许可证的有效期

危险废物综合经营许可证有效期为 5 年；危险废物收集经营许可证有效期为 3 年。

危险废物经营许可证有效期届满，危险废物经营单位继续从事危险废物经营活动的，应当于危险废物经营许可证有效期届满 30 个工作日前向原发证机关提出换证申请。原发证机关应当自受理换证申请之日起 20 个工作日内进行审查，符合条件的，予以换证；不符合条件的，书面通知申请单位并说明理由。

4）危险废物经营许可证的注销

《危险废物经营许可证管理办法》第 14 条规定，危险废物经营单位终止从事收集、储存、处置危险废物经营活动的，应当对经营设施、场所采取污染防治措施，并对未处置的危险废物作出妥善处理。危险废物经营单位应当在采取前面规定的措施之日起 20 个工作日内向原发证机关提出注销申请，由原发证机关进行现场核查合格后注销危险废物经营许可证。

7.4.4　危险废物转移联单管理

为加强对危险废物转移的有效监督，防止危险废物在转移过程中对人类健康和环境造成严重的危害，1999 年国家环境保护部（原国家环境保护总局）发布了《危险废物转移联单管理办法》，该办法规定：

（1）危险废物产生单位在转移危险废物前，须按照国家有关规定报批危险废物转移计划；经批准后，产生单位应当向移出地环境保护行政主管部门申请领取联单。

产生单位应当在危险废物转移前三日内报告移出地环境保护行政主管部门，并同时将预期到达时间报告接受地环境保护行政主管部门。

（2）危险废物产生单位每转移一车、船（次）同类危险废物，应当填写一份联单。每车、船（次）有多类危险废物的，应当按每一类危险废物填写一份联单。

（3）危险废物产生单位应当如实填写联单中产生单位栏目，并加盖公章，经交付危险废物运输单位核实验收签字后，将联单第一联副联自留存档，将联单第二联交移出地环境保护行政主管部门，联单第一联正联及其余各联交付运输单位随危险废物转移运行。

（4）危险废物运输单位应当如实填写联单的运输单位栏目，按照国家有关危险物品运输的规定，将危险废物安全运抵联单载明的接受地点，并将联单第一联、第二联副联、第三联、第四联、第五联随转移的危险废物交付危险废物接受单位。

（5）危险废物接受单位应当按照联单填写的内容对危险废物核实验收，如实填写联单中接受单位栏目并加盖公章。

接受单位应当将联单第一联，第二联副联自接受危险废物之日起十日内交付产生单位，联单第一联由产生单位自留存档，联单第二联副联由产生单位在二日内报送移出地环境保护行政主管部门；接受单位将联单第三联交付运输单位存档；将联单第四联自留存档；将联单第五联自接受危险废物之日起二日内报送接受地环境保护行政主管部门。

（6）危险废物接受单位验收发现危险废物的名称、数量、特性、形态、包装方式与联单填写内容不符的，应当及时向接受地环境保护行政主管部门报告，并通知产生单位。

（7）联单保存期限为五年；储存危险废物的，其联单保存期限与危险废物储存期限相同。

环境保护行政主管部门认为有必要延长联单保存期限的，产生单位、运输单位和接受单位应当按照要求延期保存联单。

（8）省辖市级以上人民政府环境保护行政主管部门有权检查联单运行的情况，也可以委托县级人民政府环境保护行政主管部门检查联单运行的情况。

被检查单位应当接受检查，如实汇报情况。

（9）转移危险废物采用联运方式的，前一运输单位须将联单各联交付后一运输单位随危险废物转移运行，后一运输单位必须按照联单的要求核对联单产生单位栏目事项和前一运输单位填写的运输单位栏目事项，经核对无误后填写联单的运输单位栏目并签字。经后一运输单位签字的联单第三联的复印件由前一运输单位自留存档，经接受单位签字的联单第三联由最后一运输单位自留存档。

（10）违反本办法有下列行为之一的，由省辖市级以上地方人民政府环境保护行政主管部门责令限期改正，并处以罚款：

① 未按规定申领、填写联单的；

② 未按规定运行联单的；

③ 未按规定期限向环境保护行政主管部门报送联单的；

④ 未在规定的存档期限保管联单的；

⑤ 拒绝接受有管辖权的环境保护行政主管部门对联单运行情况进行检查的。

有前款第①项、第③项行为之一的，依据《中华人民共和国固体废物污染环境防治法》有关规定，处五万元以下罚款；有前款第②项、第④项行为之一的，处三万元以下罚款；有前款第⑤项行为的，依据《中华人民共和国固体废物污染环境防治法》有关规定，处一万元以下罚款。

（11）联单由国务院环境保护行政主管部门统一制定，由省、自治区、直辖市人民政府环境保护行政主管部门印制。

联单共分五联，颜色分别为：第一联，白色；第二联，红色；第三联，黄色；第四联，蓝色；第五联，绿色。

联单编号由十位阿拉伯数字组成。第一位、第二位数字为省级行政区划代码，第三位、第四位数字为省辖市级行政区划代码，第五位、第六位数字为危险废物类别代码，其余四位数字由发放空白联单的危险废物移出地省辖市级人民政府环境保护行政主管部门，按照危险废物转移流水号依次编制。联单由直辖市人民政府环境环保行政主管部门发送的，其编号第三位、第四位数字为零。

第 8 章　危险化学品事故应急救援

危险化学品事故应急救援是指危险化学品由于各种原因造成或可能造成众多人员伤亡及其他较大社会危害时，为及时控制危险源，抢救受害人员，指导群众防护和组织撤离，消除危害后果而组织的救援活动，它包括事故单位自救和对事故单位以及事故单位周围危害区域的社会救援。

危险化学品固有的危险性使其在其生产、储存、运输、经营、使用和废弃化处置过程中，任何一个环节都有可能发生化学事故，且该类事故具有形式多样、发生突然、公共影响大、处置困难以及无规律发生等特点，因此，要做好危险化学品事故应急计划，未雨绸缪，一旦发生事故，立即启动应急救援预案，按预案的程序有效控制事故，可使事故损失降到最小程度。

改革开放以来，我国经济迅速发展，化学品应用更加广泛，化学品品种和数量日益增多，各种危险化学品事故也随之增多，国家政府越发重视化学事故应急抢救工作，陆续出台了很多相关法律法规和政策。1994 年原化学工业部颁布了《化学事故应急救援管理办法》；1996 年原化学工业部与国家经贸委联合组建了化学事故应急救援系统，从此我国化学事故应急救援抢救工作从组织上得到了加强，纳入了国家管理的范畴；1997 中华人民共和国化学工业部发出了《关于实施化学事故应急救援预案，加强重大化学危险源管理的通知》。本世纪初，《中华人民共和国安全生产法》第七十七条"县级以上地方各级人民政府应当组织有关部门制定本行政区域内生产安全事故应急救援预案，建立应急救援体系"，第七十八条"生产经营单位应当制定本单位生产安全事故应急救援预案，与所在地县级以上地方人民政府组织制定的生产安全事故应急救援预案相衔接，并定期组织演练"；《危险化学品安全管理条例》(国务院第 591 号令)第七十条"危险化学品单位应当制定本单位事故应急救援预案"、第七十二条"县级以上地方人民政府安全生产监督管理部门应当会同工业和信息化、环境保护、公安、卫生、交通运输、铁路、质量监督检验检疫等部门，根据本地区实际情况，制定危险化学品事故应急预案"。

2004 年国家安全生产监督管理局颁布了《危险化学品事故应急救援预案编制导则(单位版)》。后来，为了贯彻落实《国务院关于全面加强应急管理工作的意见》和《生产安全事故应急预案管理办法》，提高各企业单位应对风险和防范事故的能力，国家安全监督管理总局于 2006 年发布了《生产经营单位安全生产事故应急预案编制导则》(AQ/T 9002—2006)，该标准也适用于编制危险化学品事故应急救援预案，2013 年国家安全生产监督管理总局提出、中国安全生产科学研究院和国家安全生产应急救援指挥中心等部门起草对其进行修订，由国家质量监督检验检疫总局和国家标准化管理委员会发布，标准号为 GB/T 29639—2013，该标准从行业标准上升为了国家标准。2015 年 2 月 18 日国家安全生产监督管理总局公布《企业安全生产应急管理九条规定》(国家安全生产监督管理总局令第 74 号)，进一步加强对企业安全生产应急管理。

我国化学事故应急救援工作正在逐步加强和完善，但是与一些发达国家相比尚有差距，还不能完全适应我国国民经济发展，需要继续完善。

8.1 危险化学品事故应急救援的原则和任务

8.1.1 应急救援的原则

危险化学品事故应急救援工作应在预防为主的前提下，贯彻统一指挥、分级负责、区域为主、单位自救与社会救援相结合的原则，其中预防工作是危险化学品事故应急救援工作的基础，除了平时做好事故的预防工作，避免或减少事故的发生外，还要落实好救援工作的各项准备措施，做到预先准备，一旦发生事故就能及时实施救援。危险化学品事故往往发生突然、扩散迅速、危害途径多、作用范围广，这些特点也决定了救援行动必须迅速、准确和有效。因此，救援工作只能实行统一指挥下的分级负责制，以区域为主，并根据事故的发展情况，采取单位自救与社会救援相结合的形式，充分发挥事故单位及地区的优势和作用。

危险化学品事故应急救援又是一项涉及面广、专业性很强的工作，靠某一个部门是很难完成的，必须把各方面的力量组织起来，形成统一的救援指挥部，在指挥部的统一指挥下，救灾、公安、消防、化工、环保、卫生、劳动等部门密切配合，协同作战，迅速、有效地组织和实施应急救援，尽可能地避免和减少损失。

8.1.2 应急救援的任务

危险化学品事故应急救援的基本任务有以下几点：

（1）控制危险源 及时控制造成事故的危险源是应急救援工作的首要任务，只有及时控制住危险源，防止事故的继续扩展，才能及时、有效地进行救援。特别对发生在城市或人口稠密地区的危险化学品事故，应尽快组织工程抢险队与事故单位技术人员一起及时控制危险源，防止事故继续扩展。

（2）抢救受害人员 抢救受害人员是应急救援的重要任务，在应急救援行动中，及时、有序、有效地实施现场急救与安全转送伤员是降低伤亡率，减少事故损失的关键。

（3）指导群众自我防护，组织群众撤离 由于危险化学品事故发生突然、扩散迅速、涉及范围广、危害大，应及时指导和组织群众采取各种措施进行自身防护，并向上风方向迅速撤离出危险区域或可能受到危害的区域。在撤离过程中应积极组织群众开展自救和互救工作。

（4）做好现场危害后果消除 对事故外逸的有毒有害物质和可能对人和环境继续造成危害的物质，应及时组织人员予以清除，消除危害后果，防止对人的继续危害和对环境的污染。

（5）查清事故原因，估算危害程度 事故发生后应及时调查事故的发生原因和事故性质，估算事故波及范围和危害程度，查明人员伤亡情况，做好事故调查。

8.2　危险化学品事故应急救援响应的程序

危险化学品事故应急救援包括事故的预防、应急准备、事故应急和应急救援后的恢复 4 个阶段，对应 4 类应急程序。

8.2.1　预防程序

（1）事故预防措施　针对危险目标可能引发的事故制定预防措施，要求措施有针对性、有效性、可靠性、经济性，并对各种措施落实情况进行检查。措施的类型有工程技术类和管理类，其中常用的工程技术措施：安全装置、监测系统、液体泄漏存留系统、泄漏气体的驱散和吸收系统、火灾抑制系统、抑爆系统等。

（2）关键设备、设施的检测与检验　首先列出关键设备清单，确定检测与检验方法、部门和人员，以及检测与检验频次。常见的关键设备：反应设备、精馏塔、合成塔、储罐、装卸设备等。

（3）应急知识的宣传教育　宣传教育的对象为全体企业员工、周边居民、相关方（客户、承包商等）。宣传教育的内容为主要危险源的控制、简单的应急知识等。要制定宣传教育的频次和实施部门。

8.2.2　准备程序

（1）事故风险评估

针对可能事故的种类及特点，识别存在的危险危害因素，分析事故可能产生的直接后果以及次生、衍生后果，评估各种后果的危害程度和影响范围，提出防范和控制事故风险的措施。

（2）应急资源和应急能力的调查、评估

应急资源主要包括用于应急的设备、设施、物资、人力等方面。其中设施、设备包括能用于应急的各种设施、设备和物资，如灭火系统、消防设施、火灾检测系统、毒物泄漏控制设备、个人防护设备、医疗设备、气象设备、生产和照明的备用电力设备，特殊危险的专用工具和设施、有毒物质的侦检设备、预测有毒化学物质扩散的软件和硬件、交通设备、通讯联络设备、培训设备等。物资包括用于洗消已泄漏的危险化学品的物资、救援用物资以及相关信息系统等。人力资源评估包括应急救援队伍、专家等。对于企业具有的有关应急资源的应急能力进行正确的评估，同时还要将其中有关内容标注在企业平面图。

应急能力包括企业内部和外部应急能力，其评估项目主要包括：应急队伍，通讯联络设备，个人防护设备，消防设备和供应能力，事故控制和污染防治设备及供应能力，医疗服务机构设施设备和供应能力，监测系统，交通系统，保安和进出管制服务，社会服务机构、设施和设备的评估等。

（3）应急人员培训

制定培训程序目的是保证所有应急队员都能接受有效的应急培训，从而具备完成其应急任务所需要的知识和技能。培训程序的要点必须包括"做什么"、"怎么做"、"谁来做"。基本的培训内容为：灭火器的使用以及灭火步骤的训练，个人防护措施，对潜在事故的辨识，事故报警，紧急情况下人员的安全疏散。

企业各职位人员培训的基本要求可参考表8-1。

表8-1　企业员工培训基本要求

项目	总应急预案	指挥协调	应急通讯	公共信息	搜寻营救	应急保卫	医疗救护	损失控制	泄漏反应	现场调查	疏散
车间主任	★	★	★	★							
生产主任	★	★	★	★							
值班主管	★	★	★	★	★						
安全主任	★	★	★					★	★	★	
安全员	★	★	★		★			★	★	★	
警卫	★				★	★					★
技术人员	★		★								
环保员	★								★	★	
人事主任	★			★							
维修人员	★							★	★		
生产值班管理员	★	★	★		★		★				
终端值班管理员	★	★	★		★		★	★			
操作人员	★				★			★	★		

（4）训练与演习

其作用是检测应急准备的充分性，包括物质资源、设备及人员的应急水平等。其目的是测试预案和程序的充分程度，测试应急培训的有效性和应急人员的熟练性，测试现有应急装置、设备和其他资源的充分性，提高事故应急部门之间的协调能力，判别和改正预案和程序中的缺陷。

训练与演习前要制定完整的演习计划，做好演习中所有管理部门的准备工作，做好现场外的应急队伍与应急部门的准备。训练的类型：基础训练，专业训练，战术训练以及自选课目训练。演习的类型：单项演习，组合演习，全面演习或综合演习。

（5）后勤保障

根据危险目标的危险情况、应急资源分析及应急人员能力评估结果，按照人员、器材、资金和制度等方面，建立后勤保障体系。为了能在事故发生后，迅速准确、有条不紊地处理事故，尽可能减少事故造成的损失，平时必须做好应急救援的后勤保障工作，做好物资器材准备。如必要的指挥通讯、消防、抢修、报警、防毒等器材。各种器材要指定专人保管，定期检查保养，使其处于良好状态。列为重点目标的岗位要设立救援器材柜，确保救援时使用。

（6）应急协议

应急组织单位/生产经营单位与辖区/周边企业、设备商、社会中介机构等组织机构签订提供支援的协议名录。

8.2.3 基本响应程序

基本响应程序的内容主要是针对任何事故的应急都必需的基本应急行动，包括一系列的子程序，以保证应急行动的连续、及时和合理。

（1）报警与接报程序

在发生紧急情况或突发事故的过程中，任何人员都有可能发现事故或险情，此时首要任务就是向有关部门报警，提供事故的所有信息，并在力所能及的范围内采取适当的应急行动。该报警程序主要作用是指导人员如何使用报警与通讯设备，如电话、报警器、信号灯、无线电、旗语等。接报程序是指导接到报警的值班人员如何处理报警信息。

报警与接报程序主要内容有：规定各种报警信号，使用与维护报警与通讯设备，明确安全人员、操作人员或其他人员的报警职责，明确报警信息的基本要素，如地点、紧急情况的类型、严重程度等，明确接报人员的职责和报警信息记录、处理程序等。

（2）通讯程序

该程序描述在应急中可能使用的通讯系统，以保证应急救援系统的各个机构之间保持联系。程序中应考虑下列通讯联系：应急队员之间、事故指挥者与应急队员之间、应急系统各机构之间、应急指挥机构与外部应急组织之间等。常见的通讯方式有：有线电话(传真)、无线电话(手机、对讲机)、网络以及救援现场某些特殊的通讯方式如信号炮等。

（3）应急救援程序

规定应急救援行动的优先救援原则、列出专项应急响应行动的程序名录。

（4）疏散程序

其主要内容为执行疏散程序的部门和职责、疏散人员的范围、疏散的时机、疏散线路；在平面图上标注疏散线路，疏散过程中需要采取的措施，人员疏散后的集合地点。

（5）警戒与交通管制程序

规定执行警戒与交通管制的任务描述、描述不同事故类型的警戒与交通管制方案，规定负责执行警戒和交通管制的责任部门、责任人及人员设置情况。其内容有：划分危险区域，设置警戒线以及实行交通管制。

（6）信息发布程序

规定对外发布事故应急信息的责任部门、信息发布人、要求及有关注意事项，编制信息发布的通用格式。

8.2.4 专项响应程序

专项响应程序是针对具体事故以及特殊条件下的事故应急而制定的程序，其具体的程序内容根据不同事故情况而制定，通常除了包括基本程序的行动内容外还应该包括特殊事故的特殊应急行动。

主要应急响应专项程序：事故现场工程救援程序，事故现场医学救援程序，危险化学品火灾与爆炸应急程序，危险化学泄漏事故应急程序，起重事故应急程序，易燃可燃物火灾事故应急程序，洪水应急程序，台风应急程序等。专项应急响应程序要根据企业自身的特点选择编写。

（1）危险化学品泄漏应急程序

危险化学品事故最常发生的事故就是危险化学品的泄漏，而且泄漏有可能会导致火灾、爆炸等恶性事故，因此，针对危险品泄漏制定特殊应急程序是十分必要的。

程序中应该明确建立事故指挥中心应注意的事项：①位于通风地带；②根据风向确定安全距离；③要有良好的观察事故视野；④有足够空间开展应急操作。

事故指挥者利用该程序作为现场应急的指导，除了按基本应急程序部署必要应急行动以外，更要注意处理危险品泄漏事故的特殊性。例如，在事故应急行动开始时，应首先收集下列信息：①正在泄漏的化学品种类及性质；②泄漏源的位置；③泄漏过程的描述；④蒸气云是否存在及其位置；⑤蒸气云是否可燃；⑥蒸气云下风向的细节；⑦泄漏是否可以控制；⑧是否存在火源以及火源的位置；⑨估计控制需要时间；⑩是否需要额外援助。

（2）火灾应急程序

火灾是最常见也是最易发生的事故之一，如果不能对其实施有效应急措施以控制火势蔓延，那么就有可能造成巨大的事故损失，酿成灾祸悲剧。因此，在拥有了基本应急程序的基础上，应针对火灾事故的特点制定特定应急程序，重点突出在应急行动中的灭火要点、应特别注意和回避的事项等，使应急行动具有更强的针对性，提高行动的效率。

程序应详细说明各应急组织和应急队员的灭火能力、任务和各自的职责，说明事故指挥者、安全人员及其他应急者的个人责任等。

8.2.5 恢复程序

当事故应急行动结束后，应该开展的最紧迫的工作是让事故中一切被破坏或耽搁的人、物和事得到恢复，并进入正常运作状态，这就是恢复程序的基本内容。主要恢复程序有事故起因调查程序、事故现场净化与恢复程序、损失评价程序。

8.3 应急预案的编制与管理

8.3.1 应急预案的分类、分级与编制

1）应急预案的分类

照针对情况的不同，分为综合应急预案、专项应急预案和现场处置方案。

（1）综合应急预案是从总体上阐述事故的应急方针、政策，应急组织结构及相关应急职责，应急行动、措施和保障等基本要求和程序。它是应对各类事故的综合性文件。

（2）专项应急预案是针对具体的事故类别（如煤矿瓦斯爆炸、危险化学品泄漏等事故）、危险源和应急保障而制定的计划或方案，是综合应急预案的组成部分，应按照综合应急预案的程序和要求组织制定，并作为综合应急预案的附件。专项应急预案应制定明确的救援程序和具体的应急救援措施。

（3）现场处置方案是针对具体的装置、场所或设施、岗位所制定的应急处置措施。现

场处置方案应具体、简单、针对性强。现场处置方案应根据风险评估及危险性控制措施逐一编制，做到事故相关人员应知应会，熟练掌握，并通过应急演练，做到迅速反应、正确处置。

2）应急预案的分级

应急救援预案可分为5级，如下：

（1）Ⅰ级（企业级）应急预案　这类事故的有害影响局限在一个单位的界区之内，并且可被现场的操作者遏制和控制在该区域内。这类事故可能需要投入整个单位的力量来控制，但其影响预期不会扩大到社区（公共区）。

（2）Ⅱ级（县、市/社区级）应急预案　这类事故所涉及的影响可扩大到公共区（社区），但可被该县（市、区）或社区的力量，加上所涉及的工厂或工业部门的力量所控制。

（3）Ⅲ级（地区/市级）应急预案　这类事故影响范围大，后果严重，或是发生在两个县或县级市管辖区边界上的事故，应急救援需动用地区的力量。

（4）Ⅳ级（省级）应急预案　对可能发生的特大火灾、爆炸、毒物泄漏事故，特大危险品运输事故以及属省级特大事故隐患、省级重大危险源的设施或场所，应建立省级事故应急反应预案，它可能是一种规模极大的灾难事故，或可能是一种需要用事故发生的城市或地区所没有的特殊技术和设备进行处理的特殊事故，这类意外事故需用全省范围内的力量来控制。

（5）Ⅴ级（国家级）应急预案。对事故后果超过省、直辖市、自治区边界以及列为国家级事故隐患、重大危险源的设施或场所，应制定国家级应急预案。

3）应急预案的编制

（1）编制的基本要求

根据2004年国务院办公厅发布的《国务院有关部门和单位制定和修订突发公共事件应急预案框架指南》和原国家安全生产监督管理局发布的《危险化学品事故应急救援预案编制导则（单位版）》以及2013年发布的《生产经营单位安全生产事故应急预案编制导则》（GB/T 29639—2013）进行编制，应急预案编制应满足以下基本要求：

① 针对性　应急预案应针对具体的、特定的某一项重大危险源制订，每一个重大危险源都应编制一个应急救援预案，对于具有复杂设施的重大危险源，应急救援预案编制应尽可能详细、具体，充分考虑到每一个可能发生的重大事故，以及它们之间的相互影响和可能引起的连锁反应，一个单位的不同类型的应急预案要形成统一整体，救援力量要统一安排。

② 预见性　在重大危险源辨识和风险评价的基础上编制应急预案，应预测发生重大事故的状态和损失程度以及对周边地区可能造成的危害程度，分析要尽可能的详尽，应从灾难状况的角度去思考问题，特别是一些重要的危险化学品生产装置、存储区等，要对其灾害后果进行预测，根据预测结果编制应急预案。

③ 科学性　编制预案的最基本目的在于最大限度地控制灾害造成的影响，将其损失降到最低。当灾害来临时，应当根据风险评价的结论，分清轻重缓急，对重点目标优先施救。预案应当本着"以人为本"的原则，以优先救人为主线展开。当事故的局部已确实无法挽救时，应主动理性地放弃，当事态已经失控时，以采取保护性措施为好。

④ 可行性　预案编制应针对具体的重大危险源，结合本单位的现场设施布置情况、救援能力、救援资源等实际状况进行，编制的预案必须具有可行性，切忌照抄照搬外单位的应急预案。

⑤ 权威性　预案要经过上级批准，以单位文件形式颁布，才能实施。

⑥ 应急预案应分级编制　各级组织由于所辖范围不同，职责、权限不同，对系统的控制能力也不同。政府有政府的职能，应根据自己的职能编制应急预案；机关、企事业单位应当按照自己所辖范围编制应急预案；大型集团公司应当根据自己的实际状况编制集团公司、分(子)公司、各装置的应急预案。这样才能使预案更加实用，更具有可操作性。

（2）编制事故应急预案的步骤

编制事故应急预案分七步进行，如图8-1所示。

① 成立预案编制工作组。由负责预案编制的行政部门负责人或生产经营单位主要负责人、相关专家、相关部门负责人和现场救援护人员组成。

② 资料收集。这一阶段的主要任务是为事故应急预案的编制提供法律法规依据和技术支持。这些资料包括：国家有关法律法规、标准规范、地方政府应急救援服务的可用信息，国内外的典型事故案例、应急处理的成功案例及不成功案例的反面教训、本单位以往的事故或紧急情况的正反两个方面的经验教训，资料的收集应尽可能全面、具体、准确、真实。

③ 风险评估。在编制应急救援预案之前，应当对所管辖范围的所有危险源进行辨识，对所有危险源所涉及的危险化学品的危险度进行评估，确定和评估危险源可能发生的事故和可能导致的紧急事件。

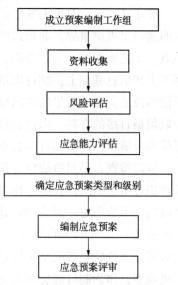

图8-1　事故应急预案编制步骤

具体内容如下：

根据所管辖范围内生产、经营、使用、储存危险化学品的品种、数量、危险特性及可能引起事故的类型和后果，按危险性的大小依次编排，确定危险目标。有重大危险源的要对重大危险源可能发生的潜在事故进行分析，包括：可能发生的重大事故，导致发生重大事故的过程，可能发生的重大事故的破坏程度，每一个可能发生事故的后果，各个事故之间的联系。在进行潜在事故分析时，不但要分析那些容易发生的事故，也要分析那些虽不易发生但会造成严重后果的事故。

对每个已经确定的危险目标要做出潜在危险性的评估，主要是评估一旦发生事故可能造成的后果，可能对周围环境带来的危害及范围。评估在严重危害、中度危害、轻度危害三种不同程度危害下的危害面积和伤害人数，并预测可能导致发生事故的途径，如设备失修、工艺失控及误操作等。

可能事故的确认：即对导致紧急情况中的潜在事故的辨识和确认，考察其发生的可能性及可信度。通过对现场的可能事故的确认，可以发现潜在的危险源，在进行了充分地分析研究后，可以对事故的风险性进行评价，从而针对不同的事故制订不同的应急预案。当一个事故发生时，往往伴随着次生、衍生事故的发生，由于在事故现场有许多因素是随机的、不断变化的，再加上各种人为的或非人为因素的影响，要认识到所有潜在事故可能的引发因素、发展过程以及事故的后果几乎是不可能的。同时，考虑太多的事故因素会使得事故的辨识变得琐碎，不突出重点，反而对事故的预防和应急预案的制定造成不良影响，带来不必要的资源浪费。因此，对于潜在事故还必须进行可信性确认，根据可信度大小，决定对其的应急策略。

可信事故的确认：要从众多的潜在事故中辨识出最严重的可信事故，需要采取一定的方法，通常有非正式回顾和危险检查两种方法。

非正式回顾：对可能发生的事故进行潜在事故隐患检查和对类似事故的历史进行回顾，从而辨识出可信事故。非正式回顾过程：首先需了解很多信息，如危险化学品储存的数量、地点、工艺流程图、工艺参数、管道设备图以及过去几年曾发生过的类似事故；然后在掌握了上述信息基础上，制订出潜在事故辨识表格，提到会议讨论，在讨论会议上，可以对可信事故或会影响后果的中间事件进行重点讨论，必要时，可以对某些事故情节进行模拟，以取得最直接的资料；通过会议讨论和分析，筛选出最严重的可信事故，列出一个完善的可信事故清单，作为制订应急预案的备用资料。

危险检查：是对事故应急预案起支持作用的，并与事故风险等级技术相结合的一种事故辨识技术。危险检查的工作过程包括：工艺流程的回顾；各种危险的辨识；现场和工作区域内的事故历史；对合理的事故场景的辨识；对每个工艺流程的细节进行深层次分析，从而筛选出最严重的可信事故；对可信事故发生的原因、后果、可能性、危害程度进行分析和辨识。危险检查的结果经过提炼概括后，应以文件形式进行记录，或者建立相应的计算机模型，作为制订应急预案的后备资源。

事故筛选：对一系列潜在事故进行研究分析时，根据事故后果评价筛选出一定数量的潜在事故进行更详细的后果及影响分析，进一步筛选出可信事故和有最严重后果的代表性事故。该方法将可能事故的范围缩小到可信事故的范围，极大提高应急预案制订的针对性，有效利用应急资源。

依据：各种事故类型的风险性，后果的严重性和影响的上限，风险的上限。

事故辨识的简化：为了提高事故筛选的效率，分析时可将潜在事故进行简单的分类。分类按下述进行：

a. 局部的和较小影响的事故　如果此类事故发生的可能性较小，一般不予以很大关注，如果发生的可能性较大，则应加以考虑。

b. 大型事故　此类事故无论是已经发生的，还是可能发生的，都是应急预案最为关注的。此类事故应做好充分的应急准备，以防止灾难性事故的发生。

c. 最严重的可能事故　此类事故具有较严重的后果，虽然其发生的可能性和频率往往很低，但对这类事故必须高度重视，在制订应急预案时应考虑能够组织的应急资源的极限能力。

在制订应急预案中，进行事故分类时，应除去那些不需要本级及以上组织采取应急行动的局部事故；应将类似事故类型进行合并，采用相似的应急行动；选出每组中具有代表性的最严重后果的事故，以此说明该组织事故群的特点。

通过事故筛选，可以得到代表性事故，并将潜在事故进行分类组成不同子集，每个子集只需用该子集的代表性事故来加以说明即可。因此，对每个子集只需要制定代表性事故的应急预案，子集中的其他潜在事故的应急方式均参照代表性应急预案进行即可。

④ 应急能力评估。在全面调查和客观分析应急队伍、装备、物资等应急资源状况基础上开展应急能力评估，并依据评估结果，完善应急保障措施。

在制定应急救援预案时，应充分考虑应急救援能力及资源情况，要考虑有无足够的人员去执行应急救援预案，同时要考虑应急物资、装备等情况能否满足需要。如消除事故所需要的化学品、消防设施、个人的防护装备等，还应考虑到岗位人员在节假日和有人休病假的情况下能否处理突发事故。

应急行动需要提供充分的资源和保障。首先，是人力资源，足够的应急人员参加行动，特别是突发事件下的人员保证；其次，是物质资源，充足的物资供应、设备和装备的配备，才能使应急行动高效、快速。

人力资源：包括消防人员、防护救援人员、医疗抢救人员、堵漏人员、技术专家、保卫人员、安全环境人员以及外援人员等。这些人员应接受过培训和演练，具有相应的应急救援能力，并保证在任何时间内，可以离开他们的日常工作岗位参加应急行动。在上述应急人力资源配置时，应以内部应急力量为主。

物资资源，包括以下几个方面物资的准备：

a. 现场应急设备 便携式灭火器、墙壁消火栓、防火棚布、灭火蒸汽管、自用防毒面具等；泄漏控制工具，如适用的扳手、堵漏设备等；防护服、靴子、手套、头盔等；通讯报警设备，如调度电话、移动电话等；简易医疗救护设备，如担架、急救箱等。

b. 应急行动装备和物资 消防车、医疗救护车、危险化学品专用应急救援车、指挥车、物资运输车、简易帐篷等；灭火物质，如充足的水供应、泡沫、干粉、砂土、二氧化碳、抑制剂、中性剂、惰性气体与蒸汽等；个人防护用品。

c. 紧急救援的重型设备 如推土机、起重机、破土机、装载机、叉车、车载升降台、翻卸车等。重型设备能帮助应急人员完成重大应急任务。在某些情况下，仅靠人力和简易装备不可能完成应急任务，必须依靠重型设备才有可能完成重大应急任务，但是有些重型设备不是每个单位都有能力或是有必要配备的。对于这些重型设备的分布情况，地区的应急救援指挥机构必须各有详尽的分布明细，以便在应急行动需要时征用。

地区应急指挥机构还应备有一个应急行动所需物品的名录系统，如常用的中和剂、分解剂、吸附剂等化学品名录以及供应商名录，以便在应急行动时调用或紧急补给。每一个企业也应按上述要求保存一个名录系统和一定的库存量，以备应急使用。

⑤ 确定合适类型和级别的应急预案。

⑥ 编制应急预案。依据生产经营单位风险评估及应急能力评估结果，组织编制应急预案。应急预案编制应注重系统性和可操作性，做到与相关部门和单位应急预案相衔接。

⑦ 应急预案评审。应急预案编制完成后，应组织评审。评审分为内部评审和外部评审，内部评审由应急预案编制部门或生产经营单位主要负责人组织有关部门和人员进行。外部评审由应急预案编制部门或生产经营单位组织外部有关专家和人员进行评审。应急预

案评审合格后，由应急管理部门或生产经营单位主要负责人(或分管负责人)签发实施，并进行备案管理。

（3）应急救援预案编写注意事项

事故应急预案应当简明，便于有关人员在实际紧急情况下使用。一方面，预案的主要部分应当是整体应急反应策略和应急行动，具体实施程序应放在预案附录中详细说明；另一方面，预案应有足够的灵活性，以适应随时变化的实际紧急情况。预案应包括至少6个主要应急反应要素：①应急资源的有效性；②事故评估程序；③指挥、协调和反应组织的结构；④通报和通信联络程序；⑤应急反应行动(包括事故控制、防护行动和救援行动)；⑥培训、演习和预案保持。

最后，小组应确定如何保证预案更新，如何进行培训和演习。预案编制不是单独、短期的行为，它是整个应急准备中的一个环节，有效的应急预案应该不断进行评价、修改和测试，持续改进。

8.3.2 应急预案的内容

应急预案应形成体系，具有较强的操作性。生产经营单位根据本单位组织管理体系、生产规模、危险源的性质以及可能发生的事故类型确定应急预案体系，并可根据本单位的实际情况，确定是否编制专项应急预案。风险因素单一的小微型生产经营单位可只编写现场处置方案。根据 GB/T 29639—2013，三种应急预案应包括的主要内容及附件如下：

1）综合应急预案的主要内容

（1）总则

① 编制目的　简述应急预案编制的目的、作用等。

② 编制依据　简述应急预案编制所依据的法律法规、规章，以及有关行业管理规定、技术规范和标准等。企业需要增加相关管理文件和技术文件，如操作规程等。

③ 适用范围　说明应急预案适用的区域范围，以及事故的类型、级别。

④ 应急预案体系　说明本单位应急预案体系的构成情况，可用框图表示。

⑤ 应急工作原则　说明本单位应急工作的原则，内容应简明扼要、明确具体。

（2）事故风险描述

简述生产经营单位存在或可能发生的事故风险种类、发生的可能性以及严重程度及影响范围等。

（3）应急组织机构及职责

明确生产经营单位的应急组织形式及组成单位或人员，可用结构图的形式表示，明确构成部门的职责。应急组织机构根据事故类型和应急工作需要，可设置相应的应急工作小组，并明确各小组的工作任务及职责。

（4）预警及信息报告

① 预警　根据生产经营单位检测监控系统数据变化状况、事故险情紧急程度和发展态势或有关部门提供预警信息进行预警，明确预警的条件、方式、方法和信息发布的程序。

② 信息报告　信息报告程序主要包括：信息的接受与通报，即明确24h应急值守电话、事故信息接受、通报程序和责任人；信息上报，即明确事故发生后向上级主管部门、上级单位报告事故信息的流程、内容、时限和责任人；信息传递，即明确事故发生后向本单位以外的有关部门或单位通报事故信息的方法、程序和责任人。

（5）应急响应

① 响应分级　针对事故危害程度、影响范围和生产经营单位控制事态的能力，将事故分为不同的等级。按照分级负责的原则，明确应急响应级别。

② 响应程序　根据事故级别和发展态势，描述应急指挥机构启动、应急资源调配、应急救援、扩大应急等响应程序。

③ 处置措施　针对可能发生的事故风险、事故危害程度和影响范围，制定相应的应急处置措施，明确处置原则和具体要求。

④ 应急结束　明确现场应急响应结束的基本条件和要求。

（6）信息公开

明确向有关新闻媒体、社会公众通报事故信息的部门、负责人和程序以及通报原则。事故信息应由事故现场指挥部及时准确向新闻媒体通报事故信息。

（7）后期处置

主要包括污染物处理、生产秩序恢复、医疗救治、人员安置、善后赔偿和应急救援评估等内容。

（8）保障措施

① 通信与信息保障　明确可为生产经营单位提供应急保障的相关单位及人员通信联系方式和方法，并提供备用方案。同时，建立信息通信系统及维护方案，确保应急期间信息通畅。

② 应急队伍保障　明确应急响应的人力资源，包括专业应急队伍、应急专家、兼职应急队伍等。

③ 物资装备保障　明确生产经营单位的应急物资和装备的类型、数量、性能、存放位置、运输及使用条件、管理责任人及其联系方式等内容。

④ 其他保障　根据应急工作需求而确定的其他相关保障措施（如交通运输保障、治安保障、技术保障、医疗保障、后勤保障等）。

（9）应急预案管理

① 应急预案培训　明确对生产经营单位人员开展的应急预案培训计划、方式和要求。使有关人员了解相关应急预案内容，熟悉应急职责、应急程序和现场处置方案。如果预案涉及到社区和居民，要做好宣传教育和告知等工作。

② 应急预案演练　明确生产经营单位不同类型应急预案演练的形式、频次、范围、内容以及演练评估、总结等要求。

③ 应急预案修订　明确应急预案修订的基本要求，并定期进行评审，实现可持续改进。

④ 应急预案备案　明确应急预案的报备部门，并进行备案。

⑤ 应急预案实施　明确应急预案实施的具体时间、负责制定与解释的部门。

2）专项应急预案的主要内容

（1）事故风险分析

针对可能发生的事故风险，分析事故发生的可能性以及严重程度、影响范围等。

（2）应急组织机构及职责

根据事故类型，明确应急指挥机构总指挥、副总指挥以及各成员单位或人员的具体职责。应急指挥机构可以设置相应的应急救援工作小组，明确各小组的工作任务及主要负责人职责。

（3）处置程序

明确事故及事故险情信息报告程序和内容、报告方式和责任等。根据事故响应级别，具体描述事故接警报告和记录、应急指挥机构启动、应急指挥、资源调配、应急救援、扩大应急等应急响应程序。

（4）处置措施

针对可能发生的事故风险、事故危害程度和影响范围，制定相应的应急处置措施，明确处置原则和具体要求。

3）现场处置方案的主要内容

（1）事故风险分析

主要包括：事故类型；事故发生的区域、地点或装置的名称；事故发生的可能时间、事故的危害严重程度及其影响范围；事故前可能出现的征兆；事故可能引发的次生、衍生事故。

（2）应急工作职责

根据现场工作岗位、组织形式及人员构成，明确各岗位人员的应急工作分工和职责。

（3）应急处置

主要包括以下内容：

① 事故应急处置程序。分析可能发生的事故及现场情况，明确事故报警、各项应急措施启动、应急救护人员的引导、事故扩大及同生产经营单位应急预案的衔接程序。

② 现场应急处置措施。针对可能发生的火灾、爆炸、危险化学品泄漏、坍塌、水患、机动车辆伤害等，从人员救护、工艺操作、事故控制，消防、现场恢复等方面制定明确的应急处置措施。

③ 明确报警负责人以及报警电话及上级管理部门、相关应急救援单位联络方式和联系人员，事故报告基本要求和内容。

（4）注意事项

① 佩戴个人防护器具方面的注意事项。

② 使用抢险救援器材方面的注意事项。

③ 采取救援对策或措施方面的注意事项。

④ 现场自救和互救注意事项。

⑤ 现场应急处置能力确认和人员安全防护等事项。

⑥ 应急救援结束后的注意事项。

⑦ 其他需要特别警示的事项。

4）应急预案附件

（1）有关应急部门、机构或人员的联系方式

列出应急工作中需要联系的部门、机构或人员的多种联系方式，当发生变化时及时进行更新。

（2）应急物资装备的名录或清单

列出应急预案涉及的主要物资和装备名称、型号、性能、数量、存放地点、运输和使用条件、管理责任人和联系电话等。

（3）规范化格式文本

应急信息接报、处理、上报等规范化格式文本。

（4）关键的路线、标识和图纸

主要包括：

① 警报系统分布及覆盖范围；

② 重要防护目标、危险源一览表、分布图；

③ 应急指挥部位置及救援队伍行动路线；

④ 疏散路线、警戒范围、重要地点等的标识；

⑤ 相关平面布置图纸、救援力量的分布图纸等。

（5）有关协议或备忘录

列出与相关应急救援部门签订的应急救援协议或备忘录。特别地，各级人民政府有关部门制定危险化学品事故应急预案的危险化学品事故应急预案的主要内容，需要根据实际情况参考以上生产经营单位预案的内容，以及其他有关文献资料来确定。

8.3.3 应急预案的文件体系

应急预案要形成完整的文件体系才能使其作用得到充分的发挥，成为应急行动的有效工具。一个完整的应急救援预案文件体系，应包括四级文件体系：总预案、程序、说明书和记录。

一级文件是总预案，对事故应急预案从总体上描述及必要说明，包含：预案适用范围、目的、法律法规以及有关技术资料、企业概况、危险目标、风险分析及重大危险源辨识等内容。

二级文件是程序，说明某个行动的目的与范围，如做什么、由谁去做、什么时间和在哪里等，这些程序应该简洁，又能提供应急行动所需的充足的信息。计划者应该制定行动步骤，使执行每一次行动都没有误解，可以用各种方式来制定这个程序，可以用文字叙述、流程图表、绘图或是所有这些方式的组合。包括组织机构及职责、预防、准备、响应和恢复程序等。

三级文件说明书，对程序中的特点、任务及某些行动细节进行说明，供应急组织内部人员或其他人员使用，例如应急队员职责说明书、应急监测设备使用说明书、危险化学品安全资料和专用设施使用说明书；内部应急组织机构资料；外部组织机构资料以及危险目标区域平面布置图等。

四级文件是对应急行动的记录，包括在紧急情况期间所做的通告记录、安全人员对应急队员进入事故区域的记录，向政府部门提供的报告的记录以及对于每一个应急行动所必需保留的记录。

8.3.4 应急预案的管理

应急预案编制完成后还需要对其进行评审、发布、实施和修订等管理工作。

1）应急预案评审与发布

应急预案编制完成后，应进行评审。应急预案评审的目的是确保应急预案能反映当地政府或企业经济技术发展、应急能力、危险源、危险物品使用、法律及地方法规、道路建设、人口、应急电话等方面的最新变化，确保应急预案与危险状况相适应。

（1）应急预案评审

应急预案草案应经过所有要求执行该预案的机构或为应急预案执行提供支持的机构的评审。同时，应急预案作为重大事故应急管理工作的规范文件，一经发布，又具有相当权威性。因此，预案编制单位应通过应急预案评审过程不断地更新、完善和改进应急预案文件体系。

根据评审性质、评审人员和评审目标的不同，将评审过程分为内部评审和外部评审两类，如表8-2所示。

表8-2 应急预案评审类型

评审类型		评审人员	评审目标
内部评审		应急预案编写人员 预案涉及所有职能部分人员	（1）确保应急预案职责清晰、程序明确； （2）确保应急预案内容完整
外部评审	同行评审	具备与编制成员类似资格或专业背景的人员	听取同行对应急预案的客观意见
	上级评审	对应急预案负有监督职责的人员或组织机构	对应急预案中要求的资源予以授权和做出相应的承诺
	社区评议	社区公众、媒体	（1）改善应急预案完整性； （2）促进公众对应急预案的理解； （3）促进应急预案为各社区所接受
	政府评审	政府部门组织的有关专家	（1）确认应急预案符合相关法律法规、规章标准和上级政府有关规定的要求； （2）确认应急预案与其他预案协调一致； （3）对应急预案进行认可，并予以备案

① 内部评审 指编制小组内部组织的评审。应急预案编制单位应在应急预案初稿缩写完成之后，组织编写成员及各职能部门负责人对应急预案进行内部评审，内部评审不仅要确保语句通畅，更重要的是各职能部门的应急管理职责清晰、应急处置程序明确以及应急预案的完整性。编制小组可以对照检查表检查各自的工作或评审整个应急预案，以获得全面的评估结果，保证各种类型应急预案之间的协调性和一致性。

内部评审工作完成之后，应急预案编制单位可以根据实际情况对预案进行修订。如果涉及外部资源，应进行外部评审。如果不涉及外部资源，则根据情况或上级部门的意见而定。

② 外部评审　应急预案编制单位组织本城或外埠同行专家、上级机构、社区及有关政府部门对应急预案进行评议的评审。外部评审的主要作用是确保应急预案中规定的各项权力法制化，确保应急预案被所有部门接受。根据评审人员和评审机构的不同，外部评审可分为同行评审、上级评审、社区评议和政府评审4类，如下：

a. 同行评审是指应急预案经内部评审并修订完成之后，编制单位邀请具备与编制成员类似资格或专业背景的人员进行同行评审，以便对应急预案提出客观意见。此类人员一般包括：各类工业企业及管理部门的安全、环保专家，或应急救援服务部门的专家；其他有关应急管理部门或支持部门的专家(如消防部门、公安部门、环保部门和卫生部门的专家)；本地区熟悉应急救援工作的其他专家。

b. 上级评审是指由应急预案编制单位将所起草的应急预案交由其上一级组织机构进行的评审，一般在同行评审及相应的修订工作完成之后进行。重大事故应急响应过程中，需要有足够的人力、装备、财政等资源的支持，所有应急功能(职能)的相关方应确保上述资源保持随时可用状态。实施上级评审的目标是确保有关责任人或组织机构对应急预案中要求的资源予以授权和做出相应的承诺。

c. 社区评议是指在应急预案审批阶段，应急预案编制单位组织公众对应急预案进行评议。公众参与应急预案评审不仅可以改善应急预案的完整性，也有利于促进公众对应急预案的理解，使其被周围各社区正式接受，从而提高对事故的有效预防。

d. 政府评审是指预案的管理部门或其上级机构将预案呈送给当地政府，并由政府组织有关部门、有关专家和应急机构人员对编制单位所编写的应急预案实施审查批准，确认该应急预案是否符合相关法律、法规、规章、标准和上级政府有关规定的要求，并与其他应急预案协调一致。一般来说，政府部门对应急预案评审后，应通过规范性文件等形式对该应急预案进行认可和备案。

(2) 评审时机

应急预案评审时机是指应急管理机构、组织应在何种情况下、何时或间隔多长时间对应急预案实施评审、修订。对此，国内外相关法规、预案一般都有较为明确的规定或说明。

我国《使用有毒物品作业场所劳动保护条例》规定，从事使用高毒物品作业的用人单位，应当制定事故应急救援预案，并根据实际情况变化对应急救援预案适时进行修订，定期组织演习。《国家核应急计划(预案)》要求国家核事故应急协调委员会根据情况定期(一般3~5年)对该计划进行复审和修订，特殊情况下还可及时修订，据此，为适应核能发展需要，多次进行修订形成《国家核应急预案》(2013年版)。国家标准《核电厂应急计划与准备准则 场外应急计划与执行程序》(GB/T 17680.4—1999)则要求场外应急计划至少每两年请有关单位(包括承担应急任务的单位)及专家评议一次，并根据评议结果以及培训和演习中发现的问题修改应急计划；此外该标准还要求在发生重大事故之后以及国家法规有变化时也应及时修改应急计划。《中国海上船舶溢油应急计划》规定该计划的修订条件或时机为：由于法规和政策的变化，需对应急组织和政策作相应的调整和完善；通过日常演习和实际溢油事故的应急反应取得的经验等，需对应急反应的内容进行修订；由于敏感区的变化，设备的更新、报废等，需要修订。《防洪预案编制要点(试行)》则要求每年根据情况的变化不断进行修订防洪预案。

综上所述，应急预案的评审、修订时机和频次可以遵循如下规则：

① 定期评审、修订；

② 随时针对培训和演习中发现的问题对应急预案实施评审、修订；

③ 评审重大事故灾害的应急过程，吸取相应的经验和教训，修订应急预案；

④ 国家有关应急的方针、政策、法律、法规、规章和标准发生变化时，评审、修订应急预案；

⑤ 危险源有较大变化时，评审、修订应急预案；

⑥ 根据应急预案的规定，评审、修订应急预案。

（3）应急预案的发布

预案经评审或者论证后，应进行发布，并分发给有关部门，建立发放登记表，记录发放日期、发放份数、文件登记号、接受部门、接受日期、签收人等有关信息。

向社会或媒体分发用于宣传教育的预案可不包括有关标准操作程序、内部通讯录等不便公开的专业、关键或敏感信息。

生产经营单位的应急预案经评审或者论证后，由生产经营单位主要负责人签署公布。政府危险化学品事故应急预案评审通过后，由最高行政官员签发。

2）应急预案备案

应急预案的备案管理是提高应急预案编写质量，规范预案管理，解决预案相互衔接的重要措施之一，相关规定如下：

（1）各级人民政府有关部门制定安全生产事故的应急预案应当上报同级人民政府备案。国务院有关部门制定的应急预案应当抄送国家安全监管总局；地方人民政府制定的专项安全生产事故应急预案应当抄送上级人民政府安全生产监督管理部门；地方人民政府安全生产监督管理部门制定的安全生产事故应急预案应当报送上一级人民政府安全生产监督管理部门；地方人民政府其他有关部门制定的安全生产事故应急预案应当抄送同级安全生产监督管理部门和相应上级部门。

（2）生产经营单位所属各级单位都应当针对本单位可能发生的安全生产事故制定应急预案和有关作业岗位的应急措施。生产经营单位所属单位和部门制定的应急预案应当报经上一级管理单位审查。中央企业总部制定的应急预案应该报国资委和国家安全生产监管总局备案。

矿山、建筑施工单位和危险化学品、烟花爆竹和民用爆破器材生产、经营、储运单位的应急预案以及生产经营单位涉及重大危险源的应急预案，应当按照分级管理的原则报安全生产监督管理部门和有关部门备案。

生产经营单位涉及核、城市公用事业、道路交通、火灾、铁路、民航、水上交通、渔业船舶水上安全以及特种设备、电网安全等事故的应急预案，依据有关规定报有关部门备案，并按照分级管理的原则抄报安全生产监督管理部门。

3）应急预案的实施

当应急预案经过评审后，为了使其能在应急行动中得到有效的运用，充分发挥预案的指导作用，应急组织单位应当采取多种形式开展应急预案的宣传教育，普及生产安全事故预防、避险、自救和互救知识，提高应急人员安全意识和应急处置技能。

另外应急组织单位应当组织开展应急预案培训活动，使有关人员了解应急预案内容，熟悉应急职责、应急程序和岗位应急处置方案。应急预案培训非常重要，通过培训，可以发现应急预案的不足和缺陷，并在实践中加以补充和改进；通过培训，可以使模拟事故涉及到的人员包括应急队员、事故当事人都能了解到一旦发生事故，他们应该做什么，能够做什么，如何去做以及如何协调各应急部门人员的工作等。培训应该包括以下几部分：

（1）基本应急培训

基本应急培训是指对参与应急行动的所有相关人员进行的最基本的最低程度的培训，要求参加培训的人员了解和掌握如何识别危险，如何采取最基本的应急措施，如何进行报警，如何进行安全疏散等内容。另外，火灾是最易发生而又难以控制的常见事故之一，因此，在基本应急培训中要加强与灭火操作有关的训练。

① 报警　应急培训人员通过报警培训了解并掌握如何利用身边的工具进行最快最有效的报警，例如调度电话、固定电话、手机等。还应了解向何处报警以及报警内容，如火警地点、联系电话等。

② 疏散　应使参加培训人员了解和掌握在紧急情况下如何安全、有序地疏散人员，包括掌握疏散中的注意事项。

③ 火灾应急培训　由于火灾的常见性和多发性，对火灾的应急培训显得非常必要。要求参加培训人员必须掌握必要的灭火技术，以保证在火灾初起时能够迅速扑灭火灾，以消灭或降低导致灾难性事故的危险。在培训中，参加培训人员应学习和掌握基本的消防知识和技能，应了解火灾的类型、燃烧方式、引发原因，了解燃料的不同特性，在不同的火灾类型中可燃物的燃烧状态及相应的应对措施，应能识别各类灭火装置设备，并掌握各类灭火装置设备的使用、保养、维修等基本技术，应了解火灾的4个等级(A、B、C、D)的分类依据和灭火中的特殊性：

A 级火灾　涉及固体可燃物的火灾；

B 级火灾　涉及可燃性液体、油脂和气体的火灾；

C 级火灾　涉及具有输电能力的电力设备的火灾；

D 级火灾　涉及可燃性金属的火灾。

（2）危险化学品火灾的应急培训

危险化学品火灾，由于其着火物的特殊性，决定了灭火工作需要采取相应的特殊要求。因此，应当在通常消防操作培训的基础上，进行危险化学品火灾的应急培训，其具体培训包括以下内容：

① 了解危险化学品的理化特性。例如：所涉及的危险化学品是否会发生反应，危险化学品的密度(水为1kg/L)，以确定该危险化学品与水接触是上浮还是下沉，饱和蒸气压和沸点，与空气混合的爆炸极限范围等。掌握上述特性后，可以正确地选择灭火剂和采取正确有效的控制火灾的措施。

② 了解灭火剂原理，如何防止蒸气的产生及灭火剂的相容性，灭火剂与所涉及的危险化学品的相容性等知识。

③ 了解泡沫灭火的基本知识、灭火原理。泡沫覆盖在燃烧物质的表面，隔绝了燃烧中空气的来源，从而使燃烧无法继续，达到灭火的目的。泡沫还可以阻止蒸气的喷溅、冷却着火物质、降低蒸气强度。了解泡沫的使用技术及对特殊燃料的特殊使用要求；了解泡沫灭火的适用范围和系统的正常操作；了解使泡沫达到最高效灭火的有关技巧。

④ 在培训中还应加强参加培训人员的环境意识，了解和掌握火灾中着火物质以及灭火剂的使用是否会对事故区域的水体、土壤和大气造成污染，如何采取预防和减少污染的措施。

（3）特殊应急培训

这些特殊应急培训包括以下内容：

① 危险化学品暴露　任何一种危险化学品在空气中都有一个最高容许浓度，超过此浓度，将对人员造成伤害，应急人员进入此类环境中，应该佩戴相应的防护器具，包括防毒面具和防护服等。低于此浓度，应急人员则不必佩戴防护器具。危险化学品一旦泄漏和扩散，应急人员会暴露在危险化学品的环境中，因此，应急人员应当通过培训，了解这些化学品的浓度，以及如何使用监视和测量设备进行监测。还应通过培训，了解和掌握各种防毒面具、防护服的正确佩戴以及注意事项。

② 有限空间的营救　对应急人员应掌握的培训内容包括：如何识别有限空间的营救，有毒有害物质的特性，应掌握的营救技术及相关程序。应急救援人员经专业培训，经考核合格，持证上岗。

③ 病原体感染　此类特殊培训，主要针对应急行动中的应急医疗人员，因他们在对受伤人员进行医疗救治时可能会处于通过血液传播疾病的病原体感染的危险之中，如乙肝、艾滋病等。

④ 沸腾液体蒸气爆炸　指在空气中，液体由于快速降压并达到其沸点以上，引起液体快速相变并伴之大量能量释放的过程。通常是由于危险化学品（液体）的泄漏、容器超压，或者由于其他原因造成的容器破裂，造成容器内的液体大量泄漏，迅速汽化并与空气快速混合，一旦遇到火源将发生燃烧并导致爆炸。上述事故，在危险化学品行业为高发性事故，经常造成人员伤亡和财产的重大损失，具有巨大的破坏性，应予以高度重视，培训包括以下主要内容：了解和掌握容器内物质的理化特性；了解和掌握控制沸腾液体汽化爆炸的方法（如快速冷却容器、减少和转移容器附近热源）；掌握沸腾液体汽化爆炸前的征兆（如火势增加时火焰颜色发白、明亮；破裂，发出哨音；容器、管线振动）；掌握应急避险措施（如撤离）。

最后应急组织单位应当制定应急预案演练计划，根据事故预防重点，每年至少组织一次综合应急预案演练或者专项应急预案演练，每半年至少组织一次现场处置方案演练，详见8.4节。

4）应急预案修订与更新

为不断完善和改进应急预案的时效性，应就下述情况对应急预案进行定期和不定期的修改或修订。当出现以下情况时，应进行应急预案的修订。

（1）法律、法规的变化；

（2）需对应急组织和政策作相应的调整和完善；

（3）机构、部门、人员调整；

（4）通过演习和实际安全生产事故应急反应取得了启发性经验；

（5）需对应急反应的内容进行修订；

（6）应急预案生效并执行时间超过 5 年时间；

（7）其他情况。

应急组织单位应根据应急预案评审的结果、应急演习的结果及日常发现的问题，组织人员对应急预案修订、更新，以确保应急预案的持续适宜性。同时，修订、更新的应急预案应通过有关负责人员的认可，并及时进行发布和备案。

8.4 应急预案的演练与评估

危险化学品事故应急救援是一项复杂的系统工程，为了使应急救援能够真正在事故发生时起到减少损失的作用，除了制定一个好的预案外，还要对预案进行演练，这也是应急预案实施中的一个重要环节，通过演练，可以提高处置突发事件的组织指挥、配合响应、物资供给、技术支持及心理素质等方面综合能力，提高应急救援的启动能力，还可以找出预案可能需要进一步修正和完善的地方，确保事故应急救援的有效性。

8.4.1 演练的方式

应急演练是指来自多个机构、组织或群体的人员针对假设事件，执行实际紧急发生时各自职责和任务的排练活动。应急演练可采用桌面演练、功能演练和全面演练的方式进行。

（1）桌面演练

桌面演练是指应急组织的代表或关键岗位人员参加的，按照应急预案及其标准运作程序讨论紧急情况时应采取行动演习活动。桌面演练的主要特点是对演练情景进行口头演练，一般是在会议室内举行非正式的活动，主要作用是在没有时间压力的情况下，演练人员检查和解决应急预案中问题的同时，获得一些建设性的讨论结果。主要目的是在友好、较小压力的情况下，锻炼演习人员解决问题的能力，以及解决应急组织相互协作和职责划分的问题。

桌面演练只需展示有限的应急响应和内部协调活动，事后一般采取口头评论形式收集演练人员的建议，并提交一份短的书面报告，总结演习活动和提出有关改进应急响应工作的建议。桌面演练方法成本低，主要用于为功能演练和全面演练做准备。

（2）功能演练

功能演练是指针对某项应急响应功能或其中某些应急响应活动举行的演练活动。功能演练一般在应急指挥中心举行，并可同时开展现场演练，调用有限的应急设备，主要目的是针对应急响应功能，检验应急响应人员以及应急管理体系的策划和响应能力。

（3）全面演练

全面演练针对应急预案中全部或大部分应急响应功能，检验、评价应急组织应急运行能力的演练活动。全面演练一般要持续几个小时，采取交互式方式进行，演练过程要求尽量真实，调用更多的应急响应人员和资源，并开展人员、设备以及其他资源的实战型演练，以展示相互协调的应急响应能力。

8.4.2　演练的目的

演练的目的是锻炼和提高队伍在突发事故情况下快速进入事故源、及时营救伤员、正确指导和帮助群众防护和脱离、有效消除危害后果、提高现场急救伤员、转送等应急救援技能和应急反应综合素质，有效降低事故危害，减少事故损失。

8.4.3　演练的准备

1）建立演练领导小组

组织开展应急演练首先应建立演练领导小组，也是演习准备与实施的指挥组，对演习实施全面控制，其主要职责是：

（1）确定演习目的、原则、规模、参演的单位。确定演习的性质与方法，选定演习的地点与时间，规定演习的时间尺度和公众参与的程度。

（2）协调各参演单位之间的关系。

（3）确定演习实施计划，情景设计与处置方案，审定演习准备工作计划、导演和调整计划。

（4）检查和指导演习准备与实施，解决准备与实施过程中所发生的重大问题。

（5）组织演习总结与评价。

2）演练策划

应急演练要有目的、有计划、有组织地开展，所以要对其进行详尽的策划，编写演练计划，下述提纲可以作为应急管理人员组织编写演练文件的案例。在实际演习中，还应根据具体的要求和演习的种类及范围对这个提纲进行修订。

（1）序言；

（2）演习目的；

（3）演习科目；

（4）演习日程表；

（5）演习的组织（包括：参加者名单；指挥者；组成，作用，职责；观察评估员）；

（6）演习内容（包括：预警和警报；决策；指挥与控制；疏散；启用避难所；交通管制；应急救援运输；医疗机构；特殊需求的居民）；

（7）演习事项表；

（8）准备演习通告；

（9）培训；

（10）特别指令；

（11）述评。

3）人力和物资器材的准备

应急管理人员应按照应急演练方案的要求，事先领取、制作、调配、购置、发放演练所需的物资器材。组织对演练场或现场的场地、道路清理及补建，负责演练指挥使用的设备等，提出所需人力、物力及经费的清单。

8.4.4　演练的实施

1）演练说明

（1）演练参加者

一个演习是否能成功，部分地取决于参加者是否理解这个演习。应急管理人员应根据演练方案讲解演练参加者演练前应当知道的信息，一般包括下述事项：

① 演练现场规则及有关演练安全的详细要求；

② 演练目的和演示范围；

③ 演练过程已经批准的模拟行动；

④ 各类演练参与人员的识别方式；

⑤ 演练开始的初始条件；

⑥ 演练过程中有关行政事务、后勤或通讯联系方式的特殊要求。

应急管理人可通过向参加者分发演练手册，阐明演习目的、内容和做法的文件保证帮助参加者理解这次演练。

（2）观察评估员

观察评估员负责应急演练评估任务，特别地还要根据演练方案对演练观察评估人员的职责和工作方法等进行讲解和培训。

① 演练现场规则及有关演练安全的详细要求；

② 场外应急预案及执行程序的新规定或要求；

③ 演练目标、评估准则、演示范围及演示协议；

④ 演练情景的所有内容，包括相应人员的预期行动；

⑤ 各评估人员承担某项评估任务；

⑥ 评估方法、评估人员应提交的文字资料及提交时间；

⑦ 演练总结阶段评估人员应参与的会议。

2）演练记录

应急指挥和观察评估人员对演练过程进行必要的记录、拍摄照片、录像等，为演练结束后的评估、总结用。

3）演练的暂停和终止

演练过程参加人员应遵守当地相关的法律法规和演练现场规则，确保演练安全进行。当演练偏离正确方向，指挥者可暂停或终止此情景事件的演练。如果演练过程发生真正的紧急情况，指挥者可立即终止、取消演练程序，迅速、明确地通知所有的响应人员从演练到真正应急的转变。

8.4.5　演练的评估、总结和追踪

1）演练的评估

演练评估是指观察和记录演练活动、比较演练人员表现与演练目标要求并提出演练发

现的过程。演练评估的目的是确定演练是否已经达到演练目的的要求，检验各应急组织指挥人员及应急响应人员完成任务的能力。评估人员的作用是观察演练的进程，记录演练人员采取的每一项关键行动及实施时间，访谈演练人员，要求参演应急组织提供文字材料、评估参演应急组织和演练人员表现并反馈演练发现的问题。

2）演练的总结

演练结束后，进行总结与讲评是全面评估演练是否达到演练目的、应急准备水平是否需要改进的一个重要步骤，也是演练人员进行自我评估的机会。根据相关要求，演练总结与讲评可以通过访谈、汇报、协商、自我评估、公开会议和通报等形式完成。

演练负责人应在演练结束后的规定期限内，根据评估人员演练过程中收集和整理的资料以及演练人员和公开会议中获得的信息，编写演练报告并提交给有关部门。演练报告是对演练情况的详细说明和对该次演练的评估。演练报告中应包括如下内容：

（1）本次演练的背景信息，含演练地点、时间、气象条件等；

（2）参与演练的应急组织；

（3）演练情景与演练方案；

（4）演练目的、演示范围和签订的演示协议；

（5）应急演练的全面评估，包含对前次演练的不足在本次演练中应该注意的内容；

（6）演练中发现的问题与纠正措施和建议；

（7）对应急预案和有关执行程序的改进建议；

（8）对应急设施、应急器材、设备维护等更新方面的建议；

（9）对应急组织、应急响应人员能力与培训方面的建议。

3）演练的追踪

为确保演练的目的和效果，在演练总结和讲评结束后，应急管理人员应对演练中发现的问题进行充分的研究，确定导致该问题的根本原因，提出纠正方法和措施及完成时间，并制定专人负责对演练中发现的问题的纠正过程进行追踪，监督检查纠正措施的情况。

参 考 文 献

[1] 蔡凤英，谈宗山等. 化工安全工程(第二版)[M]. 北京：科学出版社，2009.

[2] 孙道兴. 危险化学品安全技术与管理[M]. 北京：中国纺织出版社，2011.

[3] 崔政斌，崔佳，孔垂玺编著. 危险化学品安全技术(第二版)[M]. 北京：化学工业出版社，2010.

[4] 胡永宁，马玉国，等. 危险化学品经营企业安全管理培训教程(第二版)[M]. 北京：化学工业出版社，2011.

[5] 崔恒富，蔡凤英，王荣刚，等. 危险化学品生产经营单位安全管理人员安全生产管理知识[M]. 上海：上海科学出版社，2010.

[6] 陈美宝，王文和. 危险化学品安全基础知识[M]. 北京：中国劳动社会保障出版社，2010.

[7] 王凯全，邵辉，等. 危险化学品安全经营、储运与使用(第二版)[M]. 北京：中国石化出版社，2010.

[8] 蒋军成. 危险化学品安全技术与管理[M]. 北京：化学工业出版社，2009.

[9] 栗瑞昌. 危货运输车辆安全运行要点[J]. 物流工程与管理，2014，36(12)：122~123.

[10] 张江华，朱道立. 危险化学品运输风险分析研究综述[J]. 中国安全科学学报，2007，17(3)：136~141.

[11] 张先福. 危险化学品运输风险研究进展及分析[J]. 工业安全与环保，2014，11：48~51.

[12] 许玮玮，王京，许志行. 危险化学品及其装卸作业分析[J]. 广州化工，2014，42(10)：243~245.

[13] 虞谦，蒋军成，虞汉华. 道路运输危险化学品泄漏事故应急救援系统研究[J]. 中国安全生产科学技术，2012，8(1)：179~183.

[14] 刘志琨，王志荣，蒋军成. 废弃埋地液化氟化氢钢瓶安全处置措施的研究[J]. 工业安全与环保，2011，37(9)：50~52.

[15] Zhirong Wang, Yuanyuan Hu, Juncheng Jiang. Numerical investigation of leaking and dispersion of carbon dioxide indoor under ventilation condition[J]. Energy and Buildings，2013(66)，461~466.

[16] 朱兆华. 危险化学品经营安全管理[M]. 徐州：中国矿业大学出版社，2010.

[17] 蒋军成. 化工安全[M]. 北京：中国劳动社会保障出版社，2010.

[18] 王德堂，孙玉叶. 化工安全生产技术[M]. 天津：天津大学出版社，2009.

[19] 胡忆沩. 危险化学品应急处置[M]. 北京：化学工业出版社，2009.

[20] 张永平. 浅谈危险化学品事故应急救援预案的演练[J]. 中国安全生产科学技术，2011，7(4)：174~176.

[21] 曾明荣，吴宗之，魏利君，等. 化工园区重大事故应急预案编制探讨[J]. 中国应急管理，2009(04)，28~31.

[22] 何光裕，王凯全，黄勇，等. 危险化学品事故处理与应急预案[M]，北京：中国石化出版社，2010.